This series aims at speedy, informal, and high level information on new developments in mathematical research and teaching. Considered for publication are:

1. Preliminary drafts of original papers and monographs

2. Special lectures on a new field, or a classical field from a new point of view

3. Seminar reports

4. Reports from meetings

Out of print manuscripts satisfying the above characterization may also be considered, if they continue to be in demand.

The timeliness of a manuscript is more important than its form, which may be unfinished and preliminary. In certain instances, therefore, proofs may only be outlined, or results may be presented which have been or will also be published elsewhere.

The publication of the *"Lecture Notes"* Series is intended as a service, in that a commercial publisher, Springer-Verlag, makes house publications of mathematical institutes available to mathematicians on an international scale. By advertising them in scientific journals, listing them in catalogs, further by copyrighting and by sending out review copies, an adequate documentation in scientific libraries is made possible.

Manuscripts

Since manuscripts will be reproduced photomechanically, they must be written in clean typewriting. Handwritten formulae are to be filled in with indelible black or red ink. Any corrections should be typed on a separate sheet in the same size and spacing as the manuscript. All corresponding numerals in the text and on the correction sheet should be marked in pencil. Springer-Verlag will then take care of inserting the corrections in their proper places. Should a manuscript or parts thereof have to be retyped, an appropriate indemnification will be paid to the author upon publication of his volume. The authors receive 25 free copies.

Manuscripts in English, German or French should be sent to Prof. Dr. A. Dold, Mathematisches Institut der Universität Heidelberg, Tiergartenstraße or Prof. Dr. B. Eckmann, Eidgenössische Technische Hochschule, Zürich.

Die *„Lecture Notes"* sollen rasch und informell, aber auf hohem Niveau, über neue Entwicklungen der mathematischen Forschung und Lehre berichten. Zur Veröffentlichung kommen:

1. Vorläufige Fassungen von Originalarbeiten und Monographien.

2. Spezielle Vorlesungen über ein neues Gebiet oder ein klassisches Gebiet in neuer Betrachtungsweise.

3. Seminarausarbeitungen.

4. Vorträge von Tagungen.

Ferner kommen auch ältere vergriffene spezielle Vorlesungen, Seminare und Berichte in Frage, wenn nach ihnen eine anhaltende Nachfrage besteht.

Die Beiträge dürfen im Interesse einer größeren Aktualität durchaus den Charakter des Unfertigen und Vorläufigen haben. Sie brauchen Beweise unter Umständen nur zu skizzieren und dürfen auch Ergebnisse enthalten, die in ähnlicher Form schon erschienen sind oder später erscheinen sollen.

Die Herausgabe der *„Lecture Notes"* Serie durch den Springer-Verlag stellt eine Dienstleistung an die mathematischen Institute dar, indem der Springer-Verlag für ausreichende Lagerhaltung sorgt und einen großen internationalen Kreis von Interessenten erfassen kann. Durch Anzeigen in Fachzeitschriften, Aufnahme in Kataloge und durch Anmeldung zum Copyright sowie durch die Versendung von Besprechungsexemplaren wird eine lückenlose Dokumentation in den wissenschaftlichen Bibliotheken ermöglicht.

Lecture Notes in Mathematics

A collection of informal reports and seminars
Edited by A. Dold, Heidelberg and B. Eckmann, Zürich

91

N.N. Janenko

Akademie der Wissenschaften der UdSSR
Sibirische Sektion, Rechenzentrum, Nowosibirsk

Die Zwischenschrittmethode zur Lösung mehrdimensionaler Probleme der mathematischen Physik

Übersetzt aus dem Russischen von
K. Roesner, Göttingen

1969

Springer-Verlag Berlin Heidelberg GmbH

ISBN 978-3-540-04610-3 ISBN 978-3-540-36100-8 (eBook)
DOI 10.1007/978-3-540-36100-8

Titel der russischen Originalausgabe: Metod drobnykh shagov resheniia mnogomernykh zadach matematicheskoi fiziki.
Verlag „Nauka". Sibirische Sektion. Nowosibirsk 1967

Ursprünglich erschienen bei Springer-Verlag Berlin Heidelberg 1969
Library of Congress Catalog Card Number 73- 82431. Title No. 3697

V o r w o r t

Den Gegenstand des vorliegenden Buches bildet die „Zwischenschrittmethode", deren Entdeckung einige Jahre zurückliegt und die eine stürmische Entwicklung als Methode zur Konstruktion rationeller Differenzenschemata erfahren hat.

Mit der Zwischenschrittmethode konnte man Aufgaben lösen, für die die gewöhnlichen Differenzenverfahren unbrauchbar waren. Diese stellen nämlich einfache Näherungen dar, bei denen beim Übergang von einem Zeitpunkt zu einem anderen die Stabilitäts- und Approximationsbedingungen simultan erfüllt werden. Das führt auf sehr einfache Formeln. Trotzdem erweist sich ein solches Schema als weniger flexibel und besitzt auch eine kleinere Zahl freier Parameter als die Zwischenschrittmethode, weshalb ein gewöhnliches Differenzenverfahren nicht alle Forderungen erfüllen kann, die ihm auferlegt werden. Im Gegensatz dazu besitzt die Zwischenschrittmethode bei ihrer Anwendung eine Menge Parameter, durch die die Wahl rationeller und genauer Differenzenschemata ermöglicht wird. Die Zwischenschrittmethode teilt den Übergang von einer Gitterpunktschicht zur nächsten in eine Reihe von Zwischenschritten ein, verlangt dabei aber nicht für jeden Zwischenschritt die notwendige Erfüllung der Approximationseigenschaften der Ausgangsgleichung sowie der Stabilität.

Die Zwischenschrittmethode gibt eine Antwort auf die reale Forderung an die numerische Mathematik, einfache, rationelle Schemata zur Lösung komplizierter, mehrdimensionaler Aufgaben der mathematischen Physik bereitzustellen.

Die ersten Arbeiten auf diesem Gebiet stammen von Peaceman, Rachford und Douglas (1955). Diese Methode wurde dann in den folgenden Arbeiten amerikanischer und sowjetischer Wissenschaftler weiter entwickelt und weiter untersucht: Douglas, Rachford, Baker, Oliphant, K. A. Bagrinowski und S. K. Godunow, E. G. Djakonow, G. I. Martschuk, A. A. Samarski und andere.

Heute ist die Zwischenschrittmethode ein integraler Bestandteil der Konstruktion von Differenzenschemata zur Lösung komplizierter, mehrdimensionaler Aufgaben der mathematischen Physik. Abgesehen davon, daß sich die Zwischenschrittmethode fortgesetzt weiter entwickelt und noch keine abschließende theoretische Begründung erfahren hat, dient sie schon jetzt nicht nur als Hilfsmittel zur Konstruktion optimaler Algorithmen, sondern auch als Hilfsmittel zur theoretischen Untersuchung von Differenzen- und Differentialgleichungen.

Das Buch stützt sich auf einen Vorlesungskurs, den der Verfasser an den staatlichen Universitäten in Swerdlowsk, Nowosibirsk, Tomsk und Alma-Ata seit 1959 gehalten hat und bis heute hält. Das Buch stellt einen Versuch dar, nach Möglichkeit eine zusammenfassende, einheitliche Darstellung zahlreicher Schemata mit Zwischenschritten zu geben und darüber hinaus diejenigen Verfahren zu beschreiben, die man sonst nur in Zeitschriften und Sammelbänden findet.

Der Verfasser war bestrebt, nach Möglichkeit alle diejenigen Arbeiten zu berücksichtigen, die für die Entwicklung der Zwischenschrittmethode von Bedeutung sind. Natürlich wird der Gegenstand auf verschiedene Weisen interpretiert und gibt die persönliche Auffassung des Verfassers wieder. Insbesondere sind in dem Buch nicht die Arbeiten behandelt, die auf den Methoden der apriori-Abschätzungen basieren. Der Verfasser hat sich in der Hauptsache auf die einfachere Methode der harmonischen Analyse der Stabilität beschränkt. Sehr kurz ist auch die Theorie der lokalen Stabilitätskriterien dargestellt. Das Hauptaugenmerk ist auf die Methode zur Konstruktion effektiver Differenzenschemata gerichtet.

In dem Buch sind Überlegungen und Ergebnisse des Verfassers selbst sowie seiner Mitarbeiter verwendet. Dem Verfasser ist es eine besonders angenehme Pflicht, die gemeinsame Arbeit mit einem Kollektiv junger Mathematiker zu erwähnen, die die ersten impliziten Aufspaltungsschmemata zur Lösung verschiedener Aufgaben der mathematischen Physik erarbeitet und in Rechnungen verwendet haben. In erster Linie sind hier zu nennen: N. N. Anutschina, W. A. Jenalski, A. S. Scharikow, A. I. Sujew, A. N. Konowalow, W. J. Njeuwaschajew, J. J. Pogodin, W. A. Sutschkow und W. D. Frolow.

Im Jahre 1962 fand eine Diskussion statt, an der die Wissenschaftler J. G. Djakonow, A. A. Samarski und B. L. Roschdjestwjenski teilnahmen. Diese Aussprache hat zu einem tieferen Verständnis der Bedeutung der Randbedingungen bei der Genauigkeitsabschätzung von Differenzenschemata mit Zwischenschritten beigetragen und auch als Impuls für eine Anzahl weiterer Arbeiten gedient.

Die gemeinsame Arbeit und die zahlreichen Diskussionen mit G. I. Martschuk sowie den Mitarbeitern des Rechenzentrums der sibirischen Sektion der Akademie der Wissenschaften der UdSSR, J. J. Bojarinzew, G. W. Demidow, W. P. Ilin, B. G. Kusnezow, M. M. Lawrentjew, W. W. Pjenenko und J. N. Watolin,haben zu weiteren Anwendungen der Zwischenschrittmethode und ihrer theoretischen Begründung beigetragen. Bei der Abfassung des Manuskripts stand mir Herr A. N. Waliullin hilfreich zur Seite. Allen diesen Kollegen sagt der Verfasser seinen herzlichen Dank.

Der Verfasser hofft, daß dieses Buch für Wissenschaftler, die sich mit der Berechnung mehrdimensionaler Probleme der Mechanik und Physik befassen, und auch für Studenten höherer Semester an Universitäten eine Hilfe sein wird, soweit sie sich auf die numerische Mathematik spezialisiert haben.

Der Verfasser ist schon im voraus den Lesern des Buches dankbar für Hinweise auf mögliche Fehler und Unzulänglichkeiten.

Nowosibirsk
Akademgorodok
November 1965

I n h a l t s v e r z e i c h n i s

§1. Homogene Schemata

1.1 Die Klasse der behandelten Aufgaben und das Cauchysche Problem im Banachraum

In diesem Vorlesungskurs beschränken wir uns im wesentlichen auf die Untersuchung von Differentialgleichungssystemen der Form

$$\frac{\partial u(x,t)}{\partial t} = L(D)\,u(x,t) + f(x,t) , \tag{1}$$

wobei $u(x,t) = \{u_1(x_1,\dots,x_m,t), u_2(x_1,\dots,x_m,t), \dots , u_n(x_1,\dots,x_m,t)\}$ und
$f(x,t) = \{f_1(x_1,\dots,x_m,t), f_2(x_1,\dots,x_m,t), \dots , f_n(x_1,\dots,x_m,t)\}$
Vektorfunktionen sind, die von dem vektoriellen räumlichen Argument $x = (x_1,\dots,x_m)$ und der Zeit t abhängen; L(D) ist ein linearer Differentialoperator, Matrix mit variablen Koeffizienten $D = \{D_i\}$, $D_i = \frac{\partial}{\partial x_i}$, $i=1,\dots,m$.

Schreibt man die Gleichung (1) * mit Indizes ausführlich hin, so nimmt sie die Form

$$\frac{\partial u_i(x_1,\dots,x_m,t)}{\partial t} = \sum_{j,\alpha} a_{ij\alpha_1\dots\alpha_m}(x_1,\dots,x_m,t) D_1^{\alpha_1}\dots D_m^{\alpha_m} u_j(x_1,\dots,x_m,t) + f_i(x_1,\dots,x_m,t) , \tag{2}$$

$$0 \le \alpha_k \le q_k \; ; \quad k = 1,\dots,m \; ; \quad i,j = 1,\dots,n,$$

an. Für das System (1) kann man im Gebiet $|x| < \infty$, $0 \le t \le T < \infty$ das Anfangswertproblem mit den Anfangsbedingungen

$$u(x,0) = u_0(x) \tag{3}$$

oder aber das Anfangs - Randwertproblem im Zylinder $\Omega = G \times H$ stellen, wobei G ein Gebiet in der Hyperfläche t=0 mit dem Rand γ darstellt und $H = \{0 \le t \le T\}$ ist. Im zweiten Fall muß man zu den Anfangswerten

$$u(x,0) = u_0(x) , \quad x \in G , \tag{4}$$

noch Randbedingungen

$$l(D)\,u = \varphi(x,t) \tag{5}$$

hinzunehmen, die auf der Mantelfläche $\Gamma = \gamma \times H$ des Gebietes Ω zu erfüllen sind. l(D) bedeutet hier einen Differentialoperator, der von $D_0 = \frac{\partial}{\partial t}$ und $D_1,\dots,D_m$ abhängt; $\varphi(x,t)$ ist eine Vektorfunktion, die auf Γ definiert ist.

Im weiteren Verlauf beschränken wir uns bei der allgemeinen Betrachtung auf das Cauchysche Anfangswertproblem in einem Streifen und werden das gemischte Problem

---

* Die Formeln sind innerhalb eines Abschnitts fortlaufend numeriert. Bei Bezugnahme auf Formeln innerhalb eines Paragraphen wird die Nummer des Abschnitts davorgesetzt; innerhalb der Monographie wird auch noch die Nummer des Paragraphen hinzugefügt. Z.B. bedeutet (5.3.20) : Formel (20) im Abschnitt 3 des Paragraphen 5; (4.13) bedeutet : Formel (13) im Abschnitt 4 desselben Paragraphen; (10) bedeutet : Formel (10) in demselben Abschnitt.

nur in konkreten Beispielen behandeln. Das befreit uns von der Notwendigkeit, die Randbedingungen genau zu untersuchen. In den meisten Fällen wird das zu untersuchende Cauchysche Problem die Eigenschaft der Periodizität besitzen, d.h. die Koeffizienten, die rechte Seite $f(x,t)$, die Anfangsbedingung und - wie die Untersuchung zeigt - auch die Lösungen werden periodische Funktionen in x sein.

Wir werden ein allgemeineres Cauchysches Problem betrachten, da die Anfangswerte in einem Zeitpunkt t_1, $0 \leq t_1 \leq T$, gegeben sind und eine Lösung $u(x,t)$ des Systems (1) für alle t, $t_1 \leq t \leq T$, gesucht wird, die für $t \to t_1$ stetig in die Funktion der Anfangswertverteilung $u(x,t_1)$ übergeht.

Wir werden verlangen, daß das Cauchysche Problem für jeden Zeitpunkt t_1, $0 \leq t_1 \leq T$, eindeutig lösbar ist und daß die Lösung $u(x,t)$ alle diejenigen stetigen Ableitungen besitzt, die in der Gleichung (2) auftreten, wenn die Funktion der Anfangswertverteilung $u(x,t_1)$ eine genügend glatte Funktion in x ist*. Eine solche Lösung werden wir *klassisch* nennen. Wir bezeichnen die Funktion $u(x,t)$ mit $u(t)$, da wir t als einen Parameter ansehen, die Funktion $u(x,t)$ betrachten wir aber für festes t als Element eines Funktionenraumes über x. Mit diesen Bezeichnungen entspricht der Lösung $u(x,t)$ des Systems (1) eine einparametrige Familie von Elementen $u(t)$. Entsprechend werden wir den Operator $L(D)$ und die Funktion $f(x,t)$ in (1) durch $L(t,D)$ und $f(t)$ bezeichnen.

Es sei $u(t)$ eine klassische Lösung des homogenen Cauchyschen Problems ($f \equiv 0$) mit den Anfangswerten $u(t_1)$. Entsprechend den von uns getroffenen Annahmen bestimmt die Beziehung

$$u(t_2) = S(t_2,t_1)\, u(t_1) \,, \qquad 0 \leq t_1 \leq t_2 \leq T \,, \tag{6}$$

für genügend glatte Funktionen $u(t_1)$ den linearen *Transformationsoperator* $S(t_2,t_1)$.

Wir werden weiter verlangen, daß ein Banachraum B von Funktionen von x existiert, in dem eine gewisse Menge glatter Funktionen eine dichte Klasse bildet, und daß die Beziehung (6) auch auf die Funktionen aus B ausgedehnt werden kann. Aufgrund des bekannten Satzes über die Erweiterung des Gültigkeitsbereiches eines Operators ist das möglich, wenn die Anwendung des Operators $S(t_2,t_1)$ auf glatte Funktionen beschränkt bleibt. Alle Schranken für Operatoren werden wir bezüglich der Norm im Raum B angeben.

Definition: Die Aufgabe (1) und (3) heißt *korrekt* gestellt, wenn

$$\| S(t,0) \| \leq M(T) \,, \qquad 0 \leq t \leq T \,, \tag{7}$$

gilt.

Das System (1) heißt *korrekt*, wenn

$$\| S(t_2,t_1) \| \leq M(T) \,, \qquad 0 \leq t_1 \leq t_2 \leq T \,, \tag{8}$$

gilt.

Das System (1) heißt *gleichmäßig korrekt*, wenn für alle t_1 und t_2, die der Bedingung $0 \leq t_1 \leq t_2 \leq T$ genügen, die Abschätzung

$$\| S(t_2,t_1) \| \leq e^{\alpha(t_2 - t_1)} \tag{9}$$

* Das bedeutet selbstverständlich, daß $a_{ij\alpha}(x,t)$ und $f_i(x,t)$ genügend glatte Funktionen von x und t sind.

gilt mit einer Konstanten α, die nur von T abhängt. Es ist klar, daß aus der gleichmäßigen Korrektheit des Systems dessen Korrektheit folgt und daß aus der Korrektheit des Systems die Korrektheit des Problems folgt. Im weiteren Verlauf der Untersuchungen werden wir nur gleichmäßig korrekte Systeme betrachten. Die Eigenschaft der Korrektheit garantiert für die Familie beschränkter Operatoren $S(t_2,t_1)$ das Prinzip der Komposition zweier Operatoren:

$$S(t_3,t_1) = S(t_3,t_2)\cdot S(t_2,t_1). \tag{10}$$

Die Gleichung (10) zeigt die Gültigkeit des verallgemeinerten Prinzips von Huyghens-Hadamard: Die schrittweise erhaltene Lösung des Cauchyschen Problems mit den Intervallen t_0,t_1; t_1,t_2; ... ; t_{m-1},t_m ist der Lösung des Cauchyschen Problems im Intervall t_0,t_m äquivalent. - Wir fordern weiter, daß der Operator $S(t_2,t_1)$ stark stetig ist, d.h., daß

$$\| S(t+\tau,t)u_0 - u_0\| \to 0 \ , \quad \tau \to 0 \ , \tag{11}$$

für ein beliebiges $u_0 \in B$ und beliebiges t gilt. Die Familie der Operatoren $S(t_2,t_1)$, die den Bedingungen (9),(10) und (11) genügt, bildet eine Halbgruppe*. Im einzelnen werden wir das Cauchysche Problem in Banachräumen im Paragraphen 10 diskutieren. Im folgenden werden wir diese Bezeichnungen verwenden: C_p bezeichnet einen Funktionenraum von p-fach stetig differenzierbaren Funktionen mit der Norm:

$$\|u\|_{C_p} = \max_{x\in G}\left\{|u|, |u'|, \dots, |u^{(p)}|\right\}, \tag{12}$$

L_p bezeichnet einen Raum von Funktionen, deren p-te Potenz integrabel ist, mit der Norm:

$$\|u\|_{L_p} = \sqrt[p]{\int_G |u|^p dx} \ . \tag{13}$$

Im Spezialfall $C = C_0$ bezeichnen wir mit C den Raum der stetigen Funktionen mit der Maximumsnorm:

$$\|u\|_C = \max_{x\in G} |u| \ . \tag{13}$$

1.2 Homogene Schemata

Es sei

$$\frac{u^{n+1} - u^n}{\tau} = \Lambda_1 u^{n+1} + \Lambda_0 u^n + F^n \tag{1}$$

ein zweischichtiges Differenzenschema, das dem System (1.1) zugeordnet ist. Hierin sind

$$u^n(x) = \{u_i(x_1,\dots,x_m,n\tau)\} \quad , \quad F^n(x) = \{F_i(x_1,\dots,x_m,n\tau)\}$$

Vektorfunktionen,

$$\Lambda_0 = \Lambda_0(t,\tau,h,T), \quad \Lambda_1 = \Lambda_1(t,\tau,h,T)$$

Matrizen, deren Elemente Differenzenoperatoren mit variablen Koeffizienten sind,

$$T = \{T_\alpha\} \ , \quad \alpha = -q_\alpha, -q_\alpha+1, \dots, q_\alpha \ ,$$

sind Verschiebungsoperatoren, die durch die Formeln

$$\begin{aligned} T_i u(x_1,\dots,x_m) &= u(x_1,\dots,x_i+h_i,\dots,x_m)\,; \\ T_{-i} u(x_1,\dots,x_m) &= u(x_1,\dots,x_i-h_i,\dots,x_m)\,; \\ T_{-i} &= T_i^{-1} \end{aligned} \tag{2}$$

gegeben sind.

---

* Zu Fragen der Lösung des Cauchyschen Problems und der Theorie der Halbgruppen siehe [2-4,99]. Zum Verständnis notwendige Begriffe der Funktionalanalysis siehe in den Arbeiten [1] , [72] .

Mit Indizes ausgeschrieben, hat das Differenzenschema (1) die Form

$$\frac{u_i^{n+1}-u_i^n}{\tau} = \sum_{j,\beta} b_{ij\beta_1\cdots\beta_m}(x,t,\tau,h)\,T_1^{\beta_1}\cdots T_m^{\beta_m}u_j^{n+1} + \sum_{j,\beta} c_{ij\beta_1\cdots\beta_m}\,T_1^{\beta_1}\cdots T_m^{\beta_m}u_j^n + F_i^n, \qquad (3)$$

wobei die Indizes β_s (s=1,...,m) positive wie negative ganze Zahlen durchlaufen können.

Wir führen eine Reihe von Begriffen ein. Schemata der Form (1) nennen wir h o m o g e n , weil die Approximation (1) einen homogenen Charakter hat, d.h. unabhängig vom Punkte x,t * ist. Das Schema (1) nennen wir e x p l i z i t , wenn im Raum der Gitterpunktfunktionen der Operator $E-\tau\Lambda_1$ sich durch eine Matrix mit einer einzigen Diagonalen darstellen läßt, sonst i m p l i z i t. Den Operator Λ nennen wir s i n g u l ä r , wenn für eine beliebige, genügend glatte Funktion f

$$\|\Lambda f\| \geq \frac{A}{h^{\alpha}}, \quad \alpha>0, \quad A>0$$

gilt, wobei A nicht von h=max h_i abhängt.

Wenn $|\beta_s| \leq Q$ ist, wobei Q nicht von τ und h abhängt, nennen wir die Operatoren Λ_0 und Λ_1 f i n i t. Wir bemerken, daß der inverse Operator eines finiten Operators i.a. nicht schon finit ist.

Bei der praktischen Rechnung werden die Gleichungen (1) in Gitterpunkten betrachtet, so daß dann die Schreibweise von Gleichung (3) durch die Indizes der Gitterpunkte zu ergänzen ist:

$$\frac{u_{ik_1\cdots k_m}^{n+1}-u_{ik_1\cdots k_m}^{n}}{\tau} = \sum_{j,\beta} b_{ij\beta_1\cdots\beta_m}\,u_{jk_1+\beta_1\cdots k_m+\beta_m}^{n+1} + \sum_{j,\beta} c_{ij\beta_1\cdots\beta_m}\,u_{jk_1+\beta_1\cdots k_m+\beta_m}^{n} + F_{ik_1\cdots k_m}^{n}. \qquad (4)$$

Durch die Indizes $k_1,\ldots,k_m$ wird der Punkt $x_1=k_1h_1, \ldots ,x_m=k_mh_m$ festgelegt.

Bei der theoretischen Untersuchung werden wir annehmen, daß die Operatoren Λ_1 und Λ_0 in demselben Raume wirken, in dem auch der Operator L aus (1.1) wirkt, und wir werden die Funktionen $u^n(x)$ als zu B gehörig ansehen. Wir stellen für (1) die Anfangsbedingung

$$u^0(x) = u_0(x). \qquad (5)$$

$u^n(x)$ sei eine Lösung des homogenen Cauchyschen Problems (1) und (5) ($F^n=0$). Dann bestimmt die Gleichung

$$u^{n+1}(x) = C(\tau,h;t+\tau,t)\,u^n(x), \quad t=n\tau, \qquad (6)$$

den D i f f e r e n z e n o p e r a t o r $C(\tau,h;t+\tau,t)$ eines I n t e r v a l l s c h r i t t s , die Gleichung

$$u^n(x) = C(\tau,h;t_2,t_1)\,u^m(x), \quad 0\leq t_1=m\tau\leq t_2=n\tau\leq T, \qquad (7)$$

bestimmt den D i f f e r e n z e n o p e r a t o r $C(\tau,h;t_2,t_1)$ des Ü b e r -

* Der Begriff „homogenes Schema" wurde in der Arbeit von A. N. Tichonow und A. A. Samarski [93] eingeführt.

g a n g s von t_1 nach t_2.

Wir werden auch die Bezeichnungen

$$C_{nm} = C(\tau, h; t_2, t_1)\ ; \quad t_2 = n\tau\ , \quad t_1 = m\tau\ ; \qquad C_n = C_{n\,n-1} \tag{7'}$$

benutzen.

D e f i n i t i o n : Das Cauchysche Problem (1) und (5) heißt k o r r e k t gestellt, wenn die Ungleichungen

$$\| C(\tau, h; t, 0) \| \leq M(T)\ , \quad 0 \leq t = n\tau \leq T, \quad \tau^2 + h^2 \leq \tau_0^2\ , \ M(T) < \infty, \tag{8}$$

erfüllt sind, wobei τ_0 eine bestimmte, genügend kleine Konstante ist. Das Schema (1) ist k o r r e k t , wenn

$$\| C(\tau, h; t_2, t_1) \| \leq M(T)\ , \quad 0 \leq t_1 = m\tau \leq t_2 = n\tau \leq T\ , \quad M(T) < \infty, \tag{9}$$

gilt; und es ist g l e i c h m ä ß i g k o r r e k t , wenn

$$\| C(\tau, h; t_2, t_1) \| \leq e^{\omega(t_2 - t_1)}, \quad 0 \leq t_1 = m\tau \leq t_2 = n\tau \leq T, \tag{10}$$

gilt, wobei ω eine Konstante ist, die nur von T abhängt. Das Schema ist s t a b i l , wenn die Ungleichung

$$\| C(\tau, h; t_2, t_1) \| \leq 1\ , \quad 0 \leq t_1 = m\tau \leq t_2 = n\tau \leq T, \tag{11}$$

erfüllt ist, und a s y m p t o t i s c h s t a b i l , wenn

$$\| C(\tau, h; t_2, t_1) \| \longrightarrow 0\ , \quad t_2 \longrightarrow \infty \tag{11'}$$

gilt. Das Schema ist s t a r k s t a b i l , wenn

$$\| C(\tau, h; t+\tau, t) \| \leq 1 - \varepsilon(\tau, h, T)\ , \quad \varepsilon > 0\ , \quad \varepsilon \to 0 \ \text{für}\ \tau, h \longrightarrow 0 \tag{12}$$

gilt.

Die gegebenen Definitionen werden ohne Mühe auf den Fall beliebiger Schrittweiten

$$\tau_1 = t_1 - t_0\ , \quad \tau_2 = t_2 - t_1\ , \quad \dots\ , \quad \tau_n = t_n - t_{n-1}$$

übertragen.

D e f i n i t i o n : Das Schema (1) a p p r o x i m i e r t die Gleichung (1.1), wenn für glatte Lösungen u(x,t) des Problems (1.1) und (1.3) im Grenzfall $\tau \to 0$

$$\frac{\| [C(\tau, h; t+\tau, t) - S(t+\tau, t)]\, u(x,t) \|}{\tau} \longrightarrow 0 \tag{13}$$

gleichmäßig in t gilt, $0 \leq t \leq T$.

D e f i n i t i o n : Eine Lösung $u^n(x)$ der Aufgabe (1) und (5) konvergiert gegen eine Lösung u(x,t) der Aufgabe (1.1) und (1.3), wenn für beliebiges $u_0 \in B$ * im Grenzfall $\tau \to 0$

$$\| u^n(x) - u(x, n\tau) \| = \| [\, C(\tau, h; n\tau, 0) - S(n\tau, 0)]\, u_0 \| \longrightarrow 0 \tag{14}$$

* Wir haben die Konvergenz für $t = n\tau$ definiert. Im Hinblick auf die Beschränktheit von C_{nm} folgt aus der Konvergenz bei $t = n\tau$ die Konvergenz für beliebiges t.

gleichmäßig in $t=n\tau$ im Intervall $0 \leq t \leq T$ erfüllt ist.

Die Definitionen der Korrektheit, der Approximation und der Konvergenz verlangen, daß der Grenzübergang

$$h = h(\tau) \quad , \quad h \longrightarrow 0 \quad , \quad \tau \longrightarrow 0 , \tag{15}$$

bei Gültigkeit der Beziehungen (8) - (14) erfüllt ist.

D e f i n i t i o n : Das Schema (1) ist u n b e d i n g t (a b s o l u t) k o r r e k t , wenn es für einen beliebigen Grenzübergang $\tau, h \to 0$ korrekt ist, d.h. im Quadranten

$$\tau^2 + h^2 \leq \tau_0^2 \quad ; \quad \tau > 0 \ , \ h > 0 \tag{16}$$

gilt die Abschätzung (9) für genügend kleine τ_0. Im anderen Fall heißt das Schema (1) b e d i n g t k o r r e k t , d.h. wenn die Abschätzung (9) nicht für beliebige Grenzübergänge gilt. Im Falle der bedingten Korrektheit gilt die Abschätzung (9) in einer nicht vollen Umgebung des Nullpunktes der τ,h-Ebene, deren Rand durch den Punkt (0,0) geht.

Analog werden die Begriffe der absoluten und bedingten gleichmäßigen Korrektheit, der Stabilität und der starken Stabilität definiert.

D e f i n i t i o n : Das Schema (1) approximiert die Gleichung (1.1) absolut, wenn die Beziehung (13) in der Umgebung (16) gilt; im anderen Fall approximiert das Schema die Gleichung (1.1) bedingt.

Analog werden die absolute und bedingte Konvergenz definiert. Es gilt folgender K o n v e r g e n z s a t z *:

Wenn
1) das Cauchysche Problem in Differenzen- und Differentialform korrekt gestellt ist,
2) der Operator $\Lambda_1 + \Lambda_0$ den Operator L approximiert : $\Lambda_1 + \Lambda_0 \sim L$,
3) $\|(E - \tau\Lambda_1)^{-1}\| \leq N(T)$ gilt,

so konvergiert die Lösung des Cauchyschen Problems (1) und (5) in Differenzenform gegen die Lösung des Cauchyschen Problems in Differentialform (1.1) und (1.3).

B e w e i s : Es sei $u(x,t) \in C_q$ eine Lösung der Aufgabe (1.1) und (1.3), die $u_0(x) \in C_p$ entspricht, $u^n(x)$ sei eine Lösung des Problems (1) und (5) in Differenzenform mit denselben Anfangswerten. Die Größe

$$v^n(x) = u^n(x) - u(x, n\tau) \tag{17}$$

genügt der Differenzengleichung

$$\frac{v^{n+1} - v^n}{\tau} = \Lambda_1 v^{n+1} + \Lambda_0 v^n + R_{n+1} \tag{18}$$

mit

$$R_{n+1} = - \left\{ \frac{u[x,(n+1)\tau] - u(x,n\tau)}{\tau} - \Lambda_1 u[x,(n+1)\tau] - \Lambda_0 u(x,n\tau) \right\} \tag{19}$$

* Analoge Konvergenzkriterien wurden zuerst von W. S. Rjabenki [5] und N. N. Meiman [6] hergeleitet. Wir beschränken uns aus Gründen der Einfachheit auf den Fall f=F=0.

und der Anfangsbedingung

$$v^0 = 0. \tag{20}$$

Nach Voraussetzung 2 (Approximationsbedingung) gilt im Grenzfall $\tau \to 0$

$$\max_n \| R_n \| \longrightarrow 0. \tag{21}$$

Nach Voraussetzung 3 dieses Satzes schreiben wir die Gleichung (18) um in die Form

$$v^{n+1} = C_{n+1} v^n + r_{n+1}, \tag{22}$$

$$C_{n+1} = (E - \tau\Lambda_1)^{-1}(E + \tau\Lambda_0) \;; \quad r_{n+1} = \tau (E - \tau\Lambda_1)^{-1} R_{n+1}. \tag{23}$$

Es ist nicht schwierig, exakt die Darstellung

$$v^n = C_{no} v^0 + \sum_{\alpha=1}^{n} C_{n\alpha} r_\alpha, \tag{24}$$

$$C_{n\alpha} = C_n C_{n-1} \ldots C_{\alpha+1} \tag{25}$$

zu beweisen.

Aus der Voraussetzung der Korrektheit folgt:

$$\|v^n\| \leq \|C_{no}\| \|v^0\| + \sum_{\alpha=1}^{n} \|C_{n\alpha}\| \|r_\alpha\| \leq n\tau NM \max_{k=1,\ldots,n} \|R_k\| = tMN \max_{k=1,\ldots,n} \|R_k\|. \tag{26}$$

Daraus folgt gleichmäßig im Intervall $[0,T]$ für $\tau \to 0$

$$\|v^n\| \longrightarrow 0,$$

womit der Satz bewiesen ist.

Es gilt der folgende Ä q u i v a l e n z s a t z *:

Wenn das Schema (1) die Gleichung (1.1) approximiert, so ist notwendig und hinreichend dafür, daß die Lösung $u^n(x)$ der Aufgabe (1) und (5) in B gegen die Lösung $u(x,t)$ der korrekten Aufgabe (1.1) und (1.3) konvergiert, daß die Aufgabe (1) und (5) korrekt ist.

Die Korrektheit der Differenzenaufgabe ist eine unabhängige Forderung, die nicht aus der Approximationseigenschaft folgt. Wir zeigen dieses am Beispiel einer Gleichung mit konstanten Koeffizienten.

Es sei

$$\frac{\partial u}{\partial t} = L(D)\, u \tag{27}$$

eine Gleichung mit konstanten Koeffizienten, wobei u eine skalare Funktion der Variablen $x_1, \ldots, x_m, t$ ist;

$$L(D) = \sum_\alpha a_{\alpha_1 \ldots \alpha_m} D_1^{\alpha_1} \ldots D_m^{\alpha_m} \tag{28}$$

ist ein Polynom in den Differentialoperatoren D_i.

In diesem Fall ist das einfache Kriterium für Korrektheit gültig. Wir betrachten die harmonische Funktion

$$u = u_0 e^{\omega t + ikx}, \quad u_0 = const., \; k: ganz. \tag{29}$$

* Der Äquivalenzsatz geht auf Lax zurück, siehe [3], [4], und gilt für die homogene Gleichung (1.1). Seine Verallgemeinerung auf den Fall der inhomogenen Aufgabe hat Richtmyer [7] durchgeführt.

Damit die harmonische Funktion (29) eine Lösung von (27) darstellt, ist notwendig und hinreichend, daß ω und k durch die Beziehung

$$\omega = L(ik) \qquad (30)$$

(die sog. D i s p e r s i o n s g l e i c h u n g oder c h a r a k t e r i s t i - s c h e Gleichung) miteinander verknüpft sind.

Das System (27) ist in $L_2(-\pi, \pi)$ dann und nur dann korrekt, wenn

$$Re\ \omega(k) \leq \mu_1 \qquad (31)$$

für alle k gilt, wobei μ_1 eine Konstante ist, die nicht von k abhängt.

Es sei

$$\frac{u^{n+1} - u^n}{\tau} = L\left(\frac{\Delta}{h}\right) u^n \qquad (32)$$

eine explizite, homogene Approximation von (27); $\frac{\Delta}{h}$ sei eine Approximation für D, z.B.

$$\frac{\Delta_i}{h_i} = \frac{T_i - E}{h_i} \sim D_i .$$

Dann kann (29) eine Lösung von (32) unter der Bedingung (Differenzen-Dispersionsgleichung) sein, daß

$$\frac{e^{\omega\tau} - 1}{\tau} = L\left(\frac{e^{ikh} - 1}{h}\right) = \sum_{\alpha} a_{\alpha_1 \ldots \alpha_m} \left(\frac{e^{ik_1h_1} - 1}{h_1}\right)^{\alpha_1} \cdots \left(\frac{e^{ik_mh_m} - 1}{h_m}\right)^{\alpha_m} \qquad (33)$$

gilt.

Eine notwendige und hinreichende Bedingung für die Korrektheit des Schemas (32) ist wieder die Ungleichung

$$Re\ \omega(\tau, h, k) \leq \mu_2 , \qquad (34)$$

wobei jetzt ω aus (33) bestimmt wird und μ_2 nicht von k, τ und h abhängt. Für beschränkte $k \leq K$ gilt im Grenzfall $\tau, h \to 0$

$$\omega(\tau, h, k) \longrightarrow \omega(k) = L(ik) , \qquad (35)$$

und folglich approximiert die Dispersionsgleichung (33) in der Funktionenklasse, die eine endliche Fourierdarstellung zuläßt, die Gleichung (30), und das Differenzenschema (32) ist in dieser Klasse korrekt.

Andererseits ist eine weitere Situation von praktischer Bedeutung: τ und h seien klein, aber endlich und k sei so groß wie erforderlich, jedenfalls hinreichend groß*. Daraus folgt, daß sich $\omega(\tau, h, k)$ genügend stark von $\omega(k)$ unterscheiden kann und daß die Bedingung (34) nicht aus der Bedingung (31) folgt.

Die harmonische Analyse der Stabilität ist für Gleichungen mit konstanten Koeffizienten geeignet. Im Unterschied zum ε-Schema, bei dem die Abweichung der Anfangswerte im einzelnen Gitterpunkt betrachtet und deren weitere Entwicklung im Phasenraum $(x_1, \ldots, x_m, t)$

---

* Wenn die Differenzen-Aufgabe in demselben Raum B betrachtet wird wie die ursprüngliche Cauchysche Aufgabe, so ist k hinreichend groß. Wenn die Differenzen-Aufgabe im Raum der Gitterfunktionen betrachtet wird, so gilt $k \sim \frac{1}{h}$.

analysiert wird, betrachtet man bei der harmonischen Analyse eine Anfangsstörung vom harmonischen Typ:

$$\delta u = \delta u_0 \, e^{i(k_1 x_1 + \dots + k_m x_m)}$$

und verfolgt ihre weitere Entwicklung. Ein Stabilitätskriterium auf der Basis der harmonischen Analyse kann dann in folgender Weise formuliert werden:

Wenn die Amplitude jeder harmonischen Störung nicht stärker als $e^{\mu t}$ anwächst, so ist das Schema korrekt. Im folgenden werden wir Abweichungen in den Anfangswerten oder beim Rechenablauf (Rundungsfehler) der Form $\delta u_0 e^{ik_1 x_1}$ kurz als Fehler in x_1, Abweichungen der Form $\delta u_0 e^{ik_2 x_2}$ als Fehler in x_2 usw. bezeichnen.

Auch sollen die Differenzenschemata den beiden unabhängigen Forderungen genügen:

1) Approximation,
2) Korrektheit.

Wie wir weiter sehen werden, sind diese Forderungen nicht nur unabhängig, sondern sind bis zu einem gewissen Grade nicht miteinander verträglich.

Abgesehen von den Forderungen 1) und 2), die sich als unbedingt erweisen, sollten die Differenzenschemata noch eine Reihe von Forderungen erfüllen, die einen weniger unbedingten Charakter haben, dafür aber praktisch notwendig sind. In erster Linie ist das die Forderung der Ö k o n o m i e eines Schemas, wobei als Maß für die Ökonomie eine fest definierte Maschinenzeit gilt. Die Ökonomie eines Differenzenschemas ist nicht nur ein Mittel zur Einsparung von Maschinenzeit, sondern in einigen Fällen auch eine praktisch obligatorische Voraussetzung für die Anwendung eines Schemas in Form eines Programms.

Bei der Integration nichtlinearer Gleichungen mit partiellen Ableitungen werden die Kriterien der Approximation und Korrektheit viel komplizierter. Deshalb ist die D i v e r g e n z f o r d e r u n g für ein System fast obligatorisch*.

Diese Forderungen könnte man noch erweitern, aber auch ohne diese Erweiterung wird klar, daß die Konstruktion eines geeigneten Differenzenschemas eine sehr komplizierte Aufgabe darstellt.

1.3 Beispiele

Wir erläutern die eingangs dargelegten Begriffe an einigen Beispielen. Wir betrachten vier Schemata zur Integration der Wärmeleitungsgleichung

$$\frac{\partial u}{\partial t} = a^2 \frac{\partial^2 u}{\partial x^2}, \quad a = const. \neq 0. \tag{1}$$

I. Das „Kreuzschema" (Richardson-Schema) :

$$\frac{u^{n+1} - u^{n-1}}{2\tau} = a^2 \frac{\Delta_1 \Delta_{-1}}{h^2} u^n, \quad \Delta_1 = T_1 - E, \; \Delta_{-1} = E - T_{-1}. \tag{2}$$

Wie man leicht zeigen kann, handelt es sich um eine Approximation zweiter Ordnung.

* Ein Differenzenschema heißt d i v e r g e n t (k o n s e r v a t i v), wenn es identisch den Erhaltungssätzen in Differenzenform genügt.

Wir setzen $\varrho = e^{\omega\tau}$. Dann nimmt die Dispersionsgleichung für das Schema (2) die Form

$$\varrho^2 + 8r\sin^2\frac{kh}{2}\,\varrho - 1 = 0\,; \quad r = \frac{a^2\tau}{h^2}\,, \tag{3}$$

an. Daraus folgt:

$$\varrho_{1,2} = -4r\sin^2\frac{kh}{2} \pm \sqrt{\left(4r\sin^2\frac{kh}{2}\right)^2 + 1}\,.$$

Die Norm des Operators eines Intervallschrittes ist gleich $4r + \sqrt{1 + (4r)^2}$. Bei beliebigen Werten von τ und h ist das Schema (2) absolut instabil. Daraus folgt, daß das „Kreuzschema" absolut approximiert, aber absolut instabil ist.

II. Das „Rhombusschema" (Dufort-Frankel-Schema) :

$$\frac{u^{n+1} - u^{n-1}}{2\tau} = \frac{a^2}{h^2}\left[T_1 u^n + T_{-1} u^n - \left(u^{n-1} + u^{n+1}\right)\right]. \tag{4}$$

Dieses Schema nimmt nach Umformung die Gestalt

$$\frac{u^{n+1} - u^{n-1}}{2\tau} = \frac{a^2}{h^2}\Delta_1\Delta_{-1}u^n - \frac{a^2\tau^2}{h^2}\,\frac{u^{n+1} - 2u^n + u^{n-1}}{\tau^2} \tag{4'}$$

an. Die Dispersionsgleichung lautet:

$$\varrho^2 - \frac{4r\cos kh}{1 + 2r}\,\varrho + \frac{2r - 1}{2r + 1} = 0\,.$$

Daraus folgt:

$$\varrho = \frac{2r\cos kh \pm \sqrt{(2r\cos kh)^2 - 4r^2 + 1}}{2r + 1} = \frac{2r\cos kh \pm \sqrt{1 - \varepsilon}}{2r + 1}\,,$$

$$\varepsilon = 4r^2\sin^2 kh \geq 0\,.$$

Wenn $\varepsilon > 1$ ist, so sind die Wurzeln ϱ_1 und ϱ_2 konjugiert komplex und haben den Absolutbetrag

$$\sqrt{\frac{2r - 1}{2r + 1}} < 1\,.$$

Wenn $\varepsilon \leq 1$ ist, so ist $\sqrt{1 - \varepsilon} = \vartheta \leq 1$, und es gilt:

$$|\varrho| = \frac{2r\cos kh \pm \vartheta}{2r + 1} \leq 1\,.$$

Aus diesem Grunde ist das „Rhombusschema" absolut stabil. Wir untersuchen die Approximation. Mit (4') sehen wir, daß das „Rhombusschema" die Gleichung

$$\frac{\partial u}{\partial t} = a^2\frac{\partial^2 u}{\partial x^2} - \frac{a^2\tau^2}{h^2}\,\frac{\partial^2 u}{\partial t^2}$$

approximiert. Für den Grenzübergang

$$\frac{a^2\tau}{h^2} = r = const.$$

approximiert das „Rhombusschema" die Wärmeleitungsgleichung (1). Für den Grenzübergang

$$\frac{a\tau}{h} = \varkappa = const.$$

approximiert das „Rhombusschema" die hyperbolische Gleichung

$$\frac{\partial u}{\partial t} = a^2 \frac{\partial^2 u}{\partial x^2} - \varkappa^2 \frac{\partial^2 u}{\partial t^2} . \qquad (5)$$

Folglich ist das „Rhombusschema" absolut stabil und explizit, aber es approximiert die Wärmeleitungsgleichung nicht absolut.

III. Das explizite Zweischichtenschema :

$$\frac{u^{n+1} - u^n}{\tau} = a^2 \frac{\Delta_1 \Delta_{-1}}{h^2} u^n . \qquad (6)$$

Die Dispersionsbeziehung hat die Form

$$\rho = 1 - 4r \sin^2 \frac{kh}{2} . \qquad (7)$$

Das Schema (6) ist korrekt unter der Voraussetzung, daß

$$r = \frac{a^2 \tau}{h^2} \leq \frac{1}{2} \qquad (8)$$

ist, d.h. es ist bedingt stabil. Es ist leicht einzusehen, daß das Schema (6) die Gleichung (1) absolut approximiert. Folglich approximiert das Schema (6) die Gleichung (1) absolut, aber es ist bedingt stabil.

IV. Das implizite zweistufige Differenzenschema (Crank-Nicholson-Schema) :

$$\frac{u^{n+1} - u^n}{\tau} = \frac{a^2}{h^2} \Delta_1 \Delta_{-1} \left[\alpha u^{n+1} + (1-\alpha) u^n \right], \quad 0 \leq \alpha \leq 1 . \qquad (9)$$

Die Dispersionsbeziehung hat die Form:

$$\rho = \frac{1 - 4r(1-\alpha) \sin^2 \frac{kh}{2}}{1 + 4r\alpha \sin^2 \frac{kh}{2}} . \qquad (10)$$

Es ist klar, daß das Schema (9) die Gleichung (1) absolut approximiert. Für $\alpha \geq \frac{1}{2}$ ist (9) auch absolut stabil in L_2. Für $\alpha = 1$ ist das Schema (9) absolut stabil in C , da es dem Maximumprinzip genügt. Für $0 \leq \alpha < \frac{1}{2}$, $r \leq \frac{1}{2(1-2\alpha)}$ ist das Schema (9) in L_2 stabil.

Bei den erwähnten Beispielen waren nur die impliziten Schemata absolut korrekt und hatten die Eigenschaft der absoluten Approximation. Wir vermuten, daß diese Aussage auch im allgemeinen Fall gültig ist.

Für praktische Rechnungen sind diejenigen Schemata besonders geeignet, die gleichzeitig die Eigenschaft der absoluten Approximation und der Korrektheit besitzen.

1.4 Die Faktorisierungsmethode (Gaußsche Eliminationsmethode)*

Um ein implizites Schema der Form (3.9) aufzustellen, wird die Faktorisierungsmethode angewendet, die auf die Darstellung des Operators zweiter Ordnung $E - \alpha r \Delta_1 \Delta_{-1}$ in Form eines Produktes zweier Operatoren erster Ordnung führt. Für die Differenzengleichung zweiter Ordnung

$$A_i u_{i-1} + B_i u_i + C_i u_{i+1} = f_i \ , \quad i = 1, \dots, N, \tag{1}$$

lauten die Formeln für die Gaußsche Eliminationsmethode

$$u_i = X_i u_{i+1} + Y_i \ ; \tag{2a}$$

$$X_i = - \frac{C_i}{B_i + A_i X_{i-1}} \ , \quad Y_i = \frac{f_i - A_i Y_{i-1}}{B_i + A_i X_{i-1}} \ . \tag{2b}$$

Mit $u_i^{n+1} = u_i$ erhalten wir für das Schema (3.9)

$$A_i = C_i = -\alpha r \ ; \quad B_i = 1 + 2\alpha r \ ; \quad f_i = \left[E + (1-\alpha) r \Delta_1 \Delta_{-1}\right] u_i^n \ . \tag{3}$$

Daraus folgt:

$$X_i = \frac{\alpha r}{(1+2\alpha r) - \alpha r X_{i-1}} = \frac{1}{\left(2 + \frac{1}{\alpha r}\right) - X_{i-1}} \ ; \quad Y_i = \frac{f_i + \alpha r Y_{i-1}}{(1+2\alpha r) - \alpha r X_{i-1}} = \frac{Y_{i-1} + \frac{1}{\alpha r} f_i}{\left(2 + \frac{1}{\alpha r}\right) - X_{i-1}} \ . \tag{3'}$$

Die Größen X_0, Y_0 werden aus den Randbedingungen am linken Intervallende bestimmt. Wenn z.B. für die Gleichung (3.9) die Randwertaufgabe:

$$\text{a)} \ \frac{\partial u(0,t)}{\partial x} = 0 \ ; \qquad \text{b)} \ u(1,t) = 1 \ ; \quad u(x,0) = u_0(x) \tag{4}$$

gelöst wird, so bestimmen sich X_0, Y_0 aus der Beziehung (2a)

$$u_0 = X_0 u_1 + Y_0 \ . \tag{5}$$

Daraus folgt, daß für die Erfüllung der Randbedingung (4a) genügt,

$$X_0 = 1 \ , \quad Y_0 = 0 \tag{6}$$

zu setzen. Danach bestimmen sich mit Hilfe der Beziehungen (2) die Größen X_i, Y_i rekursiv.

Aus der Bedingung (4b) am rechten Intervallende bestimmt man u_{N+1}, und aus der Bedingung (2a) werden von rechts nach links die u_i ermittelt.

Man kann leicht einsehen, daß das Schema der Faktorisierungsmethode (2) und (3) räumlich stabil ist, d.h. bei der rekursiven Berechnung der Größen X_i, Y_i und u_i wächst der Fehler nicht an. Der Algorithmus der Faktorisierungsmethode ist sehr effektiv, und die Zahl der Operationen pro Rechenschritt ist beim Schema (3.9) nur ungefähr fünfmal größer als die Zahl der Operationen pro Rechenschritt beim

---

* Anm.: In der angelsächsischen Literatur wird die russische Bezeichnung прогонка durch „Gauss elimination method" oder „method of factorization" wiedergegeben.

einfachen Schema (3.6).

Aus dieser Betrachtung sehen wir, daß die Anwendung eines impliziten Schemas in ökonomischer Hinsicht von Vorteil ist, wenn $\frac{\tau_2}{\tau_1} > 5$ ist, wobei τ_1 die Schrittweite im Falle des expliziten Schemas und τ_2 die Schrittweite im Falle des impliziten Schemas ist, die im Rahmen der verlangten Genauigkeit erlaubt ist.

1.5 Die Methode der Matrixfaktorisierung

Anders ist der Sachverhalt beim Übergang zur mehrdimensionalen Wärmeleitungsgleichung. Wir betrachten z.B. die zweidimensionale Wärmeleitungsgleichung

$$\frac{\partial u}{\partial t} = a^2\left(\frac{\partial^2 u}{\partial x^2} + \frac{\partial^2 u}{\partial y^2}\right) \tag{1}$$

im Parallelepiped

$$0 \leq x \leq 1 ; \quad 0 \leq y \leq 1 ; \quad 0 \leq t \leq T ,$$

und stellen für sie die erste Cauchysche Randwertaufgabe

$$u(x,y,0) = u_0(x,y), \ (x,y) \in G ; \quad u(x,y,t) = g(x,y,t), \ (x,y) \in \gamma ;$$

wobei $G = \{0<x<1 , \ 0<y<1\}$; und γ der Rand von G ist.

In Analogie zum eindimensionalen Fall wenden wir das homogene, implizite Schema

$$\frac{u^{n+1} - u^n}{\tau} = \Lambda\left[\alpha u^{n+1} + (1-\alpha)u^n\right] \tag{2}$$

an, wobei

$$\Lambda = \Lambda_1 + \Lambda_2 ; \quad \Lambda_1 = a^2\,\frac{\Delta_1\Delta_{-1}}{h_1^2} ; \quad \Lambda_2 = a^2\,\frac{\Delta_2\Delta_{-2}}{h_2^2} \tag{3}$$

gesetzt ist. In diesem Fall muß man bei jedem Schritt das Gleichungssystem

$$-\alpha r_1(u_{i-1j} + u_{i+1j}) - \alpha r_2(u_{ij-1} + u_{ij+1}) + \left[1 + 2\alpha(r_1 + r_2)\right] u_{ij} = f_{ij} \tag{4}$$

lösen, wobei

$$f_{ij} = \left[E + (1-\alpha)\tau\Lambda\right] u_{ij}^n ; \quad u_{ij} = u_{ij}^{n+1}$$

ist.

Zur Lösung von (4) wenden wir die Methode der M a t r i x f a k t o r i s i e r u n g an.

Die Methode der Matrixfaktorisierung wurde für Aufgaben der mathematischen Physik von einer Gruppe sowjetischer Mathematiker (M. W. Keldysch, I. M. Gelfand, K. I. Babenko, O. N. Lokuziewski, N. N. Tschenzow u.a.) [8] entwickelt, begründet und erfolgreich angewandt.

G. I. Martschuk [9] wandte die Methode der Vektor- und Matrixfaktorisierung mit Erfolg auf die Lösung von Aufgaben der Neutronenphysik an.

In aller Kürze beschreiben wir diese Methode am Beispiel der zweidimensionalen Wärmeleitungsgleichung (1). Die Gleichungen (4) kann man in Matrixform schreiben:

$$A_i \vec{u}_{i-1} + B_i \vec{u}_i + C_i \vec{u}_{i+1} = \vec{f}_i \, , \tag{5}$$

wobei $\vec{u}_i$ und $\vec{f}_i$ Vektoren $\{u_{ij}\}$, $\{f_{ij}\}$ darstellen. Die Matrizen A_i, B_i und C_i wirken in einem N_2-dimensionalen Vektorraum mit Vektoren $\vec{u}_i$

$$A_i = C_i = \begin{Vmatrix} -\alpha r_1 & 0 & \dots & 0 \\ 0 & -\alpha r_1 & \dots & 0 \\ \vdots & \vdots & \ddots & \vdots \\ 0 & 0 & \dots & -\alpha r_1 \end{Vmatrix} = -\alpha r_1 I \, , \tag{6}$$

$$B_i = \begin{Vmatrix} 1+2\alpha(r_1+r_2) & -\alpha r_2 & 0 & \dots & 0 \\ -\alpha r_2 & 1+2\alpha(r_1+r_2) & -\alpha r_2 & \dots & 0 \\ \vdots & \vdots & & & \vdots \\ 0 & 0 & & \dots & 1+2\alpha(r_1+r_2) \end{Vmatrix} . \tag{7}$$

Die Form der Matrizen A_i und B_i entspricht der ersten Randwertaufgabe für das Rechteck

$$x_i = ih_1 \, , \quad i=0,1, \dots ,N_1+1 \, ;$$

$$y_j = jh_2 \, , \quad j=0,1, \dots ,N_2+1 \, ;$$

die Indizes 0, N_1+1 und N_2+1 kennzeichnen den Rand des Rechtecks. Analog zur Faktorisierungsmethode setzen wir jetzt

$$\vec{u}_i = X_i \vec{u}_{i+1} + \vec{Y}_i \, , \tag{8}$$

wobei X_i Matrizen und $\vec{u}_i, \vec{Y}_i$ Vektoren sind.

Setzen wir (8) in (5) ein, so ergibt sich

$$(B_i + A_i X_{i-1}) \vec{u}_i + C_i \vec{u}_{i+1} = \vec{f}_i - A_i \vec{Y}_{i-1} \, . \tag{9}$$

Multiplizieren wir die Gleichung (9) von links mit der Matrix $(B_i+A_iX_{i-1})^{-1}$, so finden wir:

$$\vec{u}_i = -(A_i X_{i-1} + B_i)^{-1} C_i \vec{u}_{i+1} + (A_i X_{i-1} + B_i)^{-1} (\vec{f}_i - A_i \vec{Y}_{i-1}) \, . \tag{10}$$

Vergleichen wir (10) mit (8), so erhalten wir die Rekursionsformeln:

$$\begin{aligned} X_i &= -(A_i X_{i-1} + B_i)^{-1} C_i \, , \\ \vec{Y}_i &= (A_i X_{i-1} + B_i)^{-1} (\vec{f}_i - A_i \vec{Y}_{i-1}) \, . \end{aligned} \tag{11}$$

Aus den Randbedingungen erhalten wir:

$$X_0 = 0\ ,\quad \vec{Y}_0 = \vec{u}_0\ ,\quad \vec{u}_0 = \{g(0,y_j,t)\}\ ,\quad 0 \le y_j \le 1\ ,\quad y_j = jh_2\ . \tag{12}$$

Die Bedingungen (12) stellen die Anfangswerte für die Rekursionsformeln (11) dar, die die X_i und $\vec{Y}_i$ bis $i=N_1$ sukzessiv zu bestimmen gestatten. Die Beziehung

$$\vec{u}_{N_1} = X_{N_1}\vec{u}_{N_1+1} + \vec{Y}_{N_1};\vec{u}_{N_1+1} = \{g(1,y_j,t)\}\ ,\quad 0 \le y_j \le 1\ , \tag{13}$$

gestattet, bei Kenntnis des Vektors $\vec{u}_{N_1+1}$ aus der rechten Bedingung den Vektor $\vec{u}_{N_1}$ zu bestimmen, wonach sich $\vec{u}_i$ sukzessiv mit Hilfe der Beziehungen (8) bestimmen läßt. Auf diese Weise ist das Schema des Gaußschen Eliminationsverfahrens für Matrizen völlig analog dem gewöhnlichen Faktorisierungsschema , nur mit dem einen Unterschied, daß man jetzt statt der skalaren Größen X_i,Y_i und u_i unter $\vec{Y}_i$ und $\vec{u}_i$ Vektoren und unter X_i Matrizen versteht; die Koeffizienten A_i,B_i und C_i sind Matrizen, und alle Operationen fassen wir demzufolge als solche zwischen Matrizen und Vektoren auf.

Wenn die Koeffizienten der Wärmeleitungsgleichung variabel sind, so muß man für jedes i die Matrix der Ordnung N_2 umkehren, was eine zeitraubende Operation darstellt. Deshalb ist die Anwendung der Matrixfaktorisierung auf die Wärmeleitungsgleichung in einem rechteckigen Gebiet vielleicht dann empfehlenswert, wenn N_2 nicht allzu groß ist. Noch viel komplizierter wird der Algorithmus bei der Lösung dreidimensionaler Aufgaben. Als Grund für das starke Anwachsen der Zahl der Operationen ist das Anwachsen der Dimension des Differenzenoperators beim oberen Intervallschritt im Vergleich zum eindimensionalen Fall anzusehen. Man kann den Versuch machen, die Dimension des Differenzenoperators beim oberen Intervallschritt zu verringern. Zum Beispiel wäre es möglich, statt des Schemas (2) folgende Approximation zu verwenden:

$$\frac{u^{n+1} - u^n}{\tau} = \Lambda_1 u^{n+1} + \Lambda_2 u^n\ . \tag{14}$$

Dadurch könnte man die Lösung des impliziten Schemas (14) auf die gewöhnliche Prozedur des Faktorisierungsschemas längs x_1 zurückführen. Es ist andererseits nicht schwer zu zeigen, daß das Schema (14) bedingt stabil ist.

Tatsächlich drückt sich der Koeffizient $\rho(k) = e^{\omega\tau}$ für das Anwachsen der harmonischen Lösung durch den Bruch

$$\rho(k_1,k_2) = \frac{1-a_2}{1+a_1}\ ;\qquad a_s = 4r_s \sin^2\frac{k_s h_s}{2}\ ;\quad r_s = \frac{a^2\tau}{h_s^2}\ ;\ s=1,2\ , \tag{15}$$

aus. Die Stabilitätsbedingung hat die Form

$$r_2 \le \frac{1}{2}\ . \tag{16}$$

Wir sehen, daß die Instabilität als Folge einer expliziten Approximation der Ableitungen nach x_2 entstehen kann: Während die harmonische Lösung $A(t)\ e^{ik_1x_1}$ in bezug auf die Amplitude immer abnimmt, wächst die harmonische Lösung $A(t)\ e^{ik_2x_2}$ bei Verletzung der Bedingung (16) bezüglich der Amplitude an.

Die beim mehrdimensionalen Fall entstehenden Schwierigkeiten bei der Konstruktion einfacher, absolut stabiler Schemata können nicht auf der Grundlage homogener Schemata und ganz einfacher Approximationen gelöst werden, wenn die Integration von Schritt zu Schritt einheitlich durchgeführt wird. Folglich muß man die Struktur des Differenzenschemas abändern und die Approximation komplizierter gestalten.

Wir wollen hier diesen Gegenstand ausführlicher diskutieren. Bisher haben wir zur Konstruktion von Differenzenschemata die einfachsten Approximationen benutzt. Zum Beispiel wurden der Operator $D = \frac{\partial}{\partial x}$ durch den Operator $\alpha \frac{\Delta_1}{h} + (1-\alpha)\frac{\Delta_{-1}}{h}$, der Operator $D^2 = \frac{\partial^2}{\partial x^2}$ durch den Operator $\frac{\Delta_1 \Delta_{-1}}{h^2}$ usw. approximiert. Charakteristisch für eine ganz einfache Approximation ist die - bei vorgegebener Genauigkeit - minimale Zahl von Gitterpunkten, die in den Definitionsbereich des Differenzenoperators eingehen. $\Lambda \sim \Omega$ sei die einfachste Approximation der Ordnung $O(h^\alpha)$. Dann erhalten wir mit

$$\bar{\Lambda} = \Lambda + h^\alpha \Phi ,$$

wobei Φ ein beliebiger, finiter, nichtsingulärer Operator ist, eine Approximation $\bar{\Lambda} \sim \Omega$, die wiederum von der Ordnung $O(h^\alpha)$ ist. Gleichzeitig verfügen wir dadurch über einen vollständigen Satz willkürlicher Parameter oder Funktionen, die mit dem willkürlichen Operator Φ zusammenhängen und die man zu beliebigen Zwecken verwenden kann. Die Verwendung der Schemata mit komplizierterer Approximation macht die gewonnenen Schemata anpassungsfähiger und ermöglicht es, ein Schema mit guten Anwendungseigenschaften abzuleiten.

§2. Die einfachsten Schemata mit Zwischenschritten zur Integration parabolischer Gleichungen

2.1 Das Schema der Längs- und Querrichtung

Das bedingt stabile Schema (1.5.14) ist unsymmetrisch: Die Approximation der zweiten Ableitung nach x ist implizit, die nach y explizit. Wir betrachten ein symmetrisiertes Schema, in dem x und y von Schritt zu Schritt ihre Rollen tauschen:

$$\frac{u^{n+1} - u^n}{\tau} = \Lambda_1 u^{n+1} + \Lambda_2 u^n \ ; \qquad \frac{u^{n+2} - u^{n+1}}{\tau} = \Lambda_1 u^{n+1} + \Lambda_2 u^{n+2} . \qquad (1)$$

Beim ersten Schritt wird der Operator $L_1 = a^2 \frac{\partial^2}{\partial x^2}$ - wie auch beim Schema (1.5.14) - implizit approximiert, $L_2 = a^2 \frac{\partial^2}{\partial y^2}$ wird explizit approximiert. Beim zweiten Schritt verfährt man umgekehrt: Der Operator L_1 wird explizit approximiert, der Operator L_2 implizit. Danach wird die Rechnung wiederholt.

Das Schema (1), das wir im folgenden als S c h e m a d e r L ä n g s - u n d

Q u e r r i c h t u n g * (Schema d.w.R.) bezeichnen werden, wurde im Jahre 1955 gleichzeitig von Peaceman, Rachford und Douglas [10,11] vorgeschlagen. Wir werden zeigen, daß das Schema (1) absolut stabil ist und die Wärmeleitungsgleichung (1.5.1) absolut approximiert.

Da beim Schema (1) die Rechnung nur beim Übergang vom n-ten zum (n+2)-ten Schritt wiederholt wird, bezeichnen wir den (n+1)-ten Schritt als Hilfsschritt. Deshalb werden wir das Schema (1) als einen Übergang vom n-ten zum (n+1)-ten Schritt mit einem Hilfsschritt n+ $\frac{1}{2}$ ansehen. Mit diesen Bezeichnungen nimmt das Schema (1) die Form

$$\frac{u^{n+\frac{1}{2}} - u^n}{\tau} = \frac{1}{2}\left(\Lambda_1 u^{n+\frac{1}{2}} + \Lambda_2 u^n\right); \quad \frac{u^{n+1} - u^{n+\frac{1}{2}}}{\tau} = \frac{1}{2}\left(\Lambda_1 u^{n+\frac{1}{2}} + \Lambda_2 u^{n+1}\right) \qquad (2)$$

an. Wir werden zeigen, daß das Schema (2) einem homogenen Schema , das unbedingt stabil ist und die Gleichung (1.5.1) unbedingt approximiert, äquivalent ist. Entsprechend [12] schreiben wir die Gleichung (2) in der Form:

$$A_1 u^{n+\frac{1}{2}} - B_1 u^n = 0, \qquad (3a)$$

$$A_2 u^{n+1} - B_2 u^{n+\frac{1}{2}} = 0, \qquad (3b)$$

$$A_1 = E - \tfrac{1}{2}\tau\Lambda_1, \quad A_2 = E - \tfrac{1}{2}\tau\Lambda_2;$$
$$B_1 = E + \tfrac{1}{2}\tau\Lambda_2, \quad B_2 = E + \tfrac{1}{2}\tau\Lambda_1. \qquad (4)$$

Wir multiplizieren die Gleichung (3a) von links mit B_2, die Gleichung (3b) mit A_1 und addieren. Als Ergebnis erhalten wir

$$A_1 A_2 u^{n+1} - B_2 B_1 u^n + (B_2 A_1 - A_1 B_2) u^{n+\frac{1}{2}} = 0.$$

Setzen wir die Kommutativität ** der Operatoren Λ_1 und Λ_2 voraus, so gelangen wir zu dem Schema

$$A_1 A_2 u^{n+1} - B_1 B_2 u^n = 0. \qquad (5)$$

* In der Originalarbeit wird der Terminus „alternating direction (implicit) method" gebraucht. Manchmal wird in der sowjetischen Literatur ebenfalls der Terminus „Methode der wechselnden Richtungen" für die Bezeichnung von Schemata ähnlichen Typs benutzt.

** Bei Differenzengleichungen mit konstanten Koeffizienten ist beim Cauchyschen Problem, definiert in $L_2[-\pi,\pi]$ und bei skalarer Funktion u^n die Eigenschaft der Kommutativität gewährleistet.

Setzen wir (4) in (5) ein, so erhalten wir nach einfachen Umformungen folgendes homogene Schema, das dem Schema (2) äquivalent ist:

$$\frac{u^{n+1}-u^n}{\tau} = \frac{\Lambda_1+\Lambda_2}{2}\left(u^n+u^{n+1}\right) - \frac{1}{4}\tau\Lambda_1\Lambda_2\left(u^{n+1}-u^n\right). \tag{6}$$

Daraus folgt, daß das Schema (6) und das ihm äquivalente Schema (2) die Wärmeleitungsgleichung mit derselben Genauigkeit approximieren wie das Schema

$$\frac{u^{n+1}-u^n}{\tau} = \Lambda\,\frac{u^n+u^{n+1}}{2}, \qquad \Lambda = \Lambda_1+\Lambda_2 .$$

Wir beweisen die unbedingte Stabilität des Schemas (6) oder, was dasselbe ist, die von (2). Wir setzen:

$$u^n = \eta_n\, e^{i(k_1x_1+k_2x_2)} \quad ; \qquad u^{n+\frac{1}{2}} = \eta_{n+\frac{1}{2}}\, e^{i(k_1x_1+k_2x_2)} . \tag{7}$$

Setzen wir (7) in (2) ein, so erhält man:

$$\rho_1 = \frac{\eta_{n+\frac{1}{2}}}{\eta_n} = \frac{1-\frac{1}{2}a_2}{1+\frac{1}{2}a_1}, \tag{8a}$$

$$\rho_2 = \frac{\eta_{n+1}}{\eta_{n+\frac{1}{2}}} = \frac{1-\frac{1}{2}a_1}{1+\frac{1}{2}a_2}, \tag{8b}$$

$$\rho = \frac{1-\frac{1}{2}a_1}{1+\frac{1}{2}a_2}\cdot\frac{1-\frac{1}{2}a_2}{1+\frac{1}{2}a_1} = \rho_1\rho_2 , \tag{8c}$$

mit

$$a_s = 4r_s\sin^2\frac{k_sh_s}{2}, \qquad r_s = \frac{a^2\tau}{h_s^2}, \qquad s = 1,2 . \tag{9}$$

Daraus folgt, daß für beliebiges τ

$$|\rho| \leq 1 \tag{10}$$

ist. Damit ist die Stabilität des Schemas (2) bewiesen. Es ist nicht schwer zu zeigen, daß man aus (6) denselben Ausdruck für ρ erhält. Auf eben diese Weise haben wir - dank der Einführung der Hilfszwischenschritte - ein absolut stabiles Schema erhalten. Dabei muß man statt einer einzigen Matrixfaktorisierung zwei gewöhnliche Faktorisierungsschemata verwenden, wodurch der Rechenaufwand bedeutend verringert wird.

Wir diskutieren die Formeln (8). Die Gleichung (8) bedeutet, daß beim ersten Halbschritt der Fehler in x_1-Richtung um den Faktor $1+\frac{1}{2}a_1$ verkleinert wird, der Fehler in x_2-Richtung um den Faktor $1-\frac{1}{2}a_2$ vergrößert wird. Beim zweiten Halbschritt gilt das Umgekehrte: Der Fehler in x_1-Richtung wächst um den Faktor $1-\frac{1}{2}a_1$ an, während er in x_2-Richtung um den Faktor $1+\frac{1}{2}a_2$ abnimmt. Daraus folgt: Trotz des starken Anwachsens des Fehlers in einer beliebigen Richtung bei einem gegebenen Zwischenschritt nimmt der Fehler beim darauf folgenden Zwischenschritt notwendigerweise wieder ab, so daß nach zwei Zwischenschritten der Fehler dem Betrage nach nicht zunimmt.

Daraus wird sofort der Vorteil eines Schemas der Längs- und Querrichtung im Vergleich zum Schema (1.5.14)

$$\frac{u^{n+1} - u^n}{\tau} = \Lambda_1 u^{n+1} + \Lambda_2 u^n$$

oder dem analogen Schema

$$\frac{u^{n+1} - u^n}{\tau} = \Lambda_1 u^n + \Lambda_2 u^{n+1}$$

ersichtlich.

Beim ersten Schema wird der Fehler in x_1-Richtung immer mit dem Faktor $(1+a_1)$ abnehmen, während er dafür in x_2-Richtung immer mit dem Faktor $(1-a_2)$ anwächst. Beim zweiten Schema gilt nun umgekehrt, daß bei jedem Schritt der Fehler in x_1-Richtung um den Faktor $(1-a_1)$ anwächst, während er in x_2-Richtung um den Faktor $(1+a_2)$ abnimmt.

Demzufolge ist es notwendig, die x_1- und die x_2-Richtung ihre Rollen tauschen zu lassen, was gerade mit dem Schema der Längs- und Querrichtung erreicht wird. Bei der Methode der wechselnden impliziten Rechnung erfolgt die Integration in jeder Richtung abwechselnd einmal mit Hilfe eines expliziten, ein andermal mit einem impliziten Schema, und das Anwachsen des Fehlers beim expliziten Schema wird durch das Abnehmen des Fehlers beim impliziten Schema kompensiert*.

Aus diesen anschaulichen Überlegungen folgt, daß die Methode der alternierenden, impliziten Rechnung im dreidimensionalen Fall unbrauchbar ist. Wir betrachten für die dreidimensionale Wärmeleitungsgleichung

$$\frac{\partial u}{\partial t} = a^2 \sum_{i=1}^{3} \frac{\partial^2 u}{\partial x_i^2} \tag{11}$$

ein Schema, das analog dem Schema der Längs- und Querrichtung ist. In diesem Fall erzeugt die Integration in jeder der drei Richtungen (x_1, x_2, x_3) einmal ein implizites und zweimal ein explizites Schema. Folglich wird das Anwachsen des Fehlers im expliziten Schema nicht vom Abnehmen des Fehlers im impliziten Schema kompensiert. Wir verifizieren das durch eine exakte Stabilitätsanalyse des Schemas der Längs- und Querrichtung im dreidimensionalen Fall:

$$\frac{u^{n+\frac{1}{3}} - u^n}{\tau} = \frac{1}{3}\left(\Lambda_1 u^{n+\frac{1}{3}} + \Lambda_2 u^n + \Lambda_3 u^n\right),$$

* Die Kompensation der Stabilität bei den Zwischenschritten ist analog der Kompensation der Biegefestigkeit einer Sperrholzplatte, die aus einer Reihe miteinander verbundener Schichten mit abwechselnd sich ändernden Faserrichtungen herrührt. Wenn man die Schichten so verleimt, daß sie einheitliche Faserrichtung haben, so erhält man keine Kompensation der Festigkeit.

$$\frac{u^{n+\frac{2}{3}} - u^{n+\frac{1}{3}}}{\tau} = \frac{1}{3}\left(\Lambda_1 u^{n+\frac{1}{3}} + \Lambda_2 u^{n+\frac{2}{3}} + \Lambda_3 u^{n+\frac{1}{3}}\right),$$
$$\frac{u^{n+1} - u^{n+\frac{2}{3}}}{\tau} = \frac{1}{3}\left(\Lambda_1 u^{n+\frac{2}{3}} + \Lambda_2 u^{n+\frac{2}{3}} + \Lambda_3 u^{n+1}\right). \qquad (12)$$

Für das Anwachsen der Koeffizienten erhalten wir die folgenden Formeln:

$$\rho_1 = \frac{1-\frac{1}{3}(a_2+a_3)}{1+\frac{1}{3}a_1}, \qquad \rho_2 = \frac{1-\frac{1}{3}(a_1+a_3)}{1+\frac{1}{3}a_2}, \qquad \rho_3 = \frac{1-\frac{1}{3}(a_1+a_2)}{1+\frac{1}{3}a_3},$$

$$\rho = \rho_1\rho_2\rho_3 = \frac{\left[1-\frac{1}{3}(a_2+a_3)\right]\left[1-\frac{1}{3}(a_1+a_3)\right]\left[1-\frac{1}{3}(a_1+a_2)\right]}{\left(1+\frac{1}{3}a_1\right)\left(1+\frac{1}{3}a_2\right)\left(1+\frac{1}{3}a_3\right)}. \qquad (13)$$

Daraus folgt, daß das Schema nicht absolut stabil ist. Bei genügend großen Werten für $\frac{\tau}{h_i^2}$, i=1,2,3, erhalten wir für ρ die Abschätzung

$$\rho \approx -8. \qquad (14)$$

Wir bemerken darüber hinaus, daß die Methode der abwechselnd impliziten Rechnung auch schon im Falle m=2 ungeeignet für die Lösung der Gleichung

$$\frac{\partial u}{\partial t} = \sum_{i,j=1}^{m} a_{ij} \frac{\partial^2 u}{\partial x_i \partial x_j} \qquad (15)$$

ist.

2.2 Das Schema der stabilisierenden Korrektur

Zur Lösung der dreidimensionalen Wärmeleitungsgleichung wurde in der Arbeit von Douglas, Rachford [12] folgendes Schema vorgeschlagen:

$$\frac{u^{n+\frac{1}{3}} - u^n}{\tau} = \Lambda_1 u^{n+\frac{1}{3}} + \Lambda_2 u^n + \Lambda_3 u^n;$$
$$\frac{u^{n+\frac{2}{3}} - u^{n+\frac{1}{3}}}{\tau} = \Lambda_2 \left(u^{n+\frac{2}{3}} - u^n\right); \qquad (1)$$
$$\frac{u^{n+1} - u^{n+\frac{2}{3}}}{\tau} = \Lambda_3 \left(u^{n+1} - u^n\right).$$

Das Schema (1) kann man in die folgende Form bringen:

$$A_s u^{n+\frac{s}{3}} - B_s u^{n+\frac{s-1}{3}} = C_s u^n \qquad (2)$$

mit

$$A_s = E - \tau\Lambda_s \quad ; \quad B_s = E \quad ; \quad s = 1,2,3 \; ;$$
$$C_1 = \tau(\Lambda_2 + \Lambda_3) \; ; \quad C_2 = -\tau\Lambda_2 \; ; \quad C_3 = -\tau\Lambda_3 \, . \qquad (2')$$

Eliminieren wir sukzessiv $u^{n+\frac{1}{3}}$ und $u^{n+\frac{2}{3}}$, so erhalten wir ein äquivalentes, homogenes Schema

$$A_1 A_2 A_3 u^{n+1} - B_1 B_2 B_3 u^n = \left[C_1 + A_1 C_2 + A_1 A_2 C_3\right] u^n \, . \qquad (3)$$

Wenn wir (2') in (3) einsetzen und nach τ entwickeln, so schreiben wir das Schema (3) in die Form

$$\frac{u^{n+1} - u^n}{\tau} = \Lambda u^{n+1} - \tau\left(\Lambda_1\Lambda_2 + \Lambda_1\Lambda_3 + \Lambda_2\Lambda_3\right)\left(u^{n+1} - u^n\right) + \tau^2\Lambda_1\Lambda_2\Lambda_3\left(u^{n+1} - u^n\right) \qquad (4)$$

um mit

$$\Lambda = \Lambda_1 + \Lambda_2 + \Lambda_3 \, .$$

Für den Koeffizienten, der das Anwachsen des Fehlers beschreibt, erhalten wir den Ausdruck:

$$\rho = \frac{1 + a_1 a_2 + a_1 a_3 + a_2 a_3 + a_1 a_2 a_3}{(1 + a_1)(1 + a_2)(1 + a_3)} \, . \qquad (5)$$

Aus (4) folgt die Approximation, aus (5) die Stabilität.

Wir bemerken, daß das Schema folgende Struktur hat: Der erste Zwischenschritt liefert die volle Approximation der Wärmeleitungsgleichung, die folgenden Zwischenschritte sind Korrekturen und dienen dem Zweck, die Stabilität zu verbessern. Deshalb werden wir Schemata dieser Art *Schemata mit stabilisierender Korrektur* oder auch Schemata *mit Korrektur bezüglich der Stabilität* nennen. Später hat Douglas [26] ein Schema mit stabilisierender Korrektur mit einer Genauigkeit zweiter Ordnung vorgeschlagen (siehe 2.7).

2.3 Das Aufspaltungsschema für die Wärmeleitungsgleichung ohne gemischte Ableitung (rechtwinkliges Koordinatensystem)

Eine Stabilitätsanalyse der Schemata mit alternierender, impliziter Rechnung zeigt, daß eine Approximation mit expliziten Operatoren die Stabilität eines Schemas herabsetzt. Das führt auf den Gedanken, bei jedem Zwischenschritt nur implizite Operatoren zu verwenden. Zugleich wird bei jedem Schritt auf der rechten Seite der Operator

$$L_s = a^2 \frac{\partial^2}{\partial x_s^2} \qquad (1)$$

approximiert, die volle Approximation wird nur bei einem vollen Schritt erzielt. Ein

Schema dieser Art wurde zum erstenmal in der Arbeit des Verfassers [13] vorgeschlagen. Wir werden solche Schemata als A u f s p a l t u n g s s c h e m a t a bezeichnen. Das einfachste Aufspaltungsschema für die dreidimensionale Wärmeleitungsgleichung hat die Form:

$$\frac{u^{n+\frac{1}{3}} - u^n}{\tau} = \Lambda_1 u^{n+\frac{1}{3}} , \tag{2a}$$

$$\frac{u^{n+\frac{2}{3}} - u^{n+\frac{1}{3}}}{\tau} = \Lambda_2 u^{n+\frac{2}{3}} , \tag{2b}$$

$$\frac{u^{n+1} - u^{n+\frac{2}{3}}}{\tau} = \Lambda_3 u^{n+1} . \tag{2c}$$

Wir formen (2) um in die Gestalt:

$$A_s u^{n+\frac{s}{3}} - B_s u^{n+\frac{s-1}{3}} = 0 , \quad A_s = E - \tau\Lambda_s , \quad B_s = E , \quad s = 1,2,3. \tag{3}$$

Eliminieren wir $u^{n+\frac{1}{3}}$ und $u^{n+\frac{2}{3}}$, so gelangen wir zum äquivalenten Schema

$$A_1 A_2 A_3 u^{n+1} - B_1 B_2 B_3 u^n = A_1 A_2 A_3 u^{n+1} - E u^n = 0 . \tag{4}$$

Ordnen wir (4) nach Potenzen von τ, so erhalten wir:

$$\frac{u^{n+1} - u^n}{\tau} = \Lambda u^{n+1} - \tau(\Lambda_1\Lambda_2 + \Lambda_1\Lambda_3 + \Lambda_2\Lambda_3)u^{n+1} + \tau^2\Lambda_1\Lambda_2\Lambda_3 u^{n+1} . \tag{5}$$

Für ρ_1, ρ_2, ρ_3 erhalten wir die Ausdrücke:

$$\rho_1 = \frac{1}{1+a_1} ; \quad \rho_2 = \frac{1}{1+a_2} ; \quad \rho_3 = \frac{1}{1+a_3} ;$$
$$\rho = \frac{1}{(1+a_1)(1+a_2)(1+a_3)} . \tag{6}$$

Aus (5) folgt die Approximation, aus (6) die Stabilität des Schemas (2). Man kann leicht zeigen, daß das Schema (2) die Extremaleigenschaft erfüllt. Das folgt daraus, daß jedes der zweischichtigen Schemata (2a),(2b) und (2c) der Extremaleigenschaft genügt. Wir betrachten z.B. das Schema (2a), das wir zuvor in Indexform aufschreiben, wobei wir der Einfachheit halber die Indizes für x_2 und x_3 unterdrücken:

$$\frac{u_i^{n+\frac{1}{3}} - u_i^n}{\tau} = a^2 \frac{u_{i-1}^{n+\frac{1}{3}} - 2u_i^{n+\frac{1}{3}} + u_{i+1}^{n+\frac{1}{3}}}{h^2} .$$

Wir lösen nach $u_i^{n+\frac{1}{3}}$ auf und erhalten:

$$u_i^{n+\frac{1}{3}} = \frac{r}{1+2r} u_{i-1}^{n+\frac{1}{3}} + \frac{1}{1+2r} u_i^n + \frac{r}{1+2r} u_{i+1}^{n+\frac{1}{3}} .$$

Daraus folgt die Extremaleigenschaft:

$$\min\left\{u_{i-1}^{n+\frac{1}{3}}, u_i^n, u_{i+1}^{n+\frac{1}{3}}\right\} \leq u_i^{n+\frac{1}{3}} \leq \max\left\{u_{i-1}^{n+\frac{1}{3}}, u_i^n, u_{i+1}^{n+\frac{1}{3}}\right\}.$$

Daraus folgt insbesondere die Konvergenz der Differenzenlösung in C gegen die Lösung der Differentialgleichung (gleichmäßige Konvergenz). Für eine größere Genauigkeit des Schemas (2) kann man ein Schema mit Gewichten verwenden:

$$\begin{aligned} \frac{u^{n+\frac{1}{3}} - u^n}{\tau} &= \Lambda_1\left[\alpha u^{n+\frac{1}{3}} + (1-\alpha) u^n\right] ; \\ \frac{u^{n+\frac{2}{3}} - u^{n+\frac{1}{3}}}{\tau} &= \Lambda_2\left[\alpha u^{n+\frac{2}{3}} + (1-\alpha) u^{n+\frac{1}{3}}\right] ; \\ \frac{u^{n+1} - u^{n+\frac{2}{3}}}{\tau} &= \Lambda_3\left[\alpha u^{n+1} + (1-\alpha) u^{n+\frac{2}{3}}\right] . \end{aligned} \tag{7}$$

Das dazu äquivalente homogene Schema hat die Form:

$$\begin{gathered} A_1 A_2 A_3 u^{n+1} - B_1 B_2 B_3 u^n = 0 , \\ A_s = E - \alpha\tau\Lambda_s , \quad B_s = E + (1-\alpha)\tau\Lambda_s \\ s = 1, 2, 3 . \end{gathered} \tag{8}$$

Entwickeln wir die Gleichung (8) nach τ , so erhalten wir

$$\frac{u^{n+1} - u^n}{\tau} = \Lambda\left[\alpha u^{n+1} + (1-\alpha) u^n\right] + \tau\left[\Phi_1 u^{n+1} + \Phi_0 u^n\right] , \tag{9}$$

mit

$$\begin{aligned} \Phi_1 &= -\alpha^2(\Lambda_1\Lambda_2 + \Lambda_1\Lambda_3 + \Lambda_2\Lambda_3) + \tau\alpha^3 \Lambda_1\Lambda_2\Lambda_3 ; \\ \Phi_0 &= (1-\alpha)^2(\Lambda_1\Lambda_2 + \Lambda_1\Lambda_3 + \Lambda_2\Lambda_3) + \tau(1-\alpha)^3\Lambda_1\Lambda_2\Lambda_3 . \end{aligned} \tag{10}$$

Für $\alpha = \frac{1}{2}$ erhalten wir das Schema:

$$\frac{u^{n+1} - u^n}{\tau} = \Lambda\frac{u^{n+1} - u^n}{2} - \frac{\tau^2}{4}(\Lambda_1\Lambda_2 + \Lambda_1\Lambda_3 + \Lambda_2\Lambda_3)\frac{u^{n+1} - u^n}{\tau} + \frac{\tau^2}{8}\Lambda_1\Lambda_2\Lambda_3(u^{n+1} + u^n) . \tag{11}$$

Das Schema (11) hat eine Genauigkeit der Ordnung $O(\tau^2 + h^2)$.

2.4 Das Aufspaltungsschema für die Wärmeleitungsgleichung mit einer gemischten Ableitung (beliebiges Koordinatensystem)

Wir betrachten die parabolische Gleichung:

$$\frac{\partial u}{\partial t} = Lu \; ; \quad L = \sum_{i,j=1}^{2} a_{ij} \frac{\partial^2}{\partial x_i \partial x_j} \; ; \quad a_{ij} = const. , \tag{1}$$

$$a_{11} a_{22} - a_{12} > 0 , \quad a_{11} > 0 \; ; \quad a_{22} > 0 . \tag{2}$$

In diesem Falle stützt sich das homogene Differenzenschema

$$\frac{u^{n+1} - u^n}{\tau} = \Lambda \left[\alpha u^{n+1} + (1-\alpha) u^n \right] , \quad \Lambda \sim L , \tag{3}$$

auf neun Punkte, und die Lösung des erhaltenen Gleichungssystems mit der Methode der Matrixfaktorisierung wird äußerst kompliziert. Auch die Anwendung der Methode der alternierenden, impliziten Rechnung führt ebenfalls nicht auf einfache, implizite Schemata mit drei Punkten.

In der Arbeit von W. A. Sutschkow, J. J. Pogodin und vom Autor [14] wurde das folgende Schema vorgeschlagen:

$$\frac{u^{n+\frac{1}{2}} - u^n}{\tau} = \Lambda_{11} u^{n+\frac{1}{2}} + \Lambda_{12} u^n \; ; \quad \frac{u^{n+1} - u^{n+\frac{1}{2}}}{\tau} = \Lambda_{21} u^{n+\frac{1}{2}} + \Lambda_{22} u^{n+1} . \tag{4}$$

Hier gilt:

$$\Lambda_{11} = a_{11} \frac{\Delta_1 \Delta_{-1}}{h_1^2} \sim L_{11} = a_{11} \frac{\partial^2}{\partial x_1^2} \; ;$$

$$\Lambda_{12} = \Lambda_{21} = a_{12} \frac{(\Delta_1 + \Delta_{-1})(\Delta_2 + \Delta_{-2})}{4 h_1 h_2} \sim L_{12} = a_{12} \frac{\partial^2}{\partial x_1 \partial x_2} \; ; \tag{5}$$

$$\Lambda_{22} = a_{22} \frac{\Delta_2 \Delta_{-2}}{h_2^2} \sim L_{22} = a_{22} \frac{\partial^2}{\partial x_2^2} .$$

Es ist leicht zu beweisen, daß das Schema (4) auf der Aufspaltungsmethode beruht. Tatsächlich wird beim ersten Zwischenschritt die „Hälfte" des Operators $L : L_{11} + L_{12}$ approximiert, während L_{11} in der oberen Schicht ($n + \frac{1}{2}$) approximiert wird, wird L_{12} in der unteren Schicht approximiert. Beim zweiten Zwischenschritt wird die zweite „Hälfte" des Operators $L : L_{21} + L_{22}$ approximiert, während $L_{21} = L_{12}$ wiederum in der unteren Schicht ($n + \frac{1}{2}$) und L_{22} in der oberen Schicht ($n+1$) approximiert wird.

Das äquivalente homogene Schema hat die Form:

$$A_{11} A_{22} u^{n+1} - A_{12}^2 u^n = 0 \; ;$$
$$A_{ij} = E + (-1)^{i+j+1} \tau \Lambda_{ij} , \tag{6}$$
$$i,j = 1,2 .$$

Lösen wir nach Potenzen von τ auf, so erhalten wir:

$$\frac{u^{n+1} - u^{n}}{\tau} = (\Lambda_{11} + \Lambda_{22}) u^{n+1} + 2\Lambda_{12} u^{n} - \tau \left(\Lambda_{11} \Lambda_{22} u^{n+1} - \Lambda_{12}^{2} u^{n} \right). \tag{7}$$

Daraus folgt die Approximation der Gleichung (1) durch das Schema (4). Es läßt sich leicht die Stabilität des Schemas beweisen. In der Tat gilt:

$$\rho_1 = \frac{1 - l_{12}}{1 + l_{11}} \; ; \quad \rho_2 = \frac{1 - l_{12}}{1 + l_{22}} \; ; \quad \rho = \rho_1 \rho_2 = \frac{(1 - l_{12})^2}{(1 + l_{11})(1 + l_{22})} , \tag{8}$$

mit

$$\begin{gathered} l_{ii} = 4\tau \frac{a_{ii}}{h_i^2} \sin^2 \frac{k_i h_i}{2} \; ; \\ l_{12} = 4\tau \frac{a_{12}}{h_1 h_2} \cos \frac{k_1 h_1}{2} \cos \frac{k_2 h_2}{2} \sin \frac{k_1 h_1}{2} \sin \frac{k_2 h_2}{2} . \end{gathered} \tag{9}$$

Daraus folgt unter Annahme der Gültigkeit von (2)

$$|\rho| \leq 1 . \tag{10}$$

Die Stabilität und - damit verknüpft - auch die Konvergenz des Schemas ist bewiesen.

Bei strengeren Bedingungen als der Bedingung der Elliptizität (2) kann man die Aufspaltungsmethode auch für die dreidimensionale Wärmeleitungsgleichung

$$\frac{\partial u}{\partial t} = \sum_{i,j=1}^{3} a_{ij} \frac{\partial^2 u}{\partial x_i \partial x_j} \tag{11}$$

benutzen. In diesem Fall kann man folgendes Schema verwenden, das vom Verfasser vorgeschlagen wurde [15,18] :

$$\begin{aligned} \frac{u^{n+\frac{1}{6}} - u^{n}}{\tau} &= \frac{1}{2} \Lambda_{11} u^{n+\frac{1}{6}} + \Lambda_{12} u^{n} \; ; \\ \frac{u^{n+\frac{2}{6}} - u^{n+\frac{1}{6}}}{\tau} &= \Lambda_{21} u^{n+\frac{1}{6}} + \frac{1}{2} \Lambda_{22} u^{n+\frac{2}{6}} ; \\ \frac{u^{n+\frac{3}{6}} - u^{n+\frac{2}{6}}}{\tau} &= \frac{1}{2} \Lambda_{11} u^{n+\frac{3}{6}} + \Lambda_{13} u^{n+\frac{2}{6}} ; \\ \frac{u^{n+\frac{4}{6}} - u^{n+\frac{3}{6}}}{\tau} &= \Lambda_{31} u^{n+\frac{3}{6}} + \frac{1}{2} \Lambda_{33} u^{n+\frac{4}{6}} ; \\ \frac{u^{n+\frac{5}{6}} - u^{n+\frac{4}{6}}}{\tau} &= \frac{1}{2} \Lambda_{22} u^{n+\frac{5}{6}} + \Lambda_{23} u^{n+\frac{4}{6}} ; \\ \frac{u^{n+1} - u^{n+\frac{5}{6}}}{\tau} &= \Lambda_{32} u^{n+\frac{5}{6}} + \frac{1}{2} \Lambda_{33} u^{n+1} . \end{aligned} \tag{12}$$

Das Schema (12) approximiert (11) und ist stabil, wenn die Matrix $\|b_{ij}\|$ positiv definit ist, wobei

$$b_{ij} = a_{ij}, \quad i \neq j, \qquad b_{ii} = \frac{a_{ii}}{2} \tag{13}$$

gilt.

I. D. Sofronow [65,66] hat eine Reihe Schemata zur Integration der Gleichung (1) vorgeschlagen, die sich auf das Prediktor-Korrektor-Verfahren (siehe 2.7) stützen.

2.5 Das Faktorisierungsschema eines Differenzenoperators

In der Arbeit von Baker und Oliphant [16] wurde folgende Methode zur Integration der Wärmeleitungsgleichung (1.5.1) vorgeschlagen:

Es sei

$$\Omega u^{n+1} = f^n \tag{1}$$

ein implizites Schema zur Integration von (1.5.1). Ω ist der Differenzenoperator der oberen Schicht, f^n das Ergebnis der Anwendung der Differenzenoperatoren in den unteren Schichten. In Indexschreibweise erhält das Schema (1) die Form:

$$\sum_{k,l} C_{ij}^{kl} u_{kl}^{n+1} = f_{ij}^n . \tag{2}$$

In der Arbeit [16] wird bewiesen, daß bei Beschränkung auf die Betrachtung von Operatoren mit neun Punkten, d.h. auf Operatoren, für die die Beziehung

$$C_{ij}^{kl} = 0 \quad \text{für } |i-k| > 1 , \quad |j-l| > 1 , \tag{3}$$

gilt, es möglich ist, den Operator Ω so zu wählen, daß er sich in Form eines Produktes zweier Operatoren A und B mit je drei Punkten schreiben läßt. Das führt auf die Gleichung

$$C_{ij}^{kl} = A_i^k B_j^l \tag{4}$$

mit

$$A_i^k = 0, \ |i-k| > 1; \qquad B_j^l = 0, \ |j-l| > 1 . \tag{5}$$

In der Arbeit [16] wurde das Schema (1) aus einer dreischichtigen Approximation der Wärmeleitungsgleichung (1.5.1) entwickelt:

$$\frac{1.5u^{n+1} - 2u^n + 0.5u^{n-1}}{\tau} = \Lambda u^{n+1} , \tag{6}$$

wobei Λ einen Operator mit neun Punkten darstellt. Dann gilt:

$$\Omega = 1.5E - \tau\Lambda \ ; \quad f^n = 2u^n - 0.5u^{n-1} . \tag{7}$$

Der Operator Λ wird so gewählt, daß die Approximation

$$\Lambda \sim L = L_1 + L_2 = a^2 \frac{\partial^2}{\partial x^2} + a^2 \frac{\partial^2}{\partial y^2}$$

eine Genauigkeit zweiter Ordnung hat und der Operator Ω aus (7) sich in der Gestalt eines Produktes zweier Operatoren mit drei Punkten im Sinne von (4) darstellen läßt.

Man kann zeigen, daß mit diesen Forderungen Λ eindeutig bestimmt ist. Damit wird das Problem der Lösung des Gleichungssystems (2) auf zwei Schemata des Gaußschen Eliminationsverfahrens zurückgeführt.

Wir setzen nun:

$$A = \{A_i^k\} \; ; \quad B = \{B_i^k\} \; ; \quad v^{n+1} = \{v_{ij}^{n+1}\} \; ; \qquad (8)$$

$$v_{jl}^{n+1} = B_j^k u_{kl}^{n+1} \qquad (v^{n+1} = B u^{n+1}) .$$

Dann zerfällt die Gleichung (1) in zwei Gleichungen

$$A v^{n+1} = f^n \quad , \quad B u^{n+1} = v^{n+1} , \qquad (9)$$

von denen jede mit einem Dreipunkteverfahren nach der Methode der Faktorisierung gelöst wird.

In der Arbeit von Baker [17] wird eine Verallgemeinerung des Schemas der Faktorisierung für den Operator des höheren Zeitniveaus im Falle der mehrdimensionalen Wärmeleitungsgleichung mit konstanten Koeffizienten angegeben. Wie dem Autor freundlicherweise von W. A. Sutschkow mitgeteilt wurde, ist das Faktorisierungsschema des Operators, wie es von Baker und Oliphant in ihrer Arbeit vorgeschlagen wurde [16] , dem Aufspaltungsschema analog und geht bei Ersetzung der dreischichtigen Approximation (6) durch eine gewöhnliche zweischichtige in dieses völlig über.

2.6 Das Schema der genäherten Faktorisierung eines Operators

In der Arbeit des Verfassers [18] wurde am Beispiel der Wärmeleitungsgleichung eine Methode zur genäherten Faktorisierung eines Operators beschrieben.

Es sei

$$\frac{u^{n+1} - u^n}{\tau} = \Lambda u^{n+1} \; ; \quad \Lambda = \sum_{i=1}^{m} \Lambda_i \; ; \quad \Lambda_i = a^2 \frac{\Delta_i \Delta_{-i}}{h_i^2} , \qquad (1)$$

die einfachste implizite Approximation der Gleichung

$$\frac{\partial u}{\partial t} = a^2 \sum_{i=1}^{m} \frac{\partial^2 u}{\partial x_i^2} .$$

Wir schreiben die Gleichung (1) um in die Form:

$$(E - \tau\Lambda)\, u^{n+1} = E u^{n}. \tag{2}$$

Wir spalten den Operator $E - \tau\Lambda$ mit einer Genauigkeit bis zu Gliedern der Ordnung τ^2 in ein Produkt auf. Zu diesem Zweck ersetzen wir den Operator $E - \tau\Lambda$ durch den Produktausdruck:

$$(E - \tau\Lambda_1)(E - \tau\Lambda_2) \dots (E - \tau\Lambda_m) = E - \tau\Lambda + \tau^2 \Phi ,$$

$$\Phi = \sum_{i<j} \Lambda_i \Lambda_j - \sum_{i<j<k} \Lambda_i \Lambda_j \Lambda_k + \dots + (-1)^m \tau^{m-2} \Lambda_1 \dots \Lambda_m .$$

Wir ersetzen das Differenzenschema (2) durch das faktorisierte Schema:

$$\Omega u^{n+1} = (E - \tau\Lambda_1)(E - \tau\Lambda_2) \dots (E - \tau\Lambda_m) u^{n+1} = E u^{n}. \tag{3}$$

Wir führen die Hilfsgrößen $u^{n+\frac{1}{m}}, \dots , u^{n+\frac{m-1}{m}}$ mit Hilfe der Gleichungen:

$$\begin{aligned} (E - \tau\Lambda_1)\, u^{n+\frac{1}{m}} &= E u^{n} ; \\ (E - \tau\Lambda_2)\, u^{n+\frac{2}{m}} &= E u^{n+\frac{1}{m}}; \\ &\vdots \\ (E - \tau\Lambda_m)\, u^{n+1} &= E u^{n+\frac{m-1}{m}}; \end{aligned} \tag{4}$$

ein.

Das Aufspaltungsschema (4) ist äquivalent dem Schema der genäherten Faktorisierung des Operators des oberen Zeitniveaus (3).

Völlig analog wird die Faktorisierung des Operators des oberen Zeitniveaus von Baker und Oliphant gewonnen.

Wir betrachten eine dreischichtige Approximation der zweidimensionalen Wärmeleitungsgleichung:

$$\frac{1.5\, u^{n+1} - 2\, u^{n} + 0.5\, u^{n-1}}{\tau} = \Lambda u^{n+1} \tag{5}$$

mit

$$\begin{aligned} \Lambda &= \Lambda_1 + \Lambda_2 , \\ \Lambda_i &\sim L_i = a^2 \frac{\partial^2}{\partial x_i^2} . \end{aligned} \tag{6}$$

Das Schema (5) schreiben wir um in die Gestalt:

$$(1.5E - \tau\Lambda)u^{n+1} = f^n, \quad f^n = 2u^n - 0.5u^{n-1}. \tag{7}$$

Die Ersetzung des Operators $1.5E - \tau\Lambda$ durch ein Produkt führt auf das Schema

$$\Omega u^{n+1} = 1.5\left(E - \frac{\tau}{1.5}\Lambda_1\right)\left(E - \frac{\tau}{1.5}\Lambda_2\right)u^{n+1} = f^n \tag{8}$$

mit einem faktorisierten Operator Ω mit neun Punkten; dieses Schema stimmt mit dem von Baker und Oliphant überein.

Wir bemerken, daß die exakte Faktorisierung des Operators der oberen Schicht Ω mit Hilfe der Formeln (5.2) - (5.4) im Falle der Diffusionsgleichung mit variablen Koeffizienten nicht möglich ist, da in diesem Falle zusätzliche Iterationen (siehe [19]) notwendig sind, die an das Schema von N. E. Buleew erinnern [20]. Die Methode der genäherten Faktorisierung bleibt demgegenüber auch für Gleichungen mit variablen Koeffizienten gültig.

Eine Methode zur Konstruktion von Schemata mit einem faktorisierten Operator für die obere Schicht für eine größere Klasse von Gleichungen mit variablen Koeffizienten ist von E. G. Djakonow [21 - 24] ausgearbeitet worden. Djakonow zeigte mit Hilfe einer a priori Abschätzung dessen Konvergenz und gab zugleich einen Algorithmus zur Lösung der Randbedingungen* an. Weitere Ausführungen über die Methode der genäherten Faktorisierung siehe unter §9.3.

2.7 Das Prediktor-Korrektor-Schema

Wie in 2.1 und 2.2 gezeigt wurde, hat das Schema der Längs- und Querrichtung eine Genauigkeit zweiter Ordnung; aber es ist bedingt stabil und im dreidimensionalen Fall unbrauchbar, während das Schema der stabilisierenden Korrektur absolut stabil ist, aber dafür bezüglich t eine Genauigkeit erster Ordnung hat.

In der Arbeit von Brian [25] wurde ein absolut stabiles und realisierbares Gaußsches Eliminationsverfahren unter Verwendung von drei Punkten vorgeschlagen, das in t und den räumlichen Variablen eine Genauigkeit zweiter Ordnung hat. Das Schema ergibt sich aus dem Schema der stabilisierenden Korrektur unter Benutzung des P r e d i k t o r - K o r r e k t o r - V e r f a h r e n s (N e u b e r e c h n u n g).

Wir erklären das Prediktor-Verfahren am einfachsten Beispiel des Schemas zur Integration der gewöhnlichen Differentialgleichung

$$\frac{dx}{dt} = f(x,t). \tag{1}$$

* E. G. Djakonow benutzt den Ausdruck „M e t h o d e des a u f g e s p a l t e n e n O p e r a t o r s".

Das bekannte Trapezschema

$$\frac{x^{n+1} - x^n}{\tau} = \frac{f(x^n, t^n) + f(x^{n+1}, t^{n+1})}{2} \tag{2a}$$

oder

$$\frac{x^{n+1} - x^n}{\tau} = f\left(\frac{x^{n+1} + x^n}{2}, t^{n+\frac{1}{2}}\right) \tag{2b}$$

verlangt eine Iteration wegen der nichtlinearen rechten Seite. Das Prediktor-Korrektor-Schema:

$$\frac{x^{n+\frac{1}{2}} - x^n}{\frac{\tau}{2}} = f(x^n, t^n), \tag{3a}$$

$$\frac{x^{n+1} - x^n}{\tau} = f(x^{n+\frac{1}{2}}, t^{n+\frac{1}{2}}) \tag{3b}$$

hat eine Genauigkeit zweiter Ordnung und verlangt keine Iteration.

Eine analoge Methode kann auch für partielle Differentialgleichungen benutzt werden. In der Arbeit [25] wurde ein Integrationsverfahren für die Gleichung (1.11) vorgeschlagen, dem das Prediktor-Korrektor-Verfahren zugrunde liegt. Dieses Schema hat die Form:

$$\frac{u^{n+\frac{1}{6}} - u^n}{\frac{\tau}{2}} = \Lambda_1 u^{n+\frac{1}{6}} + \Lambda_2 u^n + \Lambda_3 u^n, \tag{4a}$$

$$\frac{u^{n+\frac{2}{6}} - u^{n+\frac{1}{6}}}{\frac{\tau}{2}} = \Lambda_2 (u^{n+\frac{2}{6}} - u^n), \tag{4b}$$

$$\frac{u^{n+\frac{3}{6}} - u^{n+\frac{2}{6}}}{\frac{\tau}{2}} = \Lambda_3 (u^{n+\frac{3}{6}} - u^n), \tag{4c}$$

$$\frac{u^{n+1} - u^n}{\tau} = \Lambda_1 u^{n+\frac{1}{6}} + \Lambda_2 u^{n+\frac{2}{6}} + \Lambda_3 u^{n+\frac{3}{6}}. \tag{4d}$$

Die Gleichungen (4a,b,c) stellen den Prediktor dar (das Schema der stabilisierenden Korrektur), aus denen u zur Zeit $t = (n + \frac{1}{2})\tau$ hervorgeht, die Gleichung (4d) ist der Korrektor.

Wir werden zeigen, daß das Schema (4) absolut stabil ist und bezüglich t und x_1, x_2, x_3 eine Genauigkeit zweiter Ordnung hat. Eliminieren wir die Zwischenschritte:

$$u^{n+\frac{1}{6}}, \quad u^{n+\frac{2}{6}}, \quad u^{n+\frac{3}{6}}$$

aus (4a,b,c,d), so erhalten wir:

$$\frac{u^{n+1} - u^n}{\tau} = \Lambda \frac{u^n + u^{n+1}}{2} - \frac{\tau^2}{4}(\Lambda_1\Lambda_2 + \Lambda_1\Lambda_3 + \Lambda_2\Lambda_3)\frac{u^{n+1} - u^n}{\tau} + \frac{\tau^3}{8}\Lambda_1\Lambda_2\Lambda_3 \frac{u^{n+1} - u^n}{\tau}. \tag{5}$$

Daraus folgt die absolute Stabilität und die Genauigkeit zweiter Ordnung des Schemas (4). In der Arbeit von Douglas [26] wurde ein Schema mit Zwischenschritten vorgeschlagen, das ebenfalls absolut stabil ist und eine Genauigkeit zweiter Ordnung hat:

$$
\begin{aligned}
&\tfrac{1}{2}\Lambda_1(u^{n+\frac{1}{3}}+u^n) + \Lambda_2 u^n + \Lambda_3 u^n = \frac{u^{n+\frac{1}{3}}-u^n}{\tau},\\
&\tfrac{1}{2}\Lambda_1(u^{n+\frac{1}{3}}+u^n) + \tfrac{1}{2}\Lambda_2(u^{n+\frac{2}{3}}+u^n) + \Lambda_3 u^n = \frac{u^{n+\frac{2}{3}}-u^n}{\tau},\\
&\tfrac{1}{2}\Lambda_1(u^{n+\frac{1}{3}}+u^n) + \tfrac{1}{2}\Lambda_2(u^{n+\frac{2}{3}}+u^n) + \tfrac{1}{2}\Lambda_3(u^{n+1}+u^n) = \frac{u^{n+1}-u^n}{\tau}.
\end{aligned}
\tag{6}
$$

Das Schema (6) kann man ebenfalls in die Form umschreiben:

$$
\begin{aligned}
\frac{u^{n+\frac{1}{3}}-u^n}{\tau} &= \tfrac{1}{2}\Lambda_1(u^{n+\frac{1}{3}}+u^n) + \Lambda_2 u^n + \Lambda_3 u^n;\\
\frac{u^{n+\frac{2}{3}}-u^{n+\frac{1}{3}}}{\tau} &= \tfrac{1}{2}\Lambda_2(u^{n+\frac{2}{3}}-u^n);\\
\frac{u^{n+1}-u^{n+\frac{2}{3}}}{\tau} &= \tfrac{1}{2}\Lambda_3(u^{n+1}-u^n).
\end{aligned}
\tag{7}
$$

Daraus folgt, daß dieses Schema den Charakter eines Schemas der stabilisierenden Korrektur zeigt. Nach Elimination stimmt das Schema mit (5) überein, d.h. die Schemata (4) und (6) sind äquivalent.

Wir erläutern unsere Darlegungen noch an einem weiteren Schema vom Prediktor-Korrektor-Typ:

$$\frac{u^{n+\frac{1}{6}}-u^n}{\frac{\tau}{2}} = \Lambda_1 u^{n+\frac{1}{6}}, \tag{8a}$$

$$\frac{u^{n+\frac{2}{6}}-u^{n+\frac{1}{6}}}{\frac{\tau}{2}} = \Lambda_2 u^{n+\frac{2}{6}}, \tag{8b}$$

$$\frac{u^{n+\frac{1}{2}}-u^{n+\frac{2}{6}}}{\frac{\tau}{2}} = \Lambda_3 u^{n+\frac{1}{2}}, \tag{8c}$$

$$\frac{u^{n+1}-u^n}{\tau} = \Lambda u^{n+\frac{1}{2}}. \tag{8d}$$

Die Formeln (8a,b,c) stellen den Prediktor auf der Grundlage des Aufspaltungsschemas dar; Formel (8d) ist der Korrektor. Das Schema mit ganzen Schritten hat die Form:

$$\frac{u^{n+1}-u^n}{\tau} = \Lambda \frac{u^n+u^{n+1}}{2} - \left(\frac{\tau}{2}\right)^2(\Lambda_1\Lambda_2+\Lambda_1\Lambda_3+\Lambda_2\Lambda_3)\frac{u^{n+1}-u^n}{\tau} + \left(\frac{\tau}{2}\right)^3\Lambda_1\Lambda_2\Lambda_3\frac{u^{n+1}-u^n}{\tau}. \tag{9}$$

Das Schema mit ganzen Schritten stimmt mit (5) überein, d.h. das Schema (8) ist mit den vorausgegangenen äquivalent.

Schemata, die sich auf die Prediktor-Korrektor-Methode stützen, nennen wir auch Schemata der *approximierenden Korrektur*.

2.8 Einige Bemerkungen zu Schemata mit Zwischenschritten

Wir fügen einige Bemerkungen zu den betrachteten Schemata an.

1. Die Schemata mit Zwischenschritten können auch bei eindimensionalen Problemen verwendet werden. Wir betrachten z.B. die Schemata von W. K. Saulew [27] mit lokal impliziter Rechnung für die eindimensionale Wärmeleitungsgleichung:

$$\begin{aligned} \frac{u^{n+\frac{1}{2}}-u^n}{\tau} &= \frac{1}{2}\Lambda u^{n+\frac{1}{2}}, \\ \frac{u^{n+1}-u^{n+\frac{1}{2}}}{\tau} &= \frac{1}{2}\Lambda u^{n+\frac{1}{2}}, \\ \Lambda &= a^2\frac{\Delta_1\Delta_{-1}}{h^2}, \end{aligned} \tag{1}$$

die das Schema der Längs- und Querrichtung für eine Richtung, z.B. x_1, wiedergibt. Wir zeigen, daß das Schema (1) einem zweischichtigen Schema mit Gewichten für $\alpha = \frac{1}{2}$ äquivalent ist (Schema von Crank-Nicholson). Schreibt man (1) in der Form:

$$\left(E-\frac{\tau}{2}\Lambda\right)u^{n+\frac{1}{2}} = u^n, \quad u^{n+1} = \left(E+\frac{\tau}{2}\Lambda\right)u^{n+\frac{1}{2}}, \tag{2}$$

und eliminiert man $u^{n+\frac{1}{2}}$, so erhält man:

$$\left(E-\frac{\tau}{2}\Lambda\right)u^{n+1} = \left(E+\frac{\tau}{2}\Lambda\right)u^n. \tag{3}$$

Daraus folgt:

$$\frac{u^{n+1}-u^n}{\tau} = \Lambda\frac{u^n+u^{n+1}}{2}, \tag{4}$$

was zu beweisen war.

2. Wir schreiben das Schema (1) mit ganzen Indizes:

$$\frac{u^n - u^{n-1}}{\tau} = \Lambda u^n , \tag{5a}$$

$$\frac{u^{n+1} - u^n}{\tau} = \Lambda u^n . \tag{5b}$$

Wir addieren die Gleichungen (5) und erhalten:

$$\frac{u^{n+1} - u^{n-1}}{\tau} = 2 \Lambda u^n . \tag{6}$$

Das Schema (6) erinnert der äußeren Form nach an das „Kreuzschema", aber die Formeln (5) zeigen, daß das Schema (6) inhomogen ist und es nicht erlaubt ist, es wie das homogene „Kreuzschema" entsprechend zu behandeln. Um ein homogenes Schema zu erhalten, muß man die Elimination von u^n aus (5a) und (5b) ausführen; man erhält dann analog zu (4):

$$\frac{u^{n+1} - u^{n-1}}{\tau} = \Lambda \left(u^{n-1} + u^{n+1} \right) . \tag{7}$$

Auf diese Weise kann ein und dieselbe Formel (6) auf verschiedene Weise gedeutet werden in Abhängigkeit von der Art der Bestimmung von u^n.

Wir führen noch ein analoges Beispiel an. Das Schema der stabilisierenden Korrektur:

$$\begin{aligned} \frac{u^{n+\frac{1}{2}} - u^n}{\tau} &= \Lambda_1 u^{n+\frac{1}{2}} + \Lambda_2 u^n , \\ \frac{u^{n+1} - u^{n+\frac{1}{2}}}{\tau} &= \Lambda_2 \left(u^{n+1} - u^n \right) , \end{aligned} \tag{8}$$

liefert nach Addition der Gleichungen (8):

$$\frac{u^{n+1} - u^n}{\tau} = \Lambda_1 u^{n+\frac{1}{2}} + \Lambda_2 u^{n+1} . \tag{9}$$

Das majorante Schema der Aufspaltung:

$$\begin{aligned} \frac{u^{n+\frac{1}{2}} - u^n}{\tau} &= \Lambda_1 u^{n+\frac{1}{2}} ; \\ \frac{u^{n+1} - u^{n+\frac{1}{2}}}{\tau} &= \Lambda_2 u^{n+1} \end{aligned} \tag{10}$$

liefert ebenfalls nach Addition formal die Gleichung (9), aber die Schemata (8) und (10) sind verschieden, und die formal ein und dieselbe Gleichung (9) hat in beiden Schemata unterschiedliche Bedeutung, wie auch die Größe $u^{n+\frac{1}{2}}$ in jedem Schema ihre eigene Bedeutung hat.

Die entsprechenden Schemata mit ganzen Schritten, die man durch Elimination von $u^{n+\frac{1}{2}}$ erhält, stimmen nicht überein.

3. Ein und demselben Schema mit ganzen Schritten können verschiedene Schemata mit Zwischenschritten entsprechen; z.B. kann das Schema mit ganzen Schritten:

$$\left(E-\tfrac{1}{2}\tau\Lambda_1\right)\left(E-\tfrac{1}{2}\tau\Lambda_2\right)u^{n+1} = \left(E+\tfrac{1}{2}\tau\Lambda_1\right)\left(E+\tfrac{1}{2}\tau\Lambda_2\right)u^n \tag{11}$$

durch folgende Schemata mit Zwischenschritten realisiert werden:

3a) Schema der Längs- und Querrichtung:

$$\begin{aligned} \frac{u^{n+\frac{1}{2}}-u^n}{\tau} &= \tfrac{1}{2}\left(\Lambda_1 u^{n+\frac{1}{2}}+\Lambda_2 u^n\right); \\ \frac{u^{n+1}-u^{n+\frac{1}{2}}}{\tau} &= \tfrac{1}{2}\left(\Lambda_1 u^{n+\frac{1}{2}}+\Lambda_2 u^{n+1}\right). \end{aligned} \tag{12}$$

3b) Aufspaltungsschema:

$$\begin{aligned} \frac{u^{n+\frac{1}{2}}-u^n}{\tau} &= \Lambda_1\left(\alpha u^{n+\frac{1}{2}}+\beta u^n\right); \\ \frac{u^{n+1}-u^{n+\frac{1}{2}}}{\tau} &= \Lambda_2\left(\alpha u^{n+1}+\beta u^{n+\frac{1}{2}}\right), \end{aligned} \qquad \beta = 1-\alpha, \tag{13}$$

für $\alpha = \frac{1}{2}$;

3c) Schema der genäherten Faktorisierung eines Operators:

$$\begin{aligned} \left(E-\tfrac{1}{2}\tau\Lambda_1\right)u^{n+\frac{1}{2}} = f^n &= \left(E+\tfrac{1}{2}\tau\Lambda_1\right)\left(E+\tfrac{1}{2}\tau\Lambda_2\right)u^n; \\ \left(E-\tfrac{1}{2}\tau\Lambda_2\right)u^{n+1} &= u^{n+\frac{1}{2}}. \end{aligned} \tag{14}$$

Folglich können die Schemata (12-14) als Darstellung ein und desselben Schemas (11) betrachtet werden. Aus demselben Grunde sind die Schemata (12-14) ohne Rücksicht auf die Randbedingungen äquivalent.

Im Falle einer Gleichung mit variablen Koeffizienten stimmen die entsprechenden Schemata mit ganzen Schritten nicht überein, und die Schemata (12-14) sind nicht äquivalent. Außerdem kann ein und dasselbe Schema mit Zwischenschritten verschiedene Realisierungen (Approximationen) der Randbedingungen haben.

4. Die Aufspaltungsmethode mit Gewichten für $m \geq 3$, $\alpha = \frac{1}{2}$ ist am einfachsten und behält gleichzeitig die Eigenschaften der starken Stabilität und der Genauigkeit zweiter Ordnung. Nichtsdestoweniger ist die Verwendung der Prediktor-Korrektor-Schemata (siehe 2.7) in den Fällen geeignet, wo man die Wärmeleitungsgleichung in einem Zeitintervall integrieren muß, das den asymptotischen Übergang für $t \to \infty$ einschließt.

In diesem Fall erlauben die Prediktor-Korrektor-Schemata - im Unterschied zum Aufspaltungsschema - eine Vergrößerung der Schrittweite, weil sie die Eigenschaft der vollen Approximation besitzen (siehe §4).

2.9 Die Randbedingungen bei der Zwischenschrittmethode für die Wärmeleitungsgleichung

Bislang haben wir das Cauchysche Problem im Gebiet $|x|<\infty$, $0\leq t\leq T$, untersucht unter der Annahme, daß die Anfangswerte als Reihe oder als Fourierintegral gegeben sind. Gleichzeitig gab es keine Gitter-Randpunkte, und die Differenzengleichungen lauteten für alle Gitterpunkte gleich. In der Praxis wird verlangt, das gemischte Cauchysche Problem zu lösen, wobei die Differenzengleichungen am Rand anders lauten als in inneren Punkten des Bereichs. Folglich können die Restglieder des Schemas am Rande ihre Größenordnung im Vergleich zu inneren Punkten verändern. In solcher Weise wirken sich die Randbedingungen auf die Genauigkeit des Schemas aus.

Eine erste Untersuchung der Randbedingungen bei Differenzenschemata mit Zwischenschritten wurde für die Wärmeleitungsgleichung in der Arbeit von E. G. Djakonow [22] * durchgeführt. Indem wir dieser Arbeit folgen, betrachten wir für das Aufspaltungsschema drei Realisierungen der Randbedingungen. Für die Gleichung

$$\frac{\partial u}{\partial t} = a^2\left(\frac{\partial^2 u}{\partial x_1^2} + \frac{\partial^2 u}{\partial x_2^2}\right) \tag{1}$$

stellen wir das gemischte Cauchysche Problem:

$$\begin{aligned} u(x_1,x_2,0) &= u_0(x_1,x_2), \quad (x_1,x_2)\in G ; \\ u(x_1,x_2,t) &= f(x_1,x_2,t), \quad (x_1,x_2,t)\in \Gamma . \end{aligned} \tag{1a}$$

im Zylindergebiet $\Pi = G\times\Gamma$, wobei G ein Quadrat, $0<x_1,x_2<1$, und γ sein Rand ist; $H=[0,t_0]$, $\Gamma=\gamma\times H$ (siehe Abb. 1).

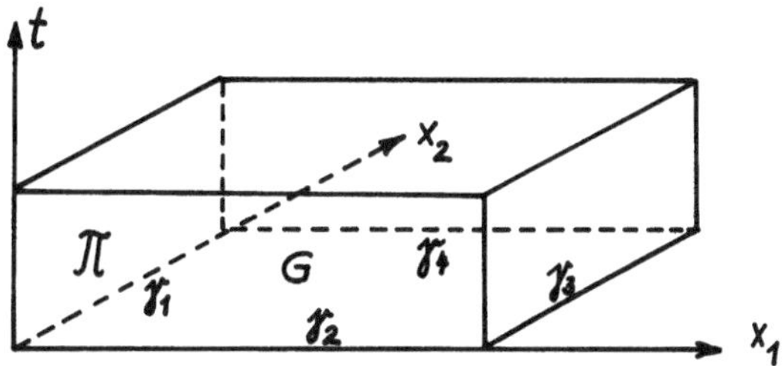

Abb. 1. Gebiet des gemischten Cauchyschen Problems

* Leider enthielt die Arbeit einen Rechenfehler, der den Autor auf eine ungenaue Abschätzung der Zerfällungsmethode geführt hat. Nichtsdestoweniger ist die Methode zur Untersuchung der Randbedingungen, wie sie von E. G. Djakonow vorgeschlagen wurde, in ihrer Grundlage korrekt.

Für die Aufgabe (1) werden wir das Aufspaltungsschema

$$\frac{u^{n+\frac{1}{2}} - u^n}{\tau} = \Lambda_1 (\alpha u^{n+\frac{1}{2}} + \beta u^n) , \tag{2a}$$

$$\frac{u^{n+1} - u^{n+\frac{1}{2}}}{\tau} = \Lambda_2 (\alpha u^{n+1} + \beta u^{n+\frac{1}{2}}) \tag{2b}$$

benutzen und das Schema der genäherten Faktorisierung des Operators

$$(E - \alpha\tau\Lambda_1)(E - \alpha\tau\Lambda_2) u^{n+1} = (E + \beta\tau\Lambda_1)(E + \beta\tau\Lambda_2) u^n \tag{3}$$

in der Form*

$$(E - \alpha\tau\Lambda_1) u^{n+\frac{1}{2}} = (E + \beta\tau\Lambda_1)(E + \beta\tau\Lambda_2) u^n . \tag{4a}$$

$$(E - \alpha\tau\Lambda_2) u^{n+1} = u^{n+\frac{1}{2}} \tag{4b}$$

verwenden.

Wir betrachten für das Schema (2) die folgende Form der Randbedingungen:

$$\begin{aligned} u^{n+\frac{1}{2}}(x_1, x_2) &= f\left[x_1, x_2, (n+\tfrac{1}{2})\tau\right] , \quad (x_1, x_2) \in \gamma ; \\ u^{n+1}(x_1, x_2) &= f\left[x_1, x_2, (n+1)\tau\right] , \quad (x_1, x_2) \in \gamma . \end{aligned} \tag{A}$$

Im Falle (A) wird die Methode der Gaußschen Elimination längs des Randes nicht angewendet; die Werte von u am Rande sind stets gleich den Randwerten zum entsprechenden Zeitpunkt. Daraus folgt, daß auf dem Rande die Beziehung (2) die Form

$$\begin{aligned} \frac{u^{n+\frac{1}{2}} - u^n}{\tau} &= \Lambda_1 (\alpha u^{n+\frac{1}{2}} + \beta u^n) + F_1^n ; \\ \frac{u^{n+1} - u^{n+\frac{1}{2}}}{\tau} &= \Lambda_2 (\alpha u^{n+1} + \beta u^{n+\frac{1}{2}}) + F_2^n , \end{aligned} \tag{5}$$

hat

* Wir bemerken, daß die Schemata (2),(3) und (4) für das rein periodische Cauchysche Problem äquivalent sind, dagegen im Falle der Randwertaufgabe (1a) nicht äquivalent sind. Im Falle variabler Koeffizienten ist das Schema (3) im allgemeinen dem Schema (2) nicht äquivalent.

mit:

$$F_1^n = \frac{f^{n+\frac{1}{2}} - f^n}{\tau} - \Lambda_1\left(\alpha f^{n+\frac{1}{2}} + \beta f^n\right), \quad (x_1,x_2) \in \gamma_2, \gamma_4 ;$$
$$F_2^n = \frac{f^{n+1} - f^{n+\frac{1}{2}}}{\tau} - \Lambda_2\left(\alpha f^{n+1} + \beta f^{n+\frac{1}{2}}\right), \quad (x_1,x_2) \in \gamma_1, \gamma_3 . \tag{6}$$

Berücksichtigt man das, so kann man das Differenzenschema (2) in der Form

$$A_1 u^{n+\frac{1}{2}} - B_1 u^n = g_1^n ; \tag{7a}$$

$$A_2 u^{n+1} - B_2 u^{n+\frac{1}{2}} = g_2^n , \tag{7b}$$

schreiben mit:

$$A_s = E - \alpha\tau\Lambda_s , \quad B_s = E + \beta\tau\Lambda_s , \quad s = 1,2 ;$$
$$g_1^n = 0 , \quad g_2^n = 0 , \quad (x_1,x_2) \in G , \tag{8}$$
$$g_1^n = \tau F_1^n, \quad g_2^n = \tau F_2^n, \quad (x_1,x_2) \in \gamma .$$

Das äquivalente Schema mit ganzen Schritten hat die Form:

$$A_1 A_2 u^{n+1} - B_1 B_2 u^n = R_n , \quad R_n = B_2 g_1^n + A_1 g_2^n . \tag{9}$$

Es ist klar, daß $R_n = 0$ überall innerhalb von G mit Ausnahme der Gitterpunkte gilt, die auf der Linie ω liegen, die im Abstand eines Intervalls von γ entfernt verläuft (siehe Abb. 2).

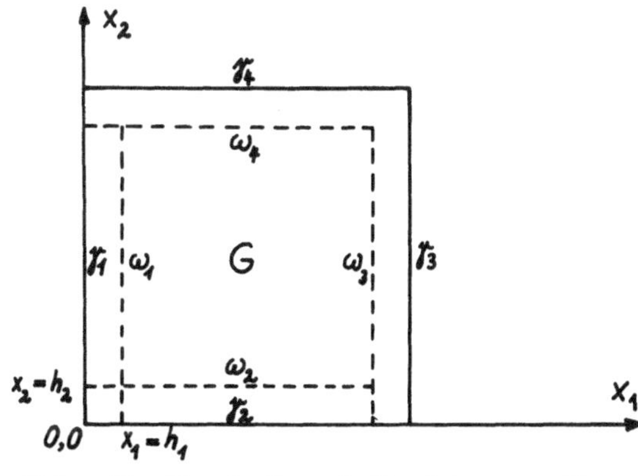

Abb. 2. Rand γ und Punktmenge ω.
$(N_1+1)h_1 = 1$, $(N_2+1)h_2 = 1$.

Dabei gilt:

$$R_n = B_2 g_1^n , \quad (x_1,x_2) \in \omega_2, \omega_4 \; ; \qquad R_n = A_1 g_2^n , \quad (x_1,x_2) \in \omega_1, \omega_2 . \tag{10}$$

Eine einfache Rechnung liefert:

$$\begin{aligned} R_n &= B_2 g_1^n = \beta \frac{\tau^2}{h_2^2} F_1^n , \quad (x_1,x_2) \in \omega_2, \omega_4 \; ; \\ R_n &= A_1 g_2^n = -\alpha \frac{\tau^2}{h_1^2} F_2^n , \quad (x_1,x_2) \in \omega_1, \omega_3 . \end{aligned} \tag{11}$$

Daraus folgt, daß für einen Grenzübergang der Form

$$\frac{\tau}{h_i^2} = const.$$

der Approximationsfehler in Punkten auf ω gleich $O(1)$ ist, d.h. beschränkt bleibt. Auch in allen verbleibenden inneren Punkten von G ist der Fehler gleich $O(\tau)$, d.h. wenn wir den Fehler in L_2 abschätzen, erhalten wir $\|u\|_{L_2} = O(\tau^{\frac{1}{4}})$. Wir erkennen, daß ein großer Approximationsfehler mit einer Verletzung der Beziehung (2) am Rand verknüpft ist. Die Darstellung (A) wurde in der Arbeit [22] betrachtet.

Wir betrachten jetzt eine andere Darstellung der Randbedingungen für das Aufspaltungsschema:

$$\begin{aligned}
&\text{a)} && u^{n+\frac{1}{2}}(x_1,x_2) = f^{n+\frac{1}{2}}(x_1,x_2) , && (x_1,x_2) \in \gamma_1, \gamma_3 ; \\
&\text{b)} && A_1 u^{n+\frac{1}{2}}(x_1,x_2) - B_1 u^n(x_1,x_2) = A_1 u^{n+\frac{1}{2}} - B_1 f^n = 0 , && (x_1,x_2) \in \gamma_2, \gamma_4 ; \\
&\text{c)} && u^{n+1}(x_1,x_2) = f^{n+1}(x_1,x_2) , && (x_1,x_2) \in \gamma_2, \gamma_4 ; \\
&\text{d)} && A_2 u^{n+1}(x_1,x_2) - B_2 u^{n+\frac{1}{2}}(x_1,x_2) = A_2 u^{n+1} - B_2 f^{n+\frac{1}{2}} = 0 , && (x_1,x_2) \in \gamma_1, \gamma_3 .
\end{aligned} \tag{B}$$

Im Fall (B) werden beim ersten Zwischenschritt die Randbedingungen auf γ_1 und γ_3 exakt erfüllt; auf γ_2 und γ_4 werden sie durch die Bedingung b) ersetzt; beim zweiten Zwischenschritt werden nun umgekehrt die Randbedingungen auf γ_2 und γ_4 exakt erfüllt und auf γ_1 und γ_3 durch die Bedingung d) ersetzt. Die Erfüllung der Bedingungen b) und d) bedeutet, daß man die Methode der Gaußschen Elimination auch längs der Ränder einführt. Bei einem solchen Verfahren erfüllen wir die Randbedingungen nicht für **jeden** Zwischenschritt, aber die Bedingung (2) erfüllen wir demgegenüber in ganz $\overline{G}$. Folglich hat nach durchgeführter Elimination das Schema mit ganzen Schritten in ganz G die Form (3), d.h. die Approximationsordnung ist gleich $O(\tau) + O(h^2)$ bei $\alpha \neq \frac{1}{2}$ und $O(\tau^2) + O(h^2)$ für $\alpha = \frac{1}{2}$. Wir zeigen, daß man bei der Methode der Gaußschen Elimination längs des Randes einen Fehler in der Randbedingung von der Ordnung $O(\tau)$ macht. Wir beweisen das z.B. für γ_2 und γ_4:

Beim n-ten Schritt haben wir auf γ_2 und γ_4 $u^n = f^n$; $u^{n+\frac{1}{2}}$ wird aus der Bedingung (2a) bestimmt, die in die Form

$$A_1 u^{n+\frac{1}{2}} = B_1 u^n = B_1 f^n \tag{12}$$

umgeschrieben wird.

Die Beziehung der Gaußschen Eliminationsmethode (12) wird durch die Randbedingung

$$u^{n+\frac{1}{2}} = f^{n+\frac{1}{2}} \tag{13}$$

bei $x_1=0;1$ ergänzt.

Subtrahieren wir von der Beziehung (12) die Identität

$$A_1 f^{n+\frac{1}{2}} \equiv A_1 f^{n+\frac{1}{2}}$$

und bezeichnen wir die Differenz $u^{n+\frac{1}{2}} - f^{n+\frac{1}{2}}$ mit $v^{n+\frac{1}{2}}$, so erhalten wir:

$$A_1 v^{n+\frac{1}{2}} = B_1 f^n - A_1 f^{n+\frac{1}{2}} = F^n \tag{14}$$

mit den Randbedingungen:

$$v^{n+\frac{1}{2}} = 0 \tag{15}$$

für $x_1=0;1$. Aus (14) folgt:

$$v^{n+\frac{1}{2}} = A_1^{-1} F^n .$$

Aber es gilt:

$$\| F^n \| = O(\tau) , \quad \| A_1^{-1} \| < 1 ,$$

und folglich:

$$\| v^{n+\frac{1}{2}} \| = O(\tau) . \tag{16}$$

Auf diese Weise führen wir beim Gaußschen Eliminationsverfahren in Richtung von x_1 auch längs γ_2 und γ_4 das Verfahren der Faktorisierung durch, wobei wir von den wahren Randbedingungen mit einem Fehler der Größe $O(\tau)$ abweichen und die wahren Randbedingungen auf γ_1 und γ_3 beibehalten. Beim Gaußschen Eliminationsverfahren längs x_2 behalten wir nun umgekehrt die Randbedingungen auf γ_2 und γ_4 bei, während wir das Verfahren der Faktorisierung längs der Geraden γ_1 und γ_3 mit einer Abweichung der Ordnung $O(\tau)$ von den wahren Randbedingungen durchführen. In summa haben wir eine Genauigkeit der Ordnung $O(\tau) + O(h^2)$.

Wir betrachten schließlich ein drittes Verfahren zur Erfüllung der Randbedingungen, das der Darstellung (4) des Schemas (3) entspricht. Für das Gaußsche Eliminationsverfahren bezüglich $u^{n+\frac{1}{2}}$ längs x_1 ist die Kenntnis von $u^{n+\frac{1}{2}}$ auf γ_1 und γ_3 notwendig. Diese Werte von $u^{n+\frac{1}{2}}$ werden aus der Relation (4b) bestimmt, die auf γ_1 und γ_3 in die Form

$$u^{n+\frac{1}{2}} = (E - \beta\tau\Lambda_2)\, f^{n+1} \tag{17}$$

übergeht.

Die Rechnung verläuft in folgender Reihenfolge: Aus der Relation (17) wird $u^{n+\frac{1}{2}}$ auf γ_1 und γ_3 bestimmt, danach wird mit der Methode der Gaußschen Elimination die Gleichung (4a) gelöst, wobei man auf diese Weise $u^{n+\frac{1}{2}}$ in G erhält. Danach lösen wir mit der Methode der Gaußschen Elimination die Gleichung (4b), wobei wir auf γ_2 und γ_4 die Beziehung

$$u^{n+1} = f^{n+1} \tag{18}$$

als gültig annehmen.

Demzufolge wird in ganz G die Gleichung (3) in ganzen Schritten erfüllt und auf γ die Relation

$$u^n = f^n \quad , \quad u^{n+1} = f^{n+1} \tag{C}$$

erfüllt.

Für $\alpha = \frac{1}{2}$ liefert das Schema (C) eine Approximationsordnung $O(\tau^2) + O(h^2)$. Vergleichen wir jetzt die Methoden (A),(B) und (C) der Rechnung am Rande für den Fall eines Rechtecks. Die Methode (A) ist offenbar von niedrigster Genauigkeitsordnung. Die Methode (C) übertrifft die Methode (B) an Genauigkeit. Aber die Methode (A) hat den Vorteil der Allgemeinheit im Falle eines beliebigen Gebietes. In Wirklichkeit betrachtet man ein Gebiet G, das von einer beliebigen Kurve γ berandet wird (siehe Abb. 3).

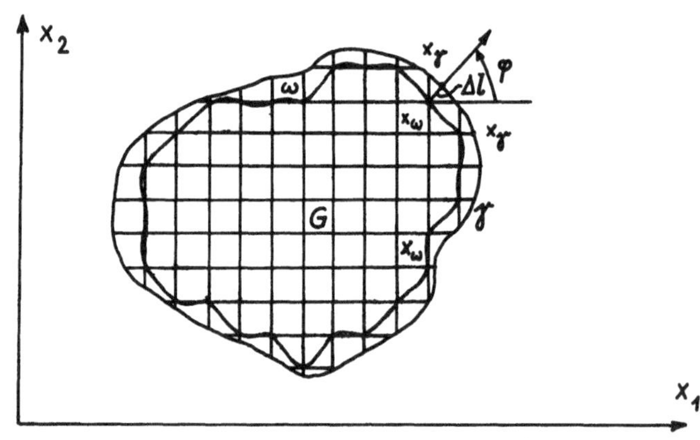

Abb. 3. Die Methode (A) für ein beliebiges Gebiet G

Dann ist die Methode (C) unbrauchbar. Die Methode (A) bleibt voll anwendbar: Zur Lösung der Gleichungen (2a) benutzt man die Methode der Gaußschen Elimination längs horizontaler Gitterlinien mit Randbedingungen an den Enden der horizontalen Abschnitte. Zur Lösung der Gleichungen (2b) benutzt man die Methode der Gaußschen Elimination auf vertikalen Gitterlinien mit Randbedingungen an den Enden der vertikalen Abschnitte. Dabei brauchen die Enden der horizontalen und vertikalen Abschnitte des Gitters nicht zusammenzufallen, d.h. der Rand enthält nicht notwendig nur Gitterpunkte (n i c h t a n g e p a ß t e s G i t t e r).

Die Methode (C) wird sogar für ein Gebiet, das aus einer endlichen Zahl von Rechtecken besteht, nicht effektiv. Z.B. kann für ein Gebiet, das in der Abb. 4 dargestellt ist, mit den Eckpunkten A,B,C,D,E,F die Größe $u^{n+\frac{1}{2}}$ nicht ermittelt werden, und demzufolge ist die Methode der Gaußschen Elimination längs DD_1 nicht möglich.

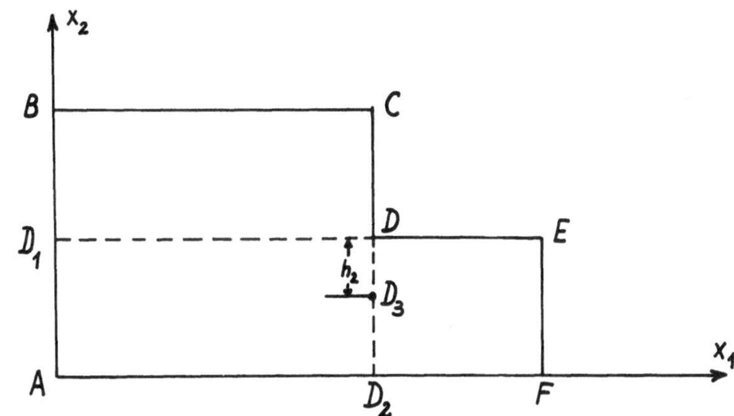

Abb. 4. Anwendung der Methode (C) auf ein Gebiet G, das aus Rechtecken besteht

In diesem Fall stellt sich die Methode (C) wie folgt dar: Mit Hilfe der Formeln (17) wird $u^{n+\frac{1}{2}}$ auf AB, CD und EF bestimmt.

Danach rechnet man mit der Methode der Gaußschen Elimination längs x_1 fort für jede innere horizontale Gitterlinie mit Ausnahme von D_1D, und überall im Gebiet G mit Ausnahme von D_1D wird $u^{n+\frac{1}{2}}$ bestimmt. Danach rechnet man mit der Methode der Gaußschen Elimination bezüglich x_2 im Rechteck $DEFD_2$ und bestimmt überall in $DEFD_2$ u^{n+1}, insbesondere im Punkt D_3. Mit Hilfe von (17) bestimmen wir dann $u^{n+\frac{1}{2}}$ im Punkte D, und $u^{n+\frac{1}{2}}$ wird mit der Methode der Gaußschen Elimination längs D_1D berechnet. Danach bestimmt man nun u^{n+1} im Gebiet $ABCD_2$ mit Hilfe der Methode der Gaußschen Elimination längs der Koordinatenlinien x_2 des Gitters. Es ist klar, daß mit einem Anwachsen der Zahl der Eckpunkte der Algorithmus sehr schwerfällig wird. Gleichzeitig bleibt die Methode (A) anwendbar.

Von N. N. Anutschina (private Mitteilung) wurde eine allgemeinere Methode zur Behandlung von Randbedingungen für die Zwischenschrittmethode vorgeschlagen (M e t h o d e d e r u n b e s t i m m t e n F u n k t i o n e n)*. Wir erörtern diese Methode am Beispiel

* Wie wir erfahren haben, wurden analoge Ergebnisse unabhängig von Anutschina auch von S. A. Krjakwina erhalten. Für Fragen im Zusammenhang mit Randbedingungen vergleiche man auch die Arbeiten von A. A. Samarski [63,91] .

des Aufspaltungsschemas. Wir bezeichnen die Werte von u^n , $u^{n+\frac{1}{2}}$ am Rand γ mit ψ^n bzw. mit φ^n .Es ist klar, daß die Größen ψ^n, φ^n nicht mit f^n bzw. $f^{n+\frac{1}{2}}$ übereinstimmen müssen.

Die Relation (2) hat am Rand γ die Form (5) mit:

$$F_1^n = \frac{\varphi^n - \psi^n}{\tau} - \Lambda_1(\alpha\varphi^n + \beta\psi^n) = \frac{1}{\tau}\left(A_1\varphi^n - B_1\psi^n\right), \quad (x_1, x_2) \in \gamma_2, \gamma_4 ;$$

$$F_2^n = \frac{\psi^{n+1} - \varphi^n}{\tau} - \Lambda_2(\alpha\psi^{n+1} + \beta\varphi^n) = \frac{1}{\tau}\left(A_2\psi^{n+1} - B_2\varphi^n\right), \quad (x_1, x_2) \in \gamma_1, \gamma_3 . \qquad (19)$$

Das äquivalente Schema mit ganzen Schritten hat die Form:

$$A_1A_2u^{n+1} - B_1B_2u^n = R_n , \qquad (20)$$

R_n=0 überall in G mit Ausnahme von ω , wo:

$$R_n = B_2\left(A_1\varphi^n - B_1\psi^n\right), \quad (x_1, x_2) \in \omega_2, \omega_4 ;$$

$$R_n = A_1\left(A_2\psi^{n+1} - B_2\varphi^n\right), \quad (x_1, x_2) \in \omega_1, \omega_3 , \qquad (21)$$

gilt.

Die Aufgabe besteht in der Wahl von Funktionen ψ^n , φ^n derart, daß der Fehler R_n minimal wird. Wie schon gezeigt, führt die triviale Wahl $\psi^n = f^n$, $\varphi^n = f^{n+\frac{1}{2}}$ auf eine Variante von (A) mit geringerer Genauigkeit.

Damit R_n=0 in ganz G - einschließlich ω - gilt, sind die Bedingungen:

$$A_1\varphi^n - B_1\psi^n = 0 , \quad (x_1, x_2) \in \gamma_2, \gamma_4 ; \qquad (22a)$$

$$A_2\psi^{n+1} - B_2\varphi^n = 0 , \quad (x_1, x_2) \in \gamma_1, \gamma_3 , \qquad (22b)$$

notwendig und hinreichend.

Wenn man:

$$\psi^n = f^n , \quad \psi^{n+1} = f^{n+1} , \quad (x_1, x_2) \in \gamma , \qquad (23)$$

setzt, so gestatten die Gleichungen (22) die Bestimmung von φ^n . Allerdings erfüllt Gleichung (22b) die Lösungsbedingung schlecht, und ihre Lösung mit der Faktorisierungsmethode ist nicht möglich.

Halten wir an der Annahme (23) fest, dann wählen wir φ^n so, daß $R_n=O(\tau^2)$ ist.

Dafür ist z.B. hinreichend, daß man setzt:

$$\begin{aligned} \varphi^n &= (E + k_1\tau\Lambda_1)\,\psi^n, \quad (x_1,x_2) \in \omega_2, \omega_4; \\ \psi^n &= (E + k_2\tau\Lambda_2)\,\psi^{n+1}, \quad (x_1,x_2) \in \omega_1, \omega_3. \end{aligned} \tag{24}$$

Wir wählen die Konstanten k_1 und k_2 so, daß:

$$\begin{aligned} R_n &= B_2(A_1\varphi^n - B_1\psi^n) = O(\tau^2), \quad (x_1,x_2) \in \omega_2, \omega_4; \\ R_n &= A_1(A_2\psi^{n+1} - B_2\varphi^n) = O(\tau^2), \quad (x_1,x_2) \in \omega_1, \omega_3, \end{aligned} \tag{25}$$

gilt.

Für $k_1=1$, $k_2=-1$ erhalten wir:

$$\begin{aligned} R_n &= -\frac{\alpha\beta\tau}{h_2^2}\tau^2\Lambda_1^2 f^n, \quad (x_1,x_2) \in \omega_2, \omega_4; \\ R_n &= -\frac{\alpha\beta\tau}{h_1^2}\tau^2\Lambda_2^2 f^{n+1}, \quad (x_1,x_2) \in \omega_1, \omega_3. \end{aligned} \tag{26}$$

Für den Grenzübergang der Form $\frac{\tau}{h_1^2}$ = const. , $\frac{\tau}{h_2^2}$ = const. und bei genügend glattem Verlauf von f haben wir die erforderliche Genauigkeit.

Wir bemerken allerdings, daß die Approximation (26) nicht absolut ist. Abgesehen davon nimmt die Approximationsordnung (26) ab, wenn f^n eine unstetige Funktion ist.

Wir setzen jetzt (Verfahren B):

$$\begin{aligned} \varphi^n &= f^{n+\frac{1}{2}}, \quad (x_1,x_2) \in \gamma_1, \gamma_3; \\ A_1\varphi^n - B_1 f^n &= 0, \quad (x_1,x_2) \in \gamma_2, \gamma_4; \end{aligned} \tag{27}$$

$$\begin{aligned} \psi^{n+1} &= f^{n+1}, \quad (x_1,x_2) \in \gamma_2, \gamma_4; \\ A_2\psi^{n+1} - B_1 f^{n+\frac{1}{2}} &= 0, \quad (x_1,x_2) \in \gamma_1, \gamma_3. \end{aligned} \tag{28}$$

Ebenso wie im Fall (22) ist $R_n=0$, aber im Unterschied zu (22) wird aus (27) nicht φ^n , sondern ψ^{n+1} bestimmt. Die Formeln (27) und (28) liefern eine Genauigkeit der Ordnung $O(\tau) + O(h^2)$ unabhängig von der Art des Grenzübergangs und der Glattheit von f^n.

Auf analoge Weise werden andere Schemata mit Zwischenschritten untersucht. Die Methode der unbestimmten Funktionen wird auf den Fall krummliniger und innerer Ränder sowie auf Gleichungen mit komplizierterem Aufbau übertragen.

Der Methode der unbestimmten Funktionen kann man eine allgemeinere Formulierung geben. Wir betrachten als Beispiel das Aufspaltungsschema.

Wir setzen:

$$\frac{u^{n+\frac{1}{2}} - u^n}{\tau} = \Lambda_1 (\alpha u^{n+\frac{1}{2}} + \beta u^n) + q_1^n ;$$
$$\frac{u^{n+1} - u^{n+\frac{1}{2}}}{\tau} = \Lambda_2 (\alpha u^{n+1} + \beta u^{n+\frac{1}{2}}) + q_2^n \qquad (29)$$

mit zunächst noch unbekannten Funktionen q_1 und q_2. Eliminieren wir aus (29) $u^{n+\frac{1}{2}}$, so erhalten wir:

$$(E - \alpha\tau\Lambda_1)(E - \alpha\tau\Lambda_2) u^{n+1} = (E + \beta\tau\Lambda_1)(E + \beta\tau\Lambda_2) u^n + R, \qquad (30)$$

$$R = \tau\left[(E + \beta\tau\Lambda_2) q_1 + (E - \alpha\tau\Lambda_1) q_2\right]. \qquad (31)$$

Wir fordern, daß:

$$R = 0 \quad , \quad (x_1, x_2) \in G ;$$
$$q_1 = 0 \quad , \quad (x_1, x_2) \in G , \qquad (32)$$

gilt.

Wir werden zeigen, daß die Bedingungen (32) mit den Randbedingungen q_2 eindeutig bestimmen. Wir wählen zur Bestimmung die Form (A). Dann gilt nach der Formel (7b):

$$q_1^n = g_1^n = A_1 f^{n+\frac{1}{2}} - B_1 f^n , \quad (x_1, x_2) \in \gamma_2, \gamma_4 ;$$
$$q_2^n = g_2^n = A_2 f^{n+1} - B_2 f^n , \quad (x_1, x_2) \in \gamma_1, \gamma_3 , \qquad (33)$$

q_2 wird in Punkten von G aus den Gleichungen

$$(E + \beta\tau\Lambda_2) q_1^n + (E - \alpha\tau\Lambda_1) q_2^n = 0 \qquad (34)$$

bestimmt, die bezüglich q_2 auflösbar sind mit Hilfe des inversen Operators von $A_1 = (E - \alpha\tau\Lambda_1)$. Wir bemerken, daß in den Punkten von ω_2 und ω_4 die Gleichungen (34) die Form

$$\frac{\beta\tau}{h_2^2} g_1^n + (E - \alpha\tau\Lambda_1) q_2^n = 0$$

und in den restlichen Punkten von G die Form

$$(E - \alpha\tau\Lambda_1) q_2^n = 0$$

haben.

Es ist klar, daß eine analoge Methode für die Einführung unbestimmter Funktionen - der rechten Seiten q_1 und q_2 - für beliebige Schemata mit Zwischenschritten verwendet werden kann.

Wir betrachten jetzt Randbedingungen auf krummlinigen Rändern. Wie bereits erwähnt, verwenden wir im Falle der ersten Randwertaufgabe die Methode (A) auch bei krummlinigen Rändern. Bekanntlich entstehen bei der Lösung des Cauchyschen Problems mit Randbedingungen zweiter Art erhebliche Schwierigkeiten. Dann haben wir statt (1a) (siehe Abb. 3):

$$\frac{\partial u}{\partial n} = \cos\varphi \frac{\partial u}{\partial x_1} + \sin\varphi \frac{\partial u}{\partial x_2} = f(x_1, x_2, t) , \qquad (35)$$
$$(x_1, x_2, t) \in \Gamma .$$

Wir geben einen Algorithmus zur Lösung der Randbedingungen (35) an. u^n sei die Differenzenlösung der Cauchyschen Aufgabe für die Gleichung (1) mit den Randbedingungen (35), die im Gebiet $\bar{G}$ zur Zeit $t=n\tau$ bestimmt ist. Wir bestimmen u^{n+1}, indem wir die gefundenen Werte $u^n(\gamma)$ benutzen. Dazu muß man das Aufspaltungsschema (2) mit den Randbedingungen

$$u^{n+1}\Big|_{\gamma} = u^{n+\frac{1}{2}}\Big|_{\gamma} = u^n(\gamma) \qquad (36)$$

benutzen.

Danach benutzen wir (35) und korrigieren die Randbedingungen für u^{n+1}. Wir charakterisieren durch ω die Menge der Gitterpunkte, die γ am nächsten liegen. Nachdem die Werte von u^{n+1} auf ω bestimmt sind - diese bestimmen sich aus (2) - lösen wir auf γ die Gleichung (35) auf. Das kann man z.B. dadurch bewerkstelligen, daß man von den Punkten von ω die Normale auf γ ausläßt (siehe Abb. 3) und die Beziehung

$$u^{n+1}(x_\gamma) - u^{n+1}(x_\omega) = \Delta l \cdot f^{n+1}(x_\omega) \qquad (37)$$

benützt, wobei $f^{n+1}(x_\omega)$ die Näherung für $f(x_1,x_2,t)$ aus (35) und $\Delta l = \varrho(x_\gamma, x_\omega)$ die Entfernung zwischen den Punkten x_γ und x_ω ist (siehe Abb. 3). Danach löst man von neuem die Gleichungen (2) mit den Randbedingungen aus (36). Nach einer Iteration gehen wir zum nächsten Schritt über.

Fragen im Zusammenhang mit der Lösung von Randwertaufgaben zweiter Art im Falle von Gleichungen mit unbekannten Vektorfunktionen siehe §5.

§3. Die Anwendung der Zwischenschrittmethode auf hyperbolische Gleichungen

3.1 Die einfachsten Schemata für eindimensionale, hyperbolische Gleichungen

Wir betrachten die Gleichungen der Akustik:

$$\frac{\partial u}{\partial t} - a^2 \frac{\partial v}{\partial x} = 0 \; ; \qquad \frac{\partial v}{\partial t} - \frac{\partial u}{\partial x} = 0 . \qquad (1)$$

In (1) kann u die Geschwindigkeit bedeuten, v das spezifische Volumen, $a = \varrho c$

der Wellenwiderstand, x die Lagrangesche Koordinate. Mit den Riemannschen Invarianten:

$$r = u - av \quad ; \quad s = u + av \tag{2}$$

erhält das System (1) die Form:

$$\frac{\partial r}{\partial t} + a\frac{\partial r}{\partial x} = 0 \quad ; \quad \frac{\partial s}{\partial t} - a\frac{\partial s}{\partial x} = 0 . \tag{3}$$

Wir betrachten grundlegende Schemata zur Integration von (1) oder, was dasselbe ist, von (3).

a) Das Schema der fortschreitenden Rechnung:

Das explizite Schema der fortschreitenden Rechnung hat die Form:

$$\begin{gathered}\frac{\Delta_0 r}{\tau} + a\,\frac{\Delta_{-1} r}{h} = 0 \quad ; \quad \frac{\Delta_0 s}{\tau} - a\,\frac{\Delta_1 s}{h} = 0 \ ; \\ \Delta_0 = T_0 - E \quad ; \quad \Delta_1 = T_1 - E \quad ; \quad \Delta_{-1} = E - T_{-1} \ ,\end{gathered} \tag{4}$$

wobei die Verschiebungsoperatoren T_1 und T_{-1} in Übereinstimmung mit (1.2.2) bestimmt werden; der Operator T_0 für die Verschiebung längs t wird analog bestimmt:

$$T_0 f(x,t) = f(x, t+\tau) . \tag{5}$$

Gehen wir zur Indexschreibweise über, so haben wir:

$$\begin{gathered}\frac{r_i^{n+1} - r_i^n}{\tau} + a\,\frac{r_i^n - r_{i-1}^n}{h} = 0 \ ; \\ \frac{s_i^{n+1} - s_i^n}{\tau} - a\,\frac{s_{i+1}^n - s_i^n}{h} = 0 .\end{gathered} \tag{6}$$

Mit den Variablen u und v erhält das Schema (4) die Gestalt:

$$\begin{gathered}\frac{\Delta_0 u}{\tau} - a^2\,\frac{\Delta_1 + \Delta_{-1}}{2h}\,v = \frac{ah}{2}\,\frac{\Delta_1 \Delta_{-1}}{h^2}\,u \ ; \\ \frac{\Delta_0 v}{\tau} - \frac{\Delta_1 + \Delta_{-1}}{2h}\,u = \frac{ah}{2}\,\frac{\Delta_1 \Delta_{-1}}{h^2}\,v .\end{gathered} \tag{7}$$

Es ist nicht schwierig, den Schrittoperator für das Schema (4) auszudrücken:

$$r^{n+1} = C r^n \;, \quad C = E - \frac{a\tau}{h}\Delta_{-1} \;; \quad s^{n+1} = D s^n \;, \quad D = E + \frac{a\tau}{h}\Delta_1 \,. \tag{8}$$

und entsprechend (7) gilt:

$$\begin{aligned} u^{n+1} &= \frac{C+D}{2} u^n - a\,\frac{C-D}{2} v^n \;; \\ v^{n+1} &= -\frac{C-D}{2a} u^n + \frac{C+D}{2} v^n \,. \end{aligned} \tag{9}$$

Wir betrachten nun implizite Schemata. Ein implizites Schema mit Gewichten hat die Form:

$$\begin{aligned} &\left[\frac{\Delta_0}{\tau}(\alpha_1 T_{-1} + \beta_1 E) + a\,\frac{\Delta_{-1}}{h}(\alpha_2 T_0 + \beta_2 E)\right] r = 0 \;; \\ &\left[\frac{\Delta_0}{\tau}(\alpha_1 T_1 + \beta_1 E) - a\,\frac{\Delta_1}{h}(\alpha_2 T_0 + \beta_2 E)\right] s = 0 \;; \\ &\alpha_s \geq 0 \;; \quad \beta_s \geq 0 \;; \quad \alpha_s + \beta_s = 1 \;, \quad s = 1,2 \,. \end{aligned} \tag{10}$$

Übergang zur Indexschreibweise liefert:

$$\begin{aligned} &\left(\alpha_1 \frac{r_{i-1}^{n+1} - r_{i-1}^{n}}{\tau} + \beta_1 \frac{r_i^{n+1} - r_i^n}{\tau}\right) + a\left(\alpha_2 \frac{r_i^{n+1} - r_{i-1}^{n+1}}{h} + \beta_2 \frac{r_i^n - r_{i-1}^n}{h}\right) = 0 \;; \\ &\left(\alpha_1 \frac{s_{i+1}^{n+1} - s_{i+1}^{n}}{\tau} + \beta_1 \frac{s_i^{n+1} - s_i^n}{\tau}\right) - a\left(\alpha_2 \frac{s_{i+1}^{n+1} - s_{i}^{n+1}}{h} + \beta_2 \frac{s_{i+1}^n - s_{i}^n}{h}\right) = 0 \,. \end{aligned} \tag{11}$$

Der Schrittoperator des Schemas (10) hat die Form:

$$r^{n+1} = C r^n \;; \qquad s^{n+1} = D s^n \,, \tag{12}$$

mit:

$$\begin{aligned} C &= \left(\alpha_1 T_{-1} + \beta_1 E + a\alpha_2 \tau \frac{\Delta_{-1}}{h}\right)^{-1}\left(\alpha_1 T_{-1} + \beta_1 E - a\beta_2 \tau \frac{\Delta_{-1}}{h}\right) \;; \\ D &= \left(\alpha_1 T_1 + \beta_1 E - a\alpha_2 \tau \frac{\Delta_1}{h}\right)^{-1}\left(\alpha_1 T_1 + \beta_1 E + a\beta_2 \tau \frac{\Delta_1}{h}\right) \,. \end{aligned} \tag{13}$$

Gehen wir zu den Variablen u und v über, so erhalten wir von neuem die Formel (9), aber mit C und D nach Formel (13).

Das Schema (10) mit Gewichten liefert die uns bekannten Formeln für die fortschreitende Rechnung einschließlich eines expliziten m a j o r a n t e n Schemas ($\alpha_1=0$, $\beta_1=1$; $\alpha_2=0$, $\beta_2=1$), eines impliziten majoranten* Schemas ($\alpha_1=0, \beta_1=1; \alpha_2=1, \beta_2=0$) und ein Schema mit einer Genauigkeit zweiter Ordnung ($\alpha_s=\beta_s=\frac{1}{2}$, s=1,2).

b) Das „Kreuzschema" :

$$\frac{u^{n+1}-u^n}{\tau} - a^2\,\frac{\Delta_{-1}v^n}{h} = 0\ ; \qquad \frac{v^{n+1}-v^n}{\tau} - \frac{\Delta_1 u^{n+1}}{h} = 0 . \tag{14}$$

c) Das implizite Schema mit Gewichten :

$$\begin{aligned} \frac{u^{n+1}-u^n}{\tau} - a^2\,\frac{\Delta_{-1}}{h}\left(\alpha_1 v^{n+1} + \beta_1 v^n\right) &= 0 ,\\ \frac{v^{n+1}-v^n}{\tau} - \frac{\Delta_1}{h}\left(\alpha_2 u^{n+1} + \beta_2 u^n\right) &= 0 . \end{aligned} \tag{15}$$

Für $\alpha_s=\beta_s=\frac{1}{2}$ (s=1,2) hat (15) eine Genauigkeit zweiter Ordnung (Neumanns Schema) für $\alpha_1=0$, $\beta_1=1$, $\alpha_2=1$, $\beta_2=0$ geht das Schema (15) in das „Kreuzschema" über.

Die Schemata (9),(14) und (15) werden von uns als Grundlage zur Konstruktion einfacher Schemata zur Integration der mehrdimensionalen Gleichungen der Akustik und der Wellengleichung herangezogen.

3.2 Homogene, implizite Schemata für hyperbolische Gleichungen

Für eine parabolische Gleichung mit einem unendlichen Abhängigkeitsgebiet ist eine implizite Approximation - wie zuerst von Laasonen [29] erwähnt - angemessen, weil in diesem Fall auch für die Differenzengleichung das Abhängigkeitsgebiet unendlich ist.

Im Unterschied zu parabolischen Gleichungen haben hyperbolische Gleichungen ein endliches Abhängigkeitsgebiet, und deshalb könnte man meinen, ihre angemessene Approximation sei die explizite. Das ist aber nicht der Fall.

Wie das bekannte Kriterium von Courant zeigt, wird die Stabilitätsforderung durch die Werte der Größen im gegebenen Punkt bestimmt. Demgegenüber wird die Genauigkeitsforderung durch die Gradienten bestimmt. Im Falle einer Strömung mit kleinen Gradienten (Kanalströmungen, atmosphärische Strömungen usw.) übertrifft eine Schrittweite τ , die durch die Genauigkeitsforderung bestimmt wird, bei weitem einen Schritt, der durch die

* Als majorant bezeichnen wir Schemata mit positiven Koeffizienten (siehe [28]). Wie gewöhnlich erfüllen im Falle konstanter Koeffizienten diese Schemata die Extremaleigenschaft und die Eigenschaft der Stabilität in C.

Stabilitätsforderung bestimmt ist. Deshalb sind auch bei hyperbolischen Gleichungen implizite Schemata erforderlich.

Implizite Schemata für die hydrodynamischen Gleichungen, die sich auf die Methode der fortschreitenden Rechnung stützen, wurden zuerst von L. D. Landau, N. N. Meiman und I. M. Chalatnikow [30] vorgeschlagen. Die erste theoretische Rechtfertigung für implizite Schemata bei der Wellengleichung mit variablen Koeffizienten wurde von O. A. Ladyzhenskaja [31] geliefert. Implizite Schemata für die hydrodynamische Gleichung erlangten bald eine weite Anwendung [32-35] .

3.3 Implizite Schemata für mehrdimensionale, hyperbolische Gleichungen

Die Aufspaltungsmethode für mehrdimensionale, hyperbolische Systeme wurde zuerst in der Arbeit von K. A. Bagrinowski und S. K. Godunow [36] vorgeschlagen. Die Verfasser dieser Arbeit betrachteten nur explizite Approximationen, für die das Aufspaltungsschema gegenüber den gewöhnlichen expliziten Schemata keine großen Vorteile liefert.

In der Arbeit von N. N. Anutschina und dem Verfasser [37] wurde im mehrdimensionalen Fall für hyperbolische Systeme ein implizites Aufspaltungsschema vorgeschlagen.

Wir betrachten die akustische Gleichung im zweidimensionalen Fall:

$$\frac{\partial u_1}{\partial t} - a^2 \frac{\partial v}{\partial x_1} = 0, \quad \frac{\partial u_2}{\partial t} - a^2 \frac{\partial v}{\partial x_2} = 0, \quad \frac{\partial v}{\partial t} - \left(\frac{\partial u_1}{\partial x_1} + \frac{\partial u_2}{\partial x_2} \right) = 0. \tag{1}$$

Schreiben wir (1) in Matrizenform um, so erhalten wir

$$\frac{\partial f}{\partial t} = A f, \tag{2}$$

mit:

$$A = \begin{Vmatrix} 0 & 0 & a^2 D_1 \\ 0 & 0 & a^2 D_2 \\ D_1 & D_2 & 0 \end{Vmatrix}, \qquad D_i = \frac{\partial}{\partial x_i}, \qquad f = \{u_1, u_2, v\}. \tag{3}$$

Wir konstruieren das Aufspaltungsschema, das sich auf das eindimensionale, implizite Schema (1.15) gründet. Beim ersten Zwischenschritt - wobei man die Gradienten bezüglich x_2 ausläßt - erhalten wir das Schema:

$$\begin{aligned} \frac{u_1^{n+\frac{1}{2}} - u_1^n}{\tau} - a^2 \frac{\Delta_{-1}}{h_1}\left(\alpha v^{n+\frac{1}{2}} + \beta v^n\right) &= 0; \\ \frac{u_2^{n+\frac{1}{2}} - u_2^n}{\tau} &= 0; \\ \frac{v^{n+\frac{1}{2}} - v^n}{\tau} - \frac{\Delta_1}{h_1}\left(\alpha u_1^{n+\frac{1}{2}} + \beta u_1^n\right) &= 0. \end{aligned} \tag{4}$$

Beim zweiten Zwischenschritt - wobei wir die Gradienten bezüglich x_1 auslassen - bekommen wir das Schema:

$$\begin{aligned} \frac{u_1^{n+\frac{1}{2}} - u_1^n}{\tau} \qquad\qquad\qquad\qquad\qquad\qquad\qquad\qquad &= 0; \\ \frac{u_2^{n+1} - u_2^{n+\frac{1}{2}}}{\tau} - a^2 \frac{\Delta_{-2}}{h_2} (\alpha v^{n+1} + \beta v^{n+\frac{1}{2}}) &= 0; \\ \frac{v^{n+1} - v^{n+\frac{1}{2}}}{\tau} - \frac{\Delta_2}{h_2} (\alpha u_2^{n+1} + \beta u_2^{n+\frac{1}{2}}) &= 0. \end{aligned} \tag{5}$$

Der Einfachheit halber haben wir

$$\alpha_1 = \alpha_2 = \alpha \; , \qquad \beta_1 = \beta_2 = \beta$$

gesetzt.

Es ist klar, daß das Aufspaltungsschema (4) und (5) für $\alpha \geq \frac{1}{2}$ absolut stabil ist. Wir zeigen, daß das Schema das System (1) oder, was dasselbe ist, die ihm äquivalente Gleichung

$$\frac{\partial}{\partial t} \left[\frac{\partial^2 f}{\partial t^2} - a^2 \left(\frac{\partial^2 f}{\partial x_1^2} + \frac{\partial^2 f}{\partial x_2^2} \right) \right] = 0 \tag{6}$$

approximiert, wobei jede der Größen u_1, u_2 und v dieser Gleichung genügt.

Die Approximation werden wir mit der Methode der Elimination beweisen. Eliminieren wir aus (4) und (5) die Größen $u_1^{n+\frac{1}{2}}$, $u_2^{n+\frac{1}{2}}$, so erhalten wir vier Operatorengleichungen mit vier Unbekannten u_1^n, u_2^n, v^n, $v^{n+\frac{1}{2}}$, die man in Matrixform hinschreiben kann:

$$\left\| \begin{matrix} \frac{T_0 - E}{\tau} & 0 & -\beta a^2 \frac{\Delta_{-1}}{h_1} & -\alpha a^2 \frac{\Delta_{-1}}{h_1} \\ -\frac{\Delta_1}{h_1}(\alpha T_0 + \beta E) & 0 & -\frac{1}{\tau} E & \frac{1}{\tau} E \\ 0 & \frac{T_0 - E}{\tau} & -\alpha a^2 \frac{\Delta_{-2}}{h_2} T_0 & -\beta a^2 \frac{\Delta_{-2}}{h_2} \\ 0 & -\frac{\Delta_2}{h_2}(\alpha T_0 + \beta E) & \frac{1}{\tau} T_0 & -\frac{1}{\tau} E \end{matrix} \right\| \times \left\| \begin{matrix} u_1^n \\ u_2^n \\ v^n \\ v^{n+\frac{1}{2}} \end{matrix} \right\| = 0. \tag{7}$$

Eliminieren wir $v^{n+\frac{1}{2}}$ aus dem System (7), so ergibt sich das System:

$$\begin{aligned} \left[\frac{T_0 - E}{\tau} - \alpha \tau a^2 \frac{\Delta_1 \Delta_{-1}}{h_1^2} (\alpha T_0 + \beta E) \right] u_1^n - a^2 \frac{\Delta_{-1}}{h_1} v^n &= 0; \\ \left[\frac{T_0 - E}{\tau} + \beta \tau a^2 \frac{\Delta_2 \Delta_{-2}}{h_2^2} (\alpha T_0 + \beta E) \right] u_2^n - a^2 \frac{\Delta_{-2}}{h_2} T_0 v^n &= 0; \\ \frac{T_0 - E}{\tau} v^n - \frac{\Delta_1}{h_1} (\alpha T_0 + \beta E) u_1^n - \frac{\Delta_2}{h_2} (\alpha T_0 + \beta E) u_2^n &= 0, \end{aligned} \tag{8}$$

das man ebenfalls in Matrixform schreiben kann:

$$\frac{T_0 - E}{\tau} f^n = B f^n \; ; \quad f^n = \{u_1^n, u_2^n, v^n\} \,, \tag{9}$$

mit

$$B = \left\| \begin{matrix} \alpha\tau a^2 \frac{\Delta_1\Delta_{-1}}{h_1^2}(\alpha T_0 + \beta E) & 0 & a^2 \frac{\Delta_{-1}}{h_1} \\ 0 & -\beta\tau a^2 \frac{\Delta_2\Delta_{-2}}{h_2^2}(\alpha T_0 + \beta E) & a^2 \frac{\Delta_{-2}}{h_2} T_0 \\ \frac{\Delta_1}{h_1}(\alpha T_0 + \beta E) & \frac{\Delta_2}{h_2}(\alpha T_0 + \beta E) & 0 \end{matrix} \right\| . \tag{10}$$

Man kann leicht zeigen, daß das Schema (9) das System (2) approximiert. Die Approximation kann in etwas anderer Form gezeigt werden. Setzen wir die Determinante des Operatorsystems (7) gleich Null, so ergibt sich eine Operatorgleichung dritter Ordnung für jede der Größen $f^n = u_1^n$, u_2^n, v^n, $v^{n+\frac{1}{2}}$:

$$\begin{aligned} \Big[\Big(\frac{T_0-E}{\tau}\Big)^3 &- a^2 \frac{T_0 - E}{\tau}(\alpha T_0 + \beta E)^2 \frac{\Delta_1\Delta_{-1}}{h_1^2} - \\ &- a^2 \frac{T_0 - E}{\tau}(\alpha T_0 + \beta E)^2 \frac{\Delta_2\Delta_{-2}}{h_2^2} + \\ &+ a^4\tau(\alpha^2 T_0 - \beta^2 E)(\alpha T_0 + \beta E)^2 \frac{\Delta_1\Delta_{-1}}{h_1^2} \frac{\Delta_2\Delta_{-2}}{h_2^2}\Big] f^n = 0 . \end{aligned} \tag{11}$$

Das Schema (11) approximiert die Gleichung

$$\frac{\partial^3 f}{\partial t^3} = a^2 \frac{\partial}{\partial t}\Big(\frac{\partial^2 f}{\partial x_1^2} + \frac{\partial^2 f}{\partial x_2^2}\Big) + \tau L f \,, \tag{12}$$

wo L ein gewisser Operator ist, d.h. es approximiert die Gleichung

$$\frac{\partial}{\partial t}\Big[\frac{\partial^2 f}{\partial t^2} - a^2\Big(\frac{\partial^2 f}{\partial x_1^2} + \frac{\partial^2 f}{\partial x_2^2}\Big)\Big] = 0 . \tag{13}$$

Es sei $\alpha = \beta = \frac{1}{2}$. Dann geht (11) über in die Gleichung

$$\begin{aligned} (T_0 - E)\Big[\Big(\frac{T_0-E}{\tau}\Big)^2 &- \frac{a^2}{4}(T_0 + E)^2 \frac{\Delta_1\Delta_{-1}}{h_1^2} - \frac{a^2}{4}(T_0 + E)^2 \frac{\Delta_2\Delta_{-2}}{h_2^2} + \\ &+ a^4\tau^2 \frac{1}{16}(T_0 + E)^2 \frac{\Delta_1\Delta_{-1}}{h_1^2} \frac{\Delta_2\Delta_{-2}}{h_2^2}\Big] f^n = 0 . \end{aligned} \tag{14}$$

Nach Kürzen der Gleichung durch $(T_0 - E)$ ergibt sich eine Gleichung zweiter Ordnung

$$\frac{f^{n+1}-2f^{n}+f^{n-1}}{\tau^{2}} = a^{2}\left[\frac{\Delta_1\Delta_{-1}}{h_1^2} + \frac{\Delta_2\Delta_{-2}}{h_2^2}\right]\frac{f^{n-1}+2f^{n}+f^{n+1}}{4} - \frac{a^4}{16}\tau^{2}\frac{\Delta_1\Delta_{-1}\Delta_2\Delta_{-2}}{h_1^2 h_2^2}\left(f^{n-1}+2f^{n}+f^{n+1}\right), \quad (15)$$

die eine Genauigkeit der Ordnung $O(\tau^2 + h^2)$ hat.

Wir werden zeigen, daß das Schema (15) mit Hilfe einfacher Gaußscher Eliminationsverfahrenmit drei Punkten dargestellt werden kann. Setzen wir als f^n die Größe v^n (spezifisches Volumen), so ergibt sich aus den ersten beiden Gleichungen (7) nach Elimination von u_1^n:

$$\frac{v^{n+\frac{3}{2}} - v^{n+1} - v^{n+\frac{1}{2}} + v^{n}}{\tau^{2}} = a^{2}\frac{\Delta_1\Delta_{-1}}{h_1^2}\left[\alpha^2 v^{n+\frac{3}{2}} + \alpha\beta v^{n+1} + \alpha\beta v^{n+\frac{1}{2}} + \beta^2 v^{n}\right]. \quad (16)$$

Aus den letzten beiden Gleichungen von (7) erhalten wir nach Elimination von u_2^n :

$$\frac{v^{n+2} - v^{n+\frac{3}{2}} - v^{n+1} + v^{n+\frac{1}{2}}}{\tau^{2}} = a^{2}\frac{\Delta_2\Delta_{-2}}{h_2^2}\left[\alpha^2 v^{n+2} + \alpha\beta v^{n+\frac{3}{2}} + \alpha\beta v^{n+1} + \beta^2 v^{n+\frac{1}{2}}\right]. \quad (17)$$

Für $\alpha = \beta = \frac{1}{2}$ stellen die Gleichungen (16) und (17) die Gleichung (15) dar.

3.4 Aufspaltungsschemata der fortschreitenden Rechnung

Wenden wir auf das System (3.1) bei jedem Zwischenschritt das Schema der fortschreitenden Rechnung (1.9) und (1.13) an, so ergibt sich:

$$f^{n+\frac{1}{2}} = \sigma_1 f^{n}; \qquad f^{n+1} = \sigma_2 f^{n+\frac{1}{2}}, \quad (1)$$

mit:

$$\sigma_1 = \begin{Vmatrix} \frac{C_1+D_1}{2} & 0 & -a\frac{C_1-D_1}{2} \\ 0 & E & 0 \\ -\frac{C_1-D_1}{2a} & 0 & \frac{C_1+D_1}{2} \end{Vmatrix}; \quad \sigma_2 = \begin{Vmatrix} E & 0 & 0 \\ 0 & \frac{C_2+D_2}{2} & -a\frac{C_2-D_2}{2} \\ 0 & -\frac{C_2-D_2}{2a} & \frac{C_2+D_2}{2} \end{Vmatrix}. \quad (2)$$

Die Operatoren C_s und D_s nehmen in Übereinstimmung mit (1.13) die Form:

$$C_s = \left[\alpha_1 T_{-s} + \beta_1 E + \alpha_2 a\tau\frac{\Delta_{-s}}{h_s}\right]^{-1}\left[\alpha_1 T_{-s} + \beta_1 E - \beta_2 a\tau\frac{\Delta_{-s}}{h_s}\right];$$

$$D_s = \left[\alpha_1 T_{s} + \beta_1 E - \alpha_2 a\tau\frac{\Delta_{s}}{h_s}\right]^{-1}\left[\alpha_1 T_{s} + \beta_1 E + \beta_2 a\tau\frac{\Delta_{s}}{h_s}\right]; \quad (3)$$

$$s = 1, 2$$

an.

Damit nimmt der Schrittoperator σ bei ganzen Schritten

$$f^{n+1} = \sigma f^{n} \tag{4}$$

die Form eines Matrixproduktes von Matrizen σ_2 und σ_1 an:

$$\sigma = \sigma_2 \cdot \sigma_1 = \left\| \begin{matrix} \frac{C_1 + D_1}{2} & 0 & -a\,\frac{C_1 - D_1}{2} \\ \frac{C_2 - D_2}{2} \cdot \frac{C_1 - D_1}{2} & \frac{C_2 + D_2}{2} & -a\,\frac{C_2 - D_2}{2}\,\frac{C_1 + D_1}{2} \\ -\frac{(C_2 + D_2)(C_1 - D_1)}{4a} & -\frac{C_2 - D_2}{2a} & \frac{C_2 + D_2}{2} \cdot \frac{C_1 + D_1}{2} \end{matrix} \right\| . \tag{5}$$

Wir beweisen, daß die Matrix

$$\frac{\sigma - E}{\tau} = \left\| \begin{matrix} \frac{\frac{C_1 + D_1}{2} - E}{\tau} & 0 & -a\,\frac{C_1 - D_1}{2\tau} \\ \frac{(C_2 - D_2)(C_1 - D_1)}{4\tau} & \frac{\frac{C_2 + D_2}{2} - E}{\tau} & -a\,\frac{(C_2 - D_2)(C_1 + D_1)}{4\tau} \\ -\frac{(C_2 + D_2)(C_1 - D_1)}{4a\tau} & -\frac{C_2 - D_2}{2a\tau} & \frac{\frac{(C_2 + D_2)(C_1 + D_1)}{4} - E}{\tau} \end{matrix} \right\| \tag{6}$$

die Matrix A aus (3.3) approximiert. Man kann leicht beweisen, daß:

$$\frac{C_i + D_i}{2} \sim E \; ; \qquad \frac{\frac{C_i + D_i}{2} - E}{\tau} \sim 0 \; ; \qquad \frac{C_i - D_i}{2a\tau} \sim -\frac{\Delta_i}{h_i} , \tag{7}$$

gilt.

Daraus folgt:

$$\frac{\sigma - E}{\tau} \sim A , \tag{8}$$

womit die Behauptung bewiesen ist.

Da jedes Schema der fortschreitenden Rechnung stabil ist, gilt:

$$\| \sigma_1 \| \leq 1 \quad ; \quad \| \sigma_2 \| < 1 \, , \tag{8'}$$

und folglich gilt auch die Ungleichung

$$\| \sigma \| < 1 \, . \tag{9}$$

Demzufolge konvergiert das Aufspaltungsschema der fortschreitenden Rechnung gegen das System (3.2). Wir fügen zwei Bemerkungen an:

1. Obwohl eindimensionale Schemata der fortschreitenden Rechnung eine Genauigkeit zweiter Ordnung haben können (für $\alpha = \beta = \frac{1}{2}$), ist das Aufspaltungsschema für ganze Schritte nicht symmetrisch und deshalb nicht genau genug. Um die Genauigkeit zu erhöhen, muß man das System (4) symmetrisieren, wobei man setzt[*]:

$$\Sigma = \frac{\sigma + \sigma^*}{2} = \frac{\sigma_2 \cdot \sigma_1 + \sigma_1 \cdot \sigma_2}{2} \, , \tag{10}$$

$$\sigma^* = \sigma_1 \sigma_2 = \left\| \begin{matrix} \frac{C_1 + D_1}{2} & \frac{(C_1 - D_1)(C_2 - D_2)}{4} & -a \frac{(C_1 - D_1)(C_2 + D_2)}{4} \\ 0 & \frac{C_2 + D_2}{2} & -a \frac{C_2 - D_2}{2} \\ -\frac{C_1 - D_1}{2a} & -\frac{(C_1 + D_1)(C_2 - D_2)}{4a} & \frac{(C_1 + D_1)(C_2 + D_2)}{4} \end{matrix} \right\| . \tag{11}$$

Dann nimmt der Operator Σ für einen Schritt die symmetrische Form

$$\Sigma = \left\| \begin{matrix} \frac{C_1 + D_1}{2} & \frac{(C_1 - D_1)(C_2 - D_2)}{4 \cdot 2} & -a \frac{(C_1 - D_1)(C_2 + D_2 + 2E)}{4 \cdot 2} \\ \frac{(C_2 - D_2)(C_1 - D_1)}{4 \cdot 2} & \frac{C_2 + D_2}{2} & -a \frac{(C_2 - D_2)(C_1 + D_1 + 2E)}{4 \cdot 2} \\ -\frac{C_2 + D_2 + 2E}{2} \cdot \frac{C_1 - D_1}{4a} & -\frac{C_1 + D_1 + 2E}{2} \cdot \frac{C_2 - D_2}{4a} & \frac{(C_2 + D_2)(C_1 + D_1) + (C_1 + D_1)(C_2 + D_2)}{4 \cdot 2} \end{matrix} \right\| \tag{12}$$

an.

[*] Dieser Vorschlag stammt von S. K. Godunow und A. W. Zabrodin [38]. Eine andere Symmetrisierungsmethode wurde in der Arbeit von A. A. Samarski [94] vorgeschlagen.

2. Bei der Multiplikation der Operatorenmatrizen muß man ihre Elemente (die Operatoren) unter Berücksichtigung einer möglichen Nichtvertauschbarkeit multiplizieren.

3.5 Die Methode der genäherten Faktorisierung für die Wellengleichung

In den vorausgegangenen Abschnitten betrachteten wir für die Gleichungen der Akustik (3.1) Schemata mit Zwischenschritten. Wie schon erwähnt, erfüllen die Größen u_1, u_2 und v die Gleichung (3.6). Die Größe v erfüllt die Wellengleichung

$$\frac{\partial^2 v}{\partial t^2} - a^2\left(\frac{\partial^2 v}{\partial x_1^2} + \frac{\partial^2 v}{\partial x_2^2}\right) = 0 . \tag{1}$$

Deshalb kann das von uns als vierschichtig bezeichnete Integrationsschema (3.11) oder das äquivalente Schema mit Zwischenschritten (3.16/17) bei der Anwendung auf v vereinfacht werden. Von E. G. Djakonow [39] wurde ein dreischichtiges Integrationsschema (1) mit Hilfe der genäherten Faktorisierung eines Operators vorgeschlagen.

Es sei:

$$\begin{gathered} \frac{v^{n+1} - 2v^n + v^{n-1}}{\tau^2} = \Lambda \frac{v^{n+1} + v^{n-1}}{2} ; \\ \Lambda = \Lambda_1 + \Lambda_2 ; \\ \Lambda_s = a^2 \frac{\Delta_s \Delta_{-s}}{h_s^2} ; \quad s = 1,2 , \end{gathered} \tag{2}$$

eine homogene Approximation mit einer Genauigkeit zweiter Ordnung für die Gleichung (1). Wir schreiben (2) nun in die Form

$$\left(E - \tfrac{1}{2}\tau^2\Lambda\right) \frac{v^{n+1} + v^{n-1}}{2} = v^n \tag{3}$$

um.

Wir ersetzen näherungsweise auf der linken Seite von (3) den Operator durch ein Produkt

$$E - \tfrac{1}{2}\tau^2\Lambda \sim \left(E - \tfrac{1}{2}\tau^2\Lambda_1\right)\left(E - \tfrac{1}{2}\tau^2\Lambda_2\right) \tag{4}$$

und das Schema (3) durch ein faktorisiertes Schema

$$\left(E - \tfrac{1}{2}\tau^2\Lambda_1\right)\left(E - \tfrac{1}{2}\tau^2\Lambda_2\right) \frac{v^{n+1} + v^{n-1}}{2} = v^n . \tag{5}$$

Das Schema (5) wird durch eine zweimalige Benutzung der Methode der Gaußschen Elimination aufgelöst:

$$\left(E - \tfrac{1}{2}\tau^2\Lambda_1\right) v^{n+\frac{1}{2}} = v^n ;$$
$$\left(E - \tfrac{1}{2}\tau^2\Lambda_2\right) \frac{v^{n+1} + v^{n-1}}{2} = v^{n+\frac{1}{2}} . \tag{6}$$

Es läßt sich leicht zeigen, daß das Schema (5) stabil ist und eine Genauigkeit zweiter Ordnung aufweist.

Aufspaltungsschemata für die Schwingungsgleichung wurden von A. N. Konowalow [40] und A.A. Samarski [41] aufgestellt.

3.6 Aufspaltungsmethode und majorante Schemata

Für eindimensionale, hyperbolische Systeme führen die Schemata der fortschreitenden Rechnung, die sich auf eine majorante Approximation der Gleichungen mit Invarianten gründen, auf Schemata mit positiv definiten Koeffizienten (Majorante Schemata).

Friedrichs [42] führte die Vorstellung der positiv definiten Schemata ein (Schemata mit positiv definiten Matrizen).

Das Schema

$$u^{n+1}(x_1, \dots, x_m) = \sum_{\alpha} C_{\alpha_1 \dots \alpha_m} u^n(x_1 + \alpha_1 h_1, \dots, x_m + \alpha_m h_m) =$$
$$= \sum_{\alpha} C_{\alpha_1 \dots \alpha_m} T_1^{\alpha_1} \dots T_m^{\alpha_m} u^n(x_1, \dots, x_m), \quad \alpha_i = -q_i, \dots, q_i, \quad i = 1, \dots, m, \tag{1}$$

bezeichnen wir als p o s i t i v d e f i n i t , wenn alle Matrizen $C_{\alpha_1 \dots \alpha_m}$ positiv definit sind*.

Bei der Anwendung auf mehrdimensionale, hyperbolische Systeme kann man mit der Aufspaltungsmethode eine majorante Approximation gewinnen.

Es sei

$$\frac{\partial u}{\partial t} + \sum_{\alpha=1}^{m} A_\alpha \frac{\partial u}{\partial x_\alpha} + Bu = 0 \tag{2}$$

* Eine quadratische, symmetrische Matrix A heißt positiv definit, wenn alle ihre Eigenwerte positiv sind.

ein lineares, symmetrisches im Sinne von Friedrichs hyperbolisches System. Dabei bedeuten $u = \{u_1, \ldots, u_p\}$ Vektorfunktionen, A_α und B symmetrische p-reihige, quadratische Matrizen.

In der Arbeit des Verfassers [28] wurde auf die Möglichkeit der Konstruktion majoranter Schemata mit der Aufspaltungsmethode hingewiesen.

In Anlehnung an die Arbeit von N. N. Anutschina [43] werden wir zeigen, wie man eine majorante Approximation vom Typ (1) für eine Gleichung vom Typ (2) konstruieren kann. Wenn A_α eine positiv definite Matrix ist, kommen wir bei der Anwendung der Approximation

$$\frac{u^{n+1}(x) - u^n(x)}{\tau} + \sum_{\alpha=1}^{m} A_\alpha \frac{E - T_{-\alpha}}{h_\alpha} u^n(x) + B u^n(x) = 0 \tag{3}$$

zum System

$$u^{n+1}(x) = C_0 u^n(x) + \sum_{\alpha=1}^{m} C_{-\alpha} T_{-\alpha} u^n(x) , \tag{4}$$

mit:

$$\begin{aligned} C_0 &= E - \sum_{\alpha=1}^{m} \frac{\tau}{h_\alpha} A_\alpha - \tau B ; \\ C_{-1} &= \frac{\tau}{h_1} A_1 ; \\ C_{-2} &= \frac{\tau}{h_2} A_2 ; \\ &\vdots \\ C_{-m} &= \frac{\tau}{h_m} A_m ; \end{aligned} \tag{5}$$

$$T_{-\alpha} f(x_1, \ldots, x_m) = f(x_1, \ldots, x_\alpha - h_\alpha, \ldots, x_m) .$$

Bei genügend kleinem $\frac{\tau}{h}$ ist die Matrix C_0 positiv definit. Die Matrizen $C_{-\alpha}$ sind ebenfalls positiv definit.

Wenn A_α negativ definite Matrizen sind, muß man im Schema (3) $T_\alpha - E$ statt $E - T_{-\alpha}$ setzen. Als Ergebnis erhalten wir das Schema

$$u^{n+1}(x) = C_0 u^n(x) + \sum_{\alpha=1}^{m} C_\alpha T_\alpha u^n(x) , \tag{6}$$

mit:

$$\begin{aligned} C_0 &= E + \sum_{\alpha=1}^{m} \frac{\tau}{h_\alpha} A_\alpha - \tau B ; \\ C_1 &= - \frac{\tau}{h_1} A_1 ; \\ C_2 &= - \frac{\tau}{h_2} A_2 ; \end{aligned}$$

$$C_m = -\frac{\tau}{h_m} A_m ;$$

$$T_\alpha f(x_1, \dots, x_m) = f(x_1, \dots, x_\alpha + h_\alpha, \dots, x_m),$$

C_α ist identisch positiv definit; C_0 ist positiv definit bei genügend kleinem $\frac{\tau}{h}$. Wenn A_α indefinite Matrizen sind, so ist folgende Darstellung möglich

$$A_\alpha = \overset{1}{A}_\alpha + \overset{2}{A}_\alpha , \tag{7}$$

wobei die Matrix $\overset{1}{A}_\alpha$ nicht negativ, die Matrix $\overset{2}{A}_\alpha$ nicht positiv definit ist. Dann wird das Schema

$$\frac{u^{n+1}(x) - u^n(x)}{\tau} + \sum_{\alpha=1}^{m} \left[\overset{1}{A}_\alpha \frac{E - T_{-\alpha}}{h_\alpha} + \overset{2}{A}_\alpha \frac{T_\alpha - E}{h_\alpha} \right] u^n(x) + B u^n(x) = 0 \tag{8}$$

in die Form

$$u^{n+1}(x) = C_0 u^n(x) + \sum_{\alpha=1}^{m} C_{-\alpha} T_{-\alpha} u^n(x) + \sum_{\alpha=1}^{m} C_\alpha T_\alpha u^n(x) \tag{9}$$

übergeführt mit:

$$\begin{aligned} C_0 &= E - \sum_{\alpha=1}^{m} \frac{\tau}{h_\alpha} \overset{1}{A}_\alpha + \sum_{\alpha=1}^{m} \frac{\tau}{h_\alpha} \overset{2}{A}_\alpha - \tau B ; \\ C_{-\alpha} &= \frac{\tau}{h_\alpha} \overset{1}{A}_\alpha ; \qquad \alpha = 1, \dots, m , \\ C_\alpha &= -\frac{\tau}{h_\alpha} \overset{2}{A}_\alpha . \end{aligned} \tag{10}$$

Die Matrizen $C_{-\alpha}$, C_α sind immer positiv definit, die Matrix C_0 ist positiv definit bei genügend kleinem $\frac{\tau}{h}$.

Die Aufspaltungsmethode erlaubt auf einfache Weise die Konstruktion anwendbarer, vorteilhafter Schemata. Wir betrachten ein explizites, majorantes Aufspaltungsschema

$$\frac{u^{n+\frac{s}{m}} - u^{n+\frac{s-1}{m}}}{\tau} + \left[\overset{1}{A}_s \frac{E - T_{-s}}{h_s} + \overset{2}{A}_s \frac{T_s - E}{h_s} + \frac{B}{m} \right] u^{n+\frac{s-1}{m}} = 0 , \qquad (11)$$

$$s = 1, \dots, m .$$

Das Schema (11) nimmt die Form

$$u^{n+\frac{s}{m}} = C_s u^{n+\frac{s-1}{m}} \qquad (12)$$

an mit:

$$\begin{aligned} C_s &= C_{os} + C_{-s} T_{-s} + C_s T_s ; \\ C_{os} &= E - \frac{\tau}{h_s} \overset{1}{A}_s + \frac{\tau}{h_s} \overset{2}{A}_s - \frac{\tau B}{m} ; \\ C_{-s} &= \frac{\tau}{h_s} \overset{1}{A}_s ; \\ C_s &= - \frac{\tau}{h_s} \overset{2}{A}_s , \end{aligned} \qquad (13)$$

$$s = 1, \dots, m .$$

Die Operatoren C_{-s}, C_s sind immer positiv definit, die Operatoren C_{os} sind positiv definit bei genügend kleinem $\frac{\tau}{h}$. Folglich ist das Schema

$$u^{n+1}(x) = C_m C_{m-1} \dots C_1 u^n(x) \qquad (14)$$

positiv definit.

Majorante Schemata spielen eine besondere Rolle bei Differenzenmethoden. Wie gewöhnlich sind sie - da sie eine kleine Genauigkeit besitzen - zugleich maximal stabil und garantieren häufig die Konvergenz im Funktionenraum C und sind einfach in der Anwendung.

§4. Anwendung der Zwischenschrittmethode auf Randwertaufgaben der Laplaceschen und Poissonschen Differentialgleichung

4.1 Zusammenhang zwischen stationären und nichtstationären Problemen

Wir betrachten in einem rechtwinkligen Gebiet G das Dirichletsche Problem

$$\frac{\partial^2 u}{\partial x_1^2} + \frac{\partial^2 u}{\partial x_2^2} = 0 , \qquad (1)$$

$$u(x_1, x_2) = f(x_1, x_2) , \quad (x_1, x_2) \in \gamma , \tag{2}$$

wobei γ den Rand von G bedeutet, $G = \{ 0 < x_i < \pi, \ i=1,2 \}$. Zusammen mit der Aufgabe (1) betrachten wir das instationäre Problem:

$$\frac{\partial u}{\partial t} = a^2 \left(\frac{\partial^2 u}{\partial x_1^2} + \frac{\partial^2 u}{\partial x_2^2} \right) , \tag{3}$$

$$u(x_1, x_2, 0) = u_0(x_1, x_2) , \tag{4}$$

mit denselben stationären Randbedingungen (2). Wir bezeichnen mit $U(x_1,x_2)$ die Lösung der Aufgabe (1) und (2), mit $u(x_1,x_2,t)$ die Lösung der Aufgabe (3),(4) und (2). Dann erfüllt

$$v(x_1, x_2, t) = u(x_1, x_2, t) - U(x_1, x_2) \tag{5}$$

die Gleichung (3) mit den Anfangswerten

$$v(x_1, x_2, 0) = v_0(x_1, x_2) = u_0(x_1, x_2) - U(x_1, x_2) \tag{6}$$

und den Werten Null auf dem Rande

$$v(x_1, x_2, t) = 0 , \qquad (x_1, x_2) \in \gamma . \tag{7}$$

$v(x_1,x_2,t)$ wird in der Form

$$v(x_1, x_2, t) = \sum_{k_1=1}^{\infty} \sum_{k_2=1}^{\infty} A_{k_1 k_2}(t) \sin k_1 x_1 \cdot \sin k_2 x_2 \tag{8}$$

dargestellt, wobei

$$A_{k_1 k_2}(t) = a_{k_1 k_2} \, e^{-a^2 (k_1^2 + k_2^2) t} \tag{9}$$

der Fourierkoeffizient der Funktion $v(x_1,x_2,t)$ ist; $a_{k_1 k_2}$ ist der Fourierkoeffizient der Funktion $v_0(x_1,x_2)$.

Die Formeln (8) und (9) können in Operatorform geschrieben werden:

$$v = S(t) \cdot v_0 \quad . \tag{10}$$

Der Operator S(t) im Raum $L_2(G)$ hat die Norm

$$\| S(t) \| = e^{-2a^2 t}. \tag{11}$$

Der Schrittoperator $S(\tau)$ hat die Norm

$$\| S(\tau) \| = e^{-2a^2 \tau}. \tag{12}$$

Daraus folgt, daß

$$\| S(t) \| \longrightarrow 0, \quad t \to \infty \tag{13}$$

gilt. Das bedeutet, daß

$$\| v(x_1, x_2, t) \| = \| u(x_1, x_2, t) - U(x_1, x_2) \| \longrightarrow 0 \tag{14}$$

für $t \to \infty$ gilt, d.h. die Lösung des instationären Problems strebt gegen die Lösung der stationären Aufgabe mit denselben Randbedingungen, unabhängig von der Wahl der Anfangswerte.

Es ist klar, daß es eine Menge von instationären Gleichungen gibt, deren Lösungen gegen die Lösung des stationären Problems konvergieren. Zusammen mit Gleichung (3) kann man z.B. die Gleichung

$$\frac{\partial u}{\partial t} + b^2 \frac{\partial^2 u}{\partial t^2} = a^2 \left(\frac{\partial^2 u}{\partial x_1^2} + \frac{\partial^2 u}{\partial x_2^2} \right) \tag{15}$$

betrachten.

Die instationäre Gleichung erhält den Charakter einer Gleichung für eine gedämpfte Schwingung. Man kann zeigen, daß im Falle (15) bei beliebigen Anfangswerten $u(x_1, x_2, 0)$, $\frac{\partial u}{\partial t}(x_1, x_2, 0)$ die Lösung (15) gegen $U(x_1, x_2)$ konvergiert.

Bei den betrachteten Beispielen haben die instationären Gleichungen (3) und (15) ganz bestimmte physikalische Vorgänge beschrieben: Wärmeleitung und Wellenausbreitung mit Dämpfung. Aber in einigen Fällen können die entsprechenden instationären Gleichungen nur formale Bedeutung haben, indem sie die mathematischen Bedingungen für die Dämpfung (13) garantieren und nicht einen bestimmten physikalischen Vorgang beschreiben.

Das gilt auch für die Gleichung des elastischen Gleichgewichts

$$\Delta \Delta u = \frac{\partial^4 u}{\partial x_1^4} + 2 \frac{\partial^4 u}{\partial x_1^2 \partial x_2^2} + \frac{\partial^4 u}{\partial x_2^4} = 0. \tag{16}$$

Die instationäre Gleichung

$$\frac{\partial u}{\partial t} + b^2 \frac{\partial^2 u}{\partial t^2} + a^2 \left[\frac{\partial^4 u}{\partial x_1^4} + 2 \frac{\partial^4 u}{\partial x_1^2 \partial x_2^2} + \frac{\partial^4 u}{\partial x_2^4} \right] = 0 \qquad (17)$$

hat den Lösungsoperator S(t), der die Dämpfungsbedingung (13) erfüllt, obwohl es schwierig ist, ein physikalisches Modell zu finden, das durch die Gleichung (17) beschrieben wird. Das hindert uns aber nicht, die Gleichung (17) für die Konstruktion eines iterativen Schemas mit heranzuziehen.

4.2 Schemata zur Integration instationärer Probleme und Iterationsschemata

Die erwähnte Korrespondenz zwischen instationären und stationären Gleichungen wird vollkommen auf Differenzenschemata übertragen. Wir führen als Beispiel eines zweischichtigen Differenzenschemas für die Gleichung (1.3)

$$\frac{u^{n+1} - u^n}{\tau_n} = \Omega_1 u^{n+1} + \Omega_2 u^n , \qquad \tau_n = a^2 (t_{n+1} - t_n), \qquad (1)$$

ein, wobei Ω_1 und Ω_2 zwei auf die räumlichen Variablen wirkende Differenzenoperatoren sind, die von τ_n, h_1 und h_2 abhängen.

Es sei u^n eine Lösung von (1), die irgendeine Anfangsbedingung

$$u^0 = u_0 \qquad (2)$$

und die stationäre Randbedingung

$$u^n = f \ , \qquad (x_1, x_2) \in \gamma \qquad (3)$$

erfüllt.

Es sei w die Lösung des Differenzen-Randwertproblems:

$$\Lambda w = 0 \ , \quad (x_1, x_2) \in G \ ; \qquad w = f \ , \quad (x_1, x_2) \in \gamma \ ;$$
$$\Lambda = \Lambda_1 + \Lambda_2 \ , \qquad \Lambda_i = \frac{\Delta_i \Delta_{-i}}{h_i^2} \ ; \quad i = 1,2 \ , \qquad (4)$$

wobei f die Funktion der Formel (3) ist.

Die Differenz $v^n = u^n - w$ erfüllt die Gleichung

$$\frac{v^{n+1} - v^n}{\tau_n} = \Omega_1 v^{n+1} + \Omega_2 v^n + (\Omega_1 + \Omega_2 - \Lambda) w.$$

Wir erinnern, daß die Operatoren Ω_1 und Ω_2 von τ_n, h_1 und h_2 abhängen, die Operatoren $\Lambda, \Lambda_1, \Lambda_2$ nur von h_1 und h_2.

Wir führen in die Betrachtung die Größen:

$$R_n = (\Omega_1 + \Omega_2 - \Lambda)_{n-1} w \quad ; \quad R = \max \| R_n \| \tag{5}$$

ein, wo max $\|R_n\|$ für alle τ_n genommen wird, die durch den festen Wert τ_{max} beschränkt sind.

Mit Hilfe der Darstellung (1.2.24) erhalten wir

$$v^n = C_{n0} v^0 + \sum_{\alpha=1}^{n} C_{n\alpha} r_\alpha \tag{6}$$

mit:

$$\begin{aligned} C_{n\alpha} &= C_n \cdot C_{n-1} \cdots C_{\alpha+1} , \\ C_n &= (E - \tau_n \Omega_1)^{-1} (E + \tau_n \Omega_2) , \\ r_\alpha &= \tau_{\alpha-1} (E - \tau_{\alpha-1} \Omega)^{-1} R_\alpha . \end{aligned} \tag{7}$$

Wenn das Schema (1) bei gegebenem Grenzübergang stark stabil ist (siehe §1.2), d.h. wenn

$$| C_n | \leq 1 - k\tau_n \tag{8}$$

gilt mit $k > 0$ als Konstante, die nicht von τ_n abhängt, so ist die folgende Abschätzung gültig:

$$\begin{aligned} \|v^n\| &\leq (1 - k\tau_{min})^n \|v^0\| + \tau_{max} R \sum_{\alpha=1}^{n} (1 - k\tau_{min})^{n-\alpha} = \\ &= (1 - k\tau_{min})^n \|v^0\| + \frac{R}{k} \frac{\tau_{max}}{\tau_{min}} \left[1 - (1 - k\tau_{min})^n \right] , \end{aligned} \tag{9}$$

mit τ_{max}, τ_{min} als Grenzen von τ_n:

$$\tau_{min} \leq \tau_n \leq \tau_{max} .$$

Bei festem τ_{min}, τ_{max} und $n \to \infty$ erhalten wir

$$\lim \|v^n\| \leq \frac{R}{k} \frac{\tau_{max}}{\tau_{min}} . \tag{10}$$

Da für das Schema (1) die Approximationsbedingung $\Omega_1 + \Omega_2 \backsim \Lambda$ gilt, folgt für $\tau_{max} \to 0$, $h(\tau_{max}) \to 0$, $R \to 0$ und aus (10) die Beziehung

$$\lim \| v^n \| = 0 ,$$

wobei:

$$n \to \infty \quad , \quad \tau_{max} \to 0 \quad , \quad \frac{\tau_{max}}{\tau_{min}} = O(1) .$$

Somit strebt unter der Approximationsbedingung $\Omega_1 + \Omega_2 \backsim \Lambda$ und bei starker Stabilität des Schemas (1) die Lösung u^n der Aufgabe (1) - (3) gegen die Lösung w der Aufgabe (4), wenn $n \to \infty$, $\tau_{max} \to 0$, $h(\tau_{max}) \to 0$, $\frac{\tau_{max}}{\tau_{min}} = O(1)$ und u_o beliebig ist. Daraus folgt, daß ein beliebiges, stark stabiles Schema (1) zur Integration der Gleichung (1.3) zugleich als Iterationsschema zur Lösung der Randwertaufgabe (4) betrachtet werden kann. In diesem Falle kann ein Integrationsschritt τ_n als ein Iterationsparameter oder Relaxationsparameter betrachtet werden.

Wie schon gezeigt, verlangt die Konvergenz $u^n \to w$ im allgemeinen eine Reduktion der Größen τ und h. Wenn man die Approximationsbedingung in stärkerer Form stellt, nämlich

$$(\Omega_1 + \Omega_2 - \Lambda) w \longrightarrow 0 , \tag{11}$$

mit $\tau \to 0$ bei festem h, so kann Konvergenz $u^n \to w$ bei festem h vorliegen, aber i.a. bei reduziertem τ_n. Bei noch stärkeren Approximationsforderungen liegt die Konvergenz $u^n \to w$ für beliebige τ und h vor. Für beliebiges τ bestehe die Gleichung

$$\Omega_1 + \Omega_2 = \Lambda . \tag{12}$$

Die Bedingung (12) nennen wir die Bedingung der vollen Approximation. Wenn die Bedingung für volle Approximation (12) erfüllt ist, liegt Konvergenz $u^n \to w$ dann und nur dann vor, wenn

$$| C_{no} | \to 0 \tag{13}$$

gilt.

Die Bedingung (13) ist die Bedingung für asymptotische Stabilität, die - wie bekannt - aus der starken Stabilität folgt (siehe §1.2). Man kann der Bedingung (12) der vollen Approximation eine allgemeinere Form geben. Wir werden zweischichtige Iterationsschemata der Form

$$B\left(\frac{u^{n+1} - u^n}{\tau} \right) = \Lambda u^n \tag{14}$$

betrachten, wobei B ein linearer Operator ist. Die Darstellung (14) ist die kanonische Form eines zweischichtigen Iterationsschemas, das wir Schema eines universellen Algorithmus nennen [87] .

Es sei w eine Lösung der stationären Aufgabe (4). Da $v^n = w - u^n$ die Gleichung (14) erfüllt, gilt

$$B\left(\frac{v^{n+1}-v^{n}}{\tau}\right) = \Lambda v^{n}.$$

Der Schrittoperator C für das Schema (14) hat die Form:

$$C = E + \tau B^{-1}\Lambda . \tag{15}$$

Wenn der Operator C aus (15) die Bedingung der starken Stabilität erfüllt, so werden wir - analog zum Vorhergehenden - Konvergenz $v^n \to 0$ und $u^n \to w$ bei beliebigem τ und h vorliegen haben, wenn diese Größen im Bereich der starken Stabilität liegen. So kann man die Möglichkeit der Reduktion des Iterationsschemas auf die Form (14) als eine Bedingung der vollen Approximation ansehen.

Wenn der Operator B ein Polynom in τ und einer Anzahl bestimmter, finiter, räumlicher Operatoren ist, gelangt man leicht von der Darstellung (14) zur Gleichung (1) mit der Bedingung der vollen Approximation (12). Im Falle einer komplexeren Struktur des Operators B ist ein solcher Übergang nicht immer möglich.

Im weiteren werden wir die Möglichkeit der Darstellung (14) als Definition der vollen Approximation betrachten.

Für zweischichtige Schemata, die nicht die Eigenschaft der vollen Approximation haben, gilt eine allgemeinere Darstellung

$$B\left(\frac{u^{n+1}-u^{n}}{\tau}\right) = \Omega u^{n}, \tag{16}$$

wo der Operator Ω den Operator Λ für irgendeinen Grenzübergang $\tau \to 0$, $h \to 0$ approximiert.

Wir bestimmen die K o n v e r g e n z g e s c h w i n d i g k e i t eines Iterationsschemas mit voller Approximation und starker Stabilität bei festen Parametern τ, h_1 und h_2. Indem man h_1 und h_2 festhält, wählt man τ optimal, so daß die Norm des Schrittoperators C minimal wird. Es sei:

$$\min_{\tau} \| C(\tau, h_1, h_2) \| = 1 - \varepsilon(h_1, h_2). \tag{17}$$

Man kann eine asymptotische Schranke für die Konvergenzgeschwindigkeit angeben, wenn h_1 und h_2 gegen Null streben und man $\varepsilon(h_1,h_2)$ in eine Reihe nach h_1 und h_2 entwickelt. Wir setzen der Einfachheit halber $h_1=h_2=h$, und es möge sich der asymptotische Grenzwert

$$\min_{\tau} \| C(\tau, h_1, h_2) \| = 1 - Rh^{\alpha}, \quad R > 0, \quad \alpha > 0 \tag{18}$$

ergeben.

Man kann leicht feststellen, daß für die Abnahme der Norm der Abweichung v^n um $q = \frac{1}{\varepsilon}$ m Iterationen notwendig sind mit

$$m \sim \frac{|\ln \varepsilon|}{R h^{\alpha}} \sim \frac{\ln q}{R} N^{\alpha}, \quad N \sim \frac{1}{h}. \tag{19}$$

Besonders geeignet ist die Untersuchung der Stabilität und der Konvergenzgeschwindigkeit von Schemata mit voller Approximation, wenn der Operator C als Eigenfunktionen die Funktionen (Harmonische) $\sin k_1 x_1 \cdot \sin k_2 x_2$ hat. Dann gilt die Darstellung:

$$v^n = \sum_{k_1, k_2 = 1}^{N_1, N_2} a^n(\tau, h_1, h_2, k_1, k_2) \sin k_1 x_1 \cdot \sin k_2 x_2 \;;$$

$$a^n = \varrho(\tau_n, h_1, h_2, k_1, k_2)\, a^{n-1} = \varrho^n \cdot a^0 \;; \tag{20}$$

$$\varrho^n = \varrho(\tau_1, h_1, h_2, k_1, k_2) \ldots \varrho(\tau_n, h_1, h_2, k_1, k_2) \;;$$

$$\|C_n\| = \max_{k_1, k_2} |\varrho(\tau_n, h_1, h_2, k_1, k_2)| \;,$$

wobei C_n der Operator für den Übergang von der (n-1)-ten zur n-ten Iteration ist. Auf diese Weise wird die Norm des Operators eines Iterationsschritts als Maximum des Betrages des Koeffizienten ϱ für das Anwachsen der Harmonischen $\sin k_1 x_1 \cdot \sin k_2 x_2$ bestimmt.

Für Operatoren, deren Eigenfunktionen nicht harmonisch sind, hat die harmonische Analyse nur richtunggebenden Charakter.

4.3 Iterationsschemata für die zweidimensionale Laplacesche Gleichung

Wir geben einen Überblick über die Iterationsschemata für die Laplacesche Gleichung. Wir führen eine Reihe Bezeichnungen ein:

$\varrho = \varrho(\tau, h_1, h_2, k_1, k_2)$ ist der Koeffizient für das Anwachsen der Harmonischen $\sin k_1 x_1 \cdot \sin k_2 x_2$ bei einer Iteration mit der Schrittweite τ;

$$\rho_0 = \| C(\tau, h_1, h_2) \| = \max_{k_1, k_2} |\rho| ;$$

$$\rho_1 = \min_{\tau} \| C(\tau, h_1, h_2) \| = \min_{\tau} \rho_0 ; \qquad (1)$$

$$\rho^n = \rho(\tau_1, h_1, h_2, k_1, k_2) \cdot \rho(\tau_2, h_1, h_2, k_1, k_2) \cdots \rho(\tau_n, h_1, h_2, k_1, k_2)$$

ist der Koeffizient für das Anwachsen der Harmonischen $\sin k_1 x_1 \cdot \sin k_2 x_2$ nach n Iterationsschritten mit den Schrittweiten $\tau_1, \ldots, \tau_n$,

$$a_i = \frac{4a^2\tau}{h_i^2} \sin^2 \frac{k_i h_i}{2} , \qquad r_i = \frac{a^2\tau}{h_i^2} , \qquad i = 1, 2 ,$$

m ist die Zahl der Iterationen, die notwendig sind, um die gegebene Genauigkeit ε zu erreichen, $k_i = 1, 2, \ldots, N_i$, $(N_i + 1) h_i = \pi$, $i = 1, 2$. Im folgenden werden überall die asymptotischen Abschätzungen benutzt, so daß ganz grob abgeschätzt gilt:

$$\sin \frac{h_i}{2} \simeq \frac{h_i}{2} , \qquad \cos \frac{h_i}{2} \simeq 1 - \frac{h_i^2}{8} .$$

Davon abgesehen, setzen wir der Einfachheit halber $h_1 = h_2 = h$, $a^2 = 1$.

1. Explizites Schema:

$$\frac{u^{n+1} - u^n}{\tau} = \Lambda u^n , \quad \Lambda = \Lambda_1 + \Lambda_2 , \quad \Lambda_i = \frac{\Delta_i \Delta_{i-1}}{h_i^2} , \qquad (2)$$

$$\begin{aligned} \rho &= 1 - (a_1 + a_2) , \\ \rho_0 &= \max\left\{ |1 - 2\tau| , \left| 1 - 8r\left(1 - \frac{h^2}{4}\right) \right| \right\} . \end{aligned} \qquad (3)$$

Volle Approximation liegt immer vor, starke Stabilität unter der Bedingung $r \leq \frac{1}{4}$. Daraus folgt:

$$\rho_1 = 1 - \frac{1}{2} h^2 , \qquad (4)$$

$$m \simeq 2 \, |\ln \varepsilon| \, N^2 . \qquad (5)$$

2. Relaxationsschema bezüglich einer Richtung

$$\frac{u^{n+1} - u^n}{\tau} = \Lambda_1 u^{n+1} + \Lambda_2 u^n . \tag{6}$$

Das Schema (6) erfüllt die Bedingung der vollen Approximation.

$$\varrho = \frac{1 - a_2}{1 + a_1} . \tag{7}$$

Daraus folgt die starke Stabilität des Schemas (6) für $r \leq \frac{1}{2}$.

$$\varrho_0 = \max \left\{ \left| \frac{1-\tau}{1+\tau} \right| , \left| \frac{1 - 4r + \tau}{1+\tau} \right| \right\} , \tag{8}$$

$$\varrho_1 = 1 - h^2 , \tag{9}$$

$$m \simeq |\ln \varepsilon| \, N^2 . \tag{10}$$

Aus diesem Grunde ist beim Schema (6) die Konvergenzgeschwindigkeit doppelt so groß wie beim expliziten Schema. Völlig analog verhält sich das Schema

$$\frac{u^{n+1} - u^n}{\tau} = \Lambda_1 u^n + \Lambda_2 u^{n+1} .$$

3. Das Schema der „Overrelaxation" (O.R.) von Young und Frankel [44,45] :

$$\left(E - \alpha\tau\Omega_1\right) \frac{u^{n+1} - u^n}{\tau} = \Lambda u^n ,$$

$$\Omega_1 = \frac{T_{-1} + T_{-2} - 4E}{h^2} , \tag{11}$$

$$\Lambda = \Lambda_1 + \Lambda_2 .$$

Das Schema der Overrelaxation besitzt die Eigenschaft der vollen Approximation.

$$\rho = \frac{1 + 2\alpha r + (2\alpha - 4) r \left(\sin^2 \frac{k_1 h}{2} + \sin^2 \frac{k_2 h}{2}\right) + \alpha r (\sin k_1 h + \sin k_2 h)\, i}{1 + 2\alpha r + 2\alpha r \left(\sin^2 \frac{k_1 h}{2} + \sin^2 \frac{k_2 h}{2}\right) + \alpha r (\sin k_1 h + \sin k_2 h)\, i} . \qquad (12)$$

Unter der Bedingung $\alpha > 1$ ist das Schema (11) stark stabil. Der Ausdruck für ρ ist komplex; auch sind die Funktionen $\sin k_1 x_1 \cdot \sin k_2 x_2$ keine Eigenfunktionen des Operators Ω_1 , und die harmonische Analyse der Stabilität verliert ihre strenge Gültigkeit. Man kann zeigen, daß bei geeigneter Wahl von τ, α $\rho = 1 - \text{const.}\, h$ gilt (siehe [53,27]). Wie man sieht, vergrößert das Schema der Overrelaxation die Konvergenzgeschwindigkeit im Vergleich zu den vorangegangenen Schemata um eine Größenordnung. Das Schema der Overrelaxation wird in Form einer rekursiven Rechnung von links nach rechts und von unten nach oben benutzt.

4. Das Schema der Längs- und Querrichtung:

$$\begin{aligned} \frac{u^{n+\frac{1}{2}} - u^n}{\tau} &= \frac{1}{2}\left(\Lambda_1 u^{n+\frac{1}{2}} + \Lambda_2 u^n\right); \\ \frac{u^{n+1} - u^{n+\frac{1}{2}}}{\tau} &= \frac{1}{2}\left(\Lambda_1 u^{n+\frac{1}{2}} + \Lambda_2 u^{n+1}\right). \end{aligned} \qquad (13)$$

Das äquivalente Schema mit ganzen Schritten hat die Form:

$$\begin{aligned} \frac{u^{n+1} - u^n}{\tau} &= \Omega_1 u^{n+1} + \Omega_2 u^n , \\ \Omega_1 &= \frac{\Lambda_1 + \Lambda_2}{2} - \frac{\tau}{4} \Lambda_1 \Lambda_2 , \\ \Omega_2 &= \frac{\Lambda_1 + \Lambda_2}{2} + \frac{\tau}{4} \Lambda_1 \Lambda_2 . \end{aligned} \qquad (14)$$

Aus (14) folgt die volle Approximation.

$$\rho = \frac{\left(1-\frac{1}{2}a_1\right)\left(1-\frac{1}{2}a_2\right)}{\left(1+\frac{1}{2}a_1\right)\left(1+\frac{1}{2}a_2\right)} \; . \tag{15}$$

Das Schema der Längs- und Querrichtung ist für beliebiges τ stabil.

$$\rho_0 = \max\left\{\left(\frac{1-\frac{1}{2}\tau}{1+\frac{1}{2}\tau}\right)^2 , \left(\frac{1-2r\left(1-\frac{h^2}{4}\right)}{1+2r\left(1-\frac{h^2}{4}\right)}\right)^2\right\} , \tag{16}$$

$$\rho_1 = 1 - 2h \; , \tag{17}$$

$$m \simeq \frac{1}{2}\left|\ln \varepsilon\right| N \, . \tag{18}$$

Das Schema der Längs- und Querrichtung wie auch das Schema der Overrelaxation vergrößert die Konvergenzgeschwindigkeit um eine Größenordnung im Vergleich zu den Schemata 1. und 2. Das hängt damit zusammen, daß das Schema der Längs- und Querrichtung für beliebiges τ stark stabil ist, während die Schemata 1. und 2. nur bei genügend kleinem τ (von der Größenordnung h^2) stark stabil sind.

5. Das Schema der stabilisierenden Korrektur:

$$\begin{aligned} \frac{u^{n+\frac{1}{2}} - u^n}{\tau} &= \Lambda_1 u^{n+\frac{1}{2}} + \Lambda_2 u^n , \\ \frac{u^{n+1} - u^{n+\frac{1}{2}}}{\tau} &= \Lambda_2 \left(u^{n+1} - u^n\right) . \end{aligned} \tag{19}$$

Das äquivalente Schema mit ganzen Schritten hat die Form:

$$\begin{aligned} &\frac{u^{n+1} - u^n}{\tau} = \Omega_1 u^{n+1} + \Omega_2 u^n , \\ &\Omega_1 = \Lambda_1 + \Lambda_2 - \tau\Lambda_1\Lambda_2 , \quad \Omega_2 = \tau\Lambda_1\Lambda_2 , \end{aligned} \tag{20}$$

$$\rho = \frac{1+a_1a_2}{1+a_1+a_2+a_1a_2} = \frac{1+a_1a_2}{(1+a_1)(1+a_2)} , \tag{21}$$

$$\rho_0 = \max\left\{ \frac{1+\tau^2}{1+2\tau+\tau^2} \, , \, \frac{1+16r^2\left(1-\frac{h^2}{2}\right)}{1+8r\left(1-\frac{h^2}{4}\right)+16r^2\left(1-\frac{h^2}{2}\right)} \right\}, \tag{22}$$

$$\rho_1 = \frac{1}{1+h} \simeq 1-h \, , \tag{23}$$

$$m \simeq |\ln \varepsilon| \, N . \tag{24}$$

Das Schema (19) besitzt die Eigenschaft der vollen Approximation und ist stark stabil.

6. Das Aufspaltungsschema:

$$\begin{aligned} \frac{u^{n+\frac{1}{2}} - u^n}{\tau} &= \Lambda_1\left(\alpha u^{n+\frac{1}{2}} + \beta u^n\right); \\ \frac{u^{n+1} - u^{n+\frac{1}{2}}}{\tau} &= \Lambda_2\left(\alpha u^{n+1} + \beta u^{n+\frac{1}{2}}\right). \end{aligned} \tag{25}$$

Das äquivalente Schema mit ganzen Schritten lautet:

$$\begin{gathered} \frac{u^{n+1} - u^n}{\tau} = \Omega_1 u^{n+1} + \Omega_2 u^n , \\ \Omega_1 = \alpha(\Lambda_1+\Lambda_2) - \alpha^2\tau\Lambda_1\Lambda_2 , \quad \Omega_2 = \beta(\Lambda_1+\Lambda_2) + \beta^2\tau\Lambda_1\Lambda_2 . \end{gathered} \tag{26}$$

Das Schema (25) erfüllt die Bedingung der vollen Approximation für $\alpha = \beta = \frac{1}{2}$. Zugleich erweist es sich als äquivalent dem Schema der Längs- und Querrichtung.

7. Das Prediktor-Korrektor-Schema (Schema der approximierenden Korrektur):

$$\begin{gathered} \frac{u^{n+\frac{1}{4}} - u^n}{\frac{\tau}{2}} = \Lambda_1 u^{n+\frac{1}{4}} ; \quad \frac{u^{n+\frac{1}{2}} - u^{n+\frac{1}{4}}}{\frac{\tau}{2}} = \Lambda_2 u^{n+\frac{1}{2}} ; \\ \frac{u^{n+1} - u^n}{\tau} = (\Lambda_1+\Lambda_2) u^{n+\frac{1}{2}} = \Lambda u^{n+\frac{1}{2}} . \end{gathered} \tag{27}$$

Aus den ersten beiden Gleichungen erhalten wir die Beziehung:

$$A u^{n+\frac{1}{2}} = \left(E - \frac{\tau}{2}\Lambda_1\right)\left(E - \frac{\tau}{2}\Lambda_2\right) u^{n+\frac{1}{2}} = E u^n . \tag{28}$$

Eliminieren wir aus der letzten Gleichung (27) und aus (28) die Größe $u^{n+\frac{1}{2}}$, so erhalten wir:

$$A\left(u^{n+1} - u^n\right) = \tau \Lambda u^n . \tag{29}$$

Man kann leicht zeigen, daß das Schema der approximierenden Korrektur äquivalent dem Schema der Längs- und Querrichtung ist.

8. Schemata mit singulären Operatoren:

W. K. Saulew [27] , N. I. Buleew [20] , A. A. Samarski [50] und W. P. Ilin [48,100] haben Integrations- und Iterationsschemata vorgeschlagen, die man als Variante der Schemata mit Zwischenschritten für (1.3) betrachten kann. Bei Anwendung auf die Wärmeleitungsgleichung und die Laplacesche Differentialgleichung wird in diesen Schemata statt der üblichen Darstellung

$$\Lambda = \Lambda_1 + \Lambda_2 , \quad \Lambda_i = \frac{\Delta_i \Delta_{-i}}{h_i^2} = \frac{T_i - E}{h_i^2} - \frac{E - T_i^{-1}}{h_i^2} ,$$

die folgende Darstellung benutzt:

$$\Lambda = \Omega_1 + \Omega_2 ,$$
$$\Omega_1 = \frac{T_1^{-1} - E}{h_1^2} + \frac{T_2^{-1} - E}{h_2^2} ; \quad \Omega_2 = \frac{T_1 - E}{h_1^2} + \frac{T_2 - E}{h_2^2} . \tag{30}$$

Da für eine beliebige, genügend glatte Funktion f

$$\| \Omega_i f \| = O\left(\frac{1}{h}\right) ; \quad \| \Omega_1 \Omega_2 f \| = O\left(\frac{1}{h_1 h_2}\right) , \quad i = 1,2 , \tag{31}$$

gilt, sind die Operatoren Ω_1, Ω_2, $\Omega_1 \Omega_2$ singulär (siehe §1.2). Das Integrationsschema der Gleichung (1.3), das sich auf die Darstellung (30) stützt, nimmt mit Zwischenschritten folgende Form an:

$$\frac{u^{n+\frac{1}{2}} - u^n}{\tau} = \Omega_1 \left(\alpha u^{n+\frac{1}{2}} + \beta u^n\right) ;$$

$$\frac{u^{n+1} - u^{n+\frac{1}{2}}}{\tau} = \Omega_2 \left(\alpha u^{n+1} + \beta u^{n+\frac{1}{2}}\right), \qquad (32)$$

$$\alpha \geq 0 \;, \quad \beta \geq 0 \;, \quad \alpha + \beta = 1,$$

oder

$$\frac{u^{n+\frac{1}{2}} - u^{n}}{\tau} = \alpha\, \Omega_1 u^{n+\frac{1}{2}} + \beta\, \Omega_2 u^{n} \;;$$

$$\frac{u^{n+1} - u^{n+\frac{1}{2}}}{\tau} = \beta\, \Omega_1 u^{n+\frac{1}{2}} + \alpha\, \Omega u^{n+1}. \qquad (33)$$

Die Gleichungen (32) haben die Struktur eines Aufspaltungsschemas, die Gleichungen (33) die des Schemas der Längs- und Querrichtung. Die Schemata (32) und (33) sind äquivalent, da sie ein und dasselbe Schema mit ganzen Schritten besitzen:

$$(E - \alpha\tau\Omega_1)(E - \alpha\tau\Omega_2)\,u^{n+1} = (E + \beta\tau\Omega_1)(E + \beta\tau\Omega_2)\,u^{n}. \qquad (34)$$

Nach Überführung des Schemas (34) in die Gestalt:

$$\frac{u^{n+1} - u^{n}}{\tau} = \alpha\left(\Omega_1 + \Omega_2\right)u^{n+1} + \beta\left(\Omega_1 + \Omega_2\right)u^{n} + $$
$$+ \tau\,\Omega_1\Omega_2\left(\beta^2 u^{n} - \alpha^2 u^{n+1}\right) \qquad (35)$$
$$= \Lambda\left(\alpha u^{n+1} + \beta u^{n}\right) + \tau\,\Omega_1\Omega_2\left(\beta^2 u^{n} - \alpha^2 u^{n+1}\right),$$

kann man leicht die Approximationsordnung des Schemas (34) abschätzen. Aus den Gleichungen (31) folgt, daß für $\beta \neq \alpha$ und für einen Grenzübergang $\frac{\tau}{h}$ = const. das Schema (35) die Gleichung (1.3) nicht approximiert; für $\beta = \alpha = \frac{1}{2}$ liegt Approximation vor, aber nicht von zweiter, sondern erster Ordnung.

Betrachten wir das Schema (35) als Iterationsschema, so sehen wir, daß es die Eigenschaft der vollen Approximation für $\alpha = \beta = \frac{1}{2}$ zeigt.

Aus dem Ausdruck für ρ:

$$\rho = \frac{1-\beta(a_1+a_2)+4r^2\beta^2\left(\sin^2\frac{k_1h}{2}+\sin^2\frac{k_2h}{2}+2\sin\frac{k_1h}{2}\sin\frac{k_2h}{2}\cos\frac{k_2-k_1}{2}h\right.}{1+\alpha(a_1+a_2)+4r^2\alpha^2\left(\sin^2\frac{k_1h}{2}+\sin^2\frac{k_2h}{2}+2\sin\frac{k_1h}{2}\sin\frac{k_2h}{2}\cos\frac{k_2-k_1}{2}h\right.} \tag{36}$$

folgt die starke Stabilität für $\alpha \geq \frac{1}{2}$.

Die Anwendung der Schemata (32) und (33) ist sehr einfach: Beim ersten Zwischenschritt wird eine rekursive Rechnung von unten nach oben und von links nach rechts benutzt, beim zweiten Zwischenschritt in der entgegengesetzten Richtung.

Die Schemata mit singulären Operatoren sind hinsichtlich der Anwendung analog den symmetrischen Schemata mit Overrelaxation (siehe z.B. [39]).

9. Schemata mit zusätzlichen Parametern:

Man kann leicht zeigen, daß man in das Schema der stabilisierenden Korrektur von Douglas und Rachford einen Hilfsparameter einführen kann. Das wurde von Douglas in der Arbeit [26] getan. Das Schema der stabilisierenden Korrektur mit einem freien Parameter hat die Form:

$$\begin{aligned} \frac{u^{n+\frac{1}{2}} - u^n}{\tau} &= \alpha\Lambda_1 u^{n+\frac{1}{2}} + (\Lambda - \alpha\Lambda_1)u^n ; \\ \frac{u^{n+1} - u^{n+\frac{1}{2}}}{\tau} &= \alpha\Lambda_2 (u^{n+1} - u^n) . \end{aligned} \tag{37}$$

Nach Elimination von $u^{n+\frac{1}{2}}$ erhalten wir:

$$(E - \alpha\tau\Lambda_1)(E - \alpha\tau\Lambda_2)\, u^{n+1} = \left[E + \tau(1-\alpha)\Lambda + \alpha^2\tau^2\Lambda_1\Lambda_2\right] u^n . \tag{38}$$

Für ρ ergibt sich der Ausdruck:

$$\rho = \frac{1-(1-\alpha)(a_1+a_2) + \alpha^2 a_1 a_2}{1+\alpha(a_1+a_2)+\alpha^2 a_1 a_2} . \tag{39}$$

Das Schema (37) hat die Eigenschaft der vollen Approximation und ist für $\alpha \geq \frac{1}{2}$ stark stabil. Für $\alpha = 1$ geht das Schema (37) in das Schema der stabilisierenden Korrektur von

Douglas und Rachford über, für $\alpha = \frac{1}{2}$ in das Schema der stabilisierenden Korrektur von Douglas, das dem Schema der Längs- und Querrichtung äquivalent ist.

W. P. Ilin [46] hat eine andere einparametrige Familie von Schemata vorgeschlagen, in der die Schemata der Längs- und Querrichtung und der stabilisierenden Korrektur von Douglas und Rachford enthalten sind:

$$\begin{aligned} \frac{u^{n+\frac{1}{2}} - u^n}{\tau} &= \frac{1}{2}\left(\Lambda_1 u^{n+\frac{1}{2}} + \Lambda_2 u^n\right), \\ \frac{u^{n+1} - u^{n+\frac{1}{2}}}{\tau} &= k\,\frac{u^{n+\frac{1}{2}} - u^n}{\tau} + \frac{1}{2}\Lambda_2\left(u^{n+1} - u^n\right). \end{aligned} \tag{40}$$

Das Schema mit ganzen Schritten hat die Form:

$$\left(E - \tfrac{1}{2}\tau\Lambda_1\right)\left(E - \tfrac{1}{2}\tau\Lambda_2\right)\frac{u^{n+1} - u^n}{\tau} = \frac{1+k}{2}\,\Lambda u^n . \tag{41}$$

Das Schema (41) erfüllt die Eigenschaft der vollen Approximation. Aus dem Ausdruck

$$\rho = \frac{1 - \frac{k}{2}(a_1 + a_2) + \frac{1}{4}a_1 a_2}{1 + \frac{1}{2}(a_1 + a_2) + \frac{1}{4}a_1 a_2} \tag{42}$$

folgt die starke Stabilität des Schemas (40) für $-1 < k \leq 1$. Für $k=0$ geht das Schema (40) in das mit stabilisierender Korrektur von Douglas-Rachford über, für $k=1$ in das Schema der Längs- und Querrichtung.

In der Arbeit von W. A. Jenalski [47] wurde eine einparametrige Familie von Schemata betrachtet, die für spezielle Parameterwerte die Aufspaltungsschemata und die Schemata der Längs- und Querrichtung umfaßt. Diese Familie von Schemata hat die Form:

$$\begin{aligned} \frac{u^{n+\frac{1}{2}} - u^n}{\tau} &= \alpha\Lambda_1 u^{n+\frac{1}{2}} + \beta\Lambda_1 u^n + \gamma\Lambda_2 u^n ; \\ \frac{u^{n+1} - u^{n+\frac{1}{2}}}{\tau} &= \alpha\Lambda_2 u^{n+1} + \gamma\Lambda_1 u^{n+\frac{1}{2}} + \beta\Lambda_2 u^{n+\frac{1}{2}}, \end{aligned} \tag{43}$$

wobei α, β und γ zunächst noch unbestimmte Parameter sind. Nach Elimination von $u^{n+\frac{1}{2}}$ gelangen wir zum Schema:

$$\frac{u^{n+1} - u^n}{\tau} = \Omega_1 u^{n+1} + \Omega_2 u^n ,$$

$$\Omega_2 = (\beta+\gamma)\Lambda + \tau\left[\beta\gamma\Lambda^2 + (\beta-\gamma)^2\Lambda_1\Lambda_2\right], \qquad (44)$$

$$\Omega_1 = \alpha\Lambda - \alpha^2\tau\Lambda_1\Lambda_2 .$$

Unter der Bedingung, daß

$$\alpha + \beta + \gamma = 1 ; \qquad (45)$$
$$(\beta-\gamma)^2 - \alpha^2 = 0$$

gilt, geht die Gleichung (44) in

$$\frac{u^{n+1} - u^n}{\tau} = \Lambda u^n + \alpha\Lambda(u^{n+1} - u^n) + \beta\gamma\tau\Lambda^2 u^n - \alpha^2\tau\Lambda_1\Lambda_2(u^{n+1} - u^n)$$

über.

Damit wird das Schema (43) in die kanonische Form:

$$B\frac{u^{n+1} - u^n}{\tau} = \Lambda u^n , \qquad (46)$$

$$B = (E + \beta\gamma\tau\Lambda)^{-1}(E - \alpha\tau\Lambda_1)(E - \alpha\tau\Lambda_2),$$

übergeführt und erfüllt die Bedingung der vollen Approximation. Aus der zweiten Gleichung von (45) folgt die Alternative:

$$\alpha = \beta - \gamma \quad ; \quad \alpha = \gamma - \beta .$$

Da die Parameter α , β und γ durch die beiden Relationen (45) verknüpft sind, läßt das Schema (43) zwei freie Parameter τ und α zu. Angenommen $\gamma = 0$, so findet man $\alpha = \beta = \frac{1}{2}$, d.h. wir erhalten ein Aufspaltungsschema mit gleichen Gewichten. Setzen wir $\beta = 0$, so findet man $\alpha = \gamma = \frac{1}{2}$, d.h. wir erhalten das Schema der Längs- und Querrichtung.

Man kann leicht zeigen, daß sich alle betrachteten Schemata in der Form:

$$B\frac{u^{n+1} - u^n}{\tau} = \Lambda u^n \qquad (47)$$

darstellen lassen mit

$$B = (E - \alpha\tau\Lambda_1)(E - \alpha\tau\Lambda_2) \tag{48}$$

für die Schemata der Längs- und Querrichtung, der stabilisierenden und der approximierenden Korrektur und mit

$$B = (E - \alpha\tau\Omega_1)(E - \alpha\tau\Omega_2) \tag{49}$$

für ein Schema mit singulärem Operator.

Wenn man

$$B = (E + \beta\gamma\tau\Lambda)^{-1}(E - \alpha\tau\Lambda_1)(E - \alpha\tau\Lambda_2) \tag{50}$$

setzt, ergibt sich das Schema von W. A. Jenalski. Auf die kanonische Form (47) wurde in den Arbeiten von E. G. Djakonow [95,90] und A. A. Samarski [91] hingewiesen.

4.4 Iterationsschemata für die dreidimensionale Laplacesche Gleichung

Wir geben einen kurzen Überblick über die Iterationsschemata für die dreidimensionale Laplacesche Gleichung. Wir merken an, daß beim Übergang von der zwei- zur dreidimensionalen Gleichung sich viele Eigenschaften und auch die Klassifikation der Schemata ändern.

1. Das Schema der Längs- und Querrichtung:

$$\begin{aligned}
\frac{u^{n+\frac{1}{3}} - u^n}{\tau} &= \frac{1}{3}\left(\Lambda_1 u^{n+\frac{1}{3}} + \Lambda_2 u^n + \Lambda_3 u^n\right); \\
\frac{u^{n+\frac{2}{3}} - u^{n+\frac{1}{3}}}{\tau} &= \frac{1}{3}\left(\Lambda_1 u^{n+\frac{1}{3}} + \Lambda_2 u^{n+\frac{2}{3}} + \Lambda_3 u^{n+\frac{1}{3}}\right); \\
\frac{u^{n+1} - u^{n+\frac{2}{3}}}{\tau} &= \frac{1}{3}\left(\Lambda_1 u^{n+\frac{2}{3}} + \Lambda_2 u^{n+\frac{2}{3}} + \Lambda_3 u^{n+1}\right).
\end{aligned} \tag{1}$$

Wie bereits gezeigt (siehe §2.1), ist das Schema bedingt stabil. Das Schema erfüllt wie bei zwei Dimensionen die Eigenschaft der vollen Approximation, allerdings nicht im Sinne der Gleichung (2.12), sondern im Sinne der Gleichung (2.14). Tatsächlich ergibt sich nach Elimination der Zwischenschritte $u^{n+\frac{1}{3}}$ und $u^{n+\frac{2}{3}}$:

$$B\,\frac{u^{n+1} - u^n}{\tau} = \Lambda u^n ,$$

$$B = \left[E + \frac{1}{9}\tau\Lambda + \frac{1}{27}\tau^2(\Lambda_1\Lambda_2 + \Lambda_1\Lambda_3 + \Lambda_2\Lambda_3)\right]^{-1} \times \left(E - \frac{1}{3}\tau\Lambda_1\right)\left(E - \frac{1}{3}\tau\Lambda_2\right)\left(E - \frac{1}{3}\tau\Lambda_3\right). \quad (2)$$

2. Das Aufspaltungsschema:

$$\begin{aligned} \frac{u^{n+\frac{1}{3}} - u^n}{\tau} &= \Lambda_1 \left(\alpha u^{n+\frac{1}{3}} + \beta u^n\right); \\ \frac{u^{n+\frac{2}{3}} - u^{n+\frac{1}{3}}}{\tau} &= \Lambda_2 \left(\alpha u^{n+\frac{2}{3}} + \beta u^{n+\frac{1}{3}}\right); \\ \frac{u^{n+1} - u^{n+\frac{2}{3}}}{\tau} &= \Lambda_3 \left(\alpha u^{n+1} + \beta u^{n+\frac{2}{3}}\right). \end{aligned} \quad (3)$$

Für ganze Schritte erhält man:

$$\begin{aligned} \frac{u^{n+1} - u^n}{\tau} = (\Lambda_1 + \Lambda_2 + \Lambda_3)(\alpha u^{n+1} + \beta u^n) - \tau(\Lambda_1\Lambda_2 + \Lambda_1\Lambda_3 + \Lambda_2\Lambda_3)(\alpha^2 u^{n+1} - \beta^2 u^n) + \\ + \tau^2 \Lambda_1 \Lambda_2 \Lambda_3 (\alpha^3 u^{n+1} + \beta^3 u^n). \end{aligned} \quad (4)$$

Daraus folgt, daß für beliebiges α das Aufspaltungsschema die Eigenschaft der vollen Approximation nicht erfüllt. Aus dem Ausdruck für ρ:

$$\rho = \frac{1 - \beta(a_1 + a_2 + a_3) + \beta^2(a_1a_2 + a_1a_3 + a_2a_3) - \beta^3 a_1a_2a_3}{1 + \alpha(a_1 + a_2 + a_3) + \alpha^2(a_1a_2 + a_1a_3 + a_2a_3) + \alpha^3 a_1a_2a_3} \quad (5)$$

folgt die starke Stabilität für $\alpha \geq \frac{1}{2}$.

Wenn sich somit das Schema der Längs- und Querrichtung als Schema mit voller Approximation erweist, aber die Eigenschaft der absoluten, starken Stabilität verliert, so verliert das Aufspaltungsschema, das die Eigenschaft der absoluten, starken Stabilität behält, die Eigenschaft der vollen Approximation. Die Schemata sind nicht mehr äquivalent.

3. Das Schema der approximierenden Korrektur von Brian [25] (siehe §2.7):

$$\frac{u^{n+\frac{1}{6}} - u^n}{\frac{\tau}{2}} = \Lambda_1 u^{n+\frac{1}{6}} + \Lambda_2 u^n + \Lambda_3 u^n;$$

$$\frac{u^{n+\frac{2}{6}} - u^{n+\frac{1}{6}}}{\frac{\tau}{2}} = \Lambda_2 (u^{n+\frac{2}{6}} - u^n);$$

$$\frac{u^{n+\frac{3}{6}} - u^{n+\frac{2}{6}}}{\frac{\tau}{2}} = \Lambda_3 (u^{n+\frac{3}{6}} - u^n); \qquad (6)$$

$$\frac{u^{n+1} - u^n}{\tau} = \Lambda_1 u^{n+\frac{1}{6}} + \Lambda_2 u^{n+\frac{2}{6}} + \Lambda_3 u^{n+\frac{3}{6}}.$$

Nach Elimination der Zwischenschritte erhält man:

$$\left(E - \tfrac{1}{2}\tau\Lambda_1\right)\left(E - \tfrac{1}{2}\tau\Lambda_2\right)\left(E - \tfrac{1}{2}\tau\Lambda_3\right) \frac{u^{n+1} - u^n}{\tau} = \Lambda u^n. \qquad (7)$$

Das Schema besitzt die Eigenschaft der vollen Approximation. Die absolute Stabilität folgt aus dem Ausdruck für ϱ:

$$\varrho = \frac{1 - \frac{1}{2}(a_1 + a_2 + a_3) + \frac{1}{4}(a_1a_2 + a_1a_3 + a_2a_3) + \frac{1}{8}a_1a_2a_3}{1 + \frac{1}{2}(a_1 + a_2 + a_3) + \frac{1}{4}(a_1a_2 + a_1a_3 + a_2a_3) + \frac{1}{8}a_1a_2a_3}. \qquad (8)$$

Eine weitaus einfachere Struktur hat das Aufspaltungsschema der approximierenden Korrektur (siehe §2.7):

$$\frac{u^{n+\frac{1}{6}} - u^n}{\alpha\tau} = \Lambda_1 u^{n+\frac{1}{6}}; \quad \frac{u^{n+\frac{2}{6}} - u^{n+\frac{1}{6}}}{\alpha\tau} = \Lambda_2 u^{n+\frac{2}{6}};$$

$$\frac{u^{n+\frac{1}{2}} - u^{n+\frac{2}{6}}}{\alpha\tau} = \Lambda_3 u^{n+\frac{1}{2}}; \quad \frac{u^{n+1} - u^n}{\tau} = \Lambda u^{n+\frac{1}{2}}. \qquad (9)$$

Das Schema mit ganzen Schritten hat die Form:

$$\left(E - \alpha\tau\Lambda_1\right)\left(E - \alpha\tau\Lambda_2\right)\left(E - \alpha\tau\Lambda_3\right) \frac{u^{n+1} - u^n}{\tau} = \Lambda u^n. \qquad (10)$$

Das Schema zeigt die Eigenschaft der vollen Approximation und der starken Stabilität für $\frac{1}{2} \leq \alpha \leq 1$. Für $\alpha = \frac{1}{2}$ geht das Schema in das von Brian über.

4. Schemata der stabilisierenden Korrektur:

$$\frac{u^{n+\frac{1}{3}} - u^n}{\tau} = \alpha \Lambda_1 u^{n+\frac{1}{3}} + (1-\alpha) \Lambda_1 u^n + (\Lambda_2 + \Lambda_3) u^n ;$$

$$\frac{u^{n+\frac{2}{3}} - u^{n+\frac{1}{3}}}{\tau} = \alpha \Lambda_2 (u^{n+\frac{2}{3}} - u^n) ; \tag{11}$$

$$\frac{u^{n+1} - u^{n+\frac{2}{3}}}{\tau} = \alpha \Lambda_3 (u^{n+1} - u^n) .$$

Für $\alpha = 1$ erhalten wir das Schema mit stabilisierender Korrektur von Douglas-Rachford [12]; für $\alpha = \frac{1}{2}$ das Schema mit stabilisierender Korrektur von Douglas [26] . Das Schema mit ganzen Schritten hat die Form:

$$(E - \alpha\tau\Lambda_1)(E - \alpha\tau\Lambda_2)(E - \alpha\tau\Lambda_3) \frac{u^{n+1} - u^n}{\tau} = \Lambda u^n . \tag{12}$$

Daraus folgt die volle Approximation. Aus dem Ausdruck für ρ:

$$\rho = \frac{1-(1-\alpha)(a_1 + a_2 + a_3) + \alpha^2(a_1 a_2 + a_1 a_3 + a_2 a_3) + \alpha^3 a_1 a_2 a_3}{1 + \alpha(a_1 + a_2 + a_3) + \alpha^2(a_1 a_2 + a_1 a_3 + a_2 a_3) + \alpha^3 a_1 a_2 a_3} \tag{13}$$

folgt die starke Stabilität des Schemas der stabilisierenden Korrektur für $\alpha \geq \frac{1}{2}$. Das Schema der stabilisierenden Korrektur ist dem Aufspaltungsschema der approximierenden Korrektur äquivalent.

5. Das Schema eines universellen Algorithmus:

Man kann direkt von der kanonischen Form

$$(E - \alpha\tau\Lambda_1)(E - \alpha\tau\Lambda_2)(E - \alpha\tau\Lambda_3) \frac{u^{n+1} - u^n}{\tau} = \Lambda u^n \tag{14}$$

der betrachteten Schemata mit Zwischenschritten ausgehen, die dem Schema eines universellen Algorithmus entspricht (siehe [87])*. Aus der Darstellung (14) folgt, daß das Schema eines universellen Algorithmus dem Schema mit stabilisierender und approximierender Korrektur äquivalent ist. Das Schema kann auch folgende Form haben:

$$(E - \alpha\tau\Lambda_1) u^{n+\frac{1}{3}} = \left[(E - \alpha\tau\Lambda_1)(E - \alpha\tau\Lambda_2)(E - \alpha\tau\Lambda_3) + \tau\Lambda\right] u^n ;$$

* Die Gestalt (14) wurde zuerst in den Arbeiten von E. G. Djakonow [95,90] und A. A. Samarski [91] angegeben.

$$(E - \alpha\tau\Lambda_2)u^{n+\frac{2}{3}} = u^{n+\frac{1}{3}} \quad ; \quad (E - \alpha\tau\Lambda_3)u^{n+1} = u^{n+\frac{2}{3}} , \tag{15}$$

die dem Schema der genäherten Faktorisierung mit einem entsprechenden Algorithmus zur Lösung der Randbedingungen entspricht (siehe §2.5/6).

<u>6. Das Iterationsschema mit freien Parametern</u>:

Dieses Schema wurde von W. P. Ilin vorgeschlagen und hat die Gestalt:

$$\begin{aligned}
\frac{u^{n+\frac{1}{3}} - u^n}{\tau} &= \Lambda_1 u^{n+\frac{1}{3}} + \Lambda_2 u^n + \Lambda_3 u^n ; \\
\frac{u^{n+\frac{2}{3}} - u^{n+\frac{1}{3}}}{\tau} &= k_1 \frac{u^{n+\frac{1}{3}} - u^n}{\tau} + \Lambda_2 (u^{n+\frac{2}{3}} - u^n); \\
\frac{u^{n+1} - u^{n+\frac{2}{3}}}{\tau} &= k_2 \frac{u^{n+\frac{2}{3}} - u^n}{\tau} + \Lambda_3 (u^{n+1} - u^n) .
\end{aligned} \tag{16}$$

Nach Elimination der Zwischenschritte ergibt sich:

$$(E - \tau\Lambda_1)(E - \tau\Lambda_2)(E - \tau\Lambda_3) \frac{u^{n+1} - u^n}{\tau} = (1 + k_1)(1 + k_2) \Lambda u^n . \tag{17}$$

Setzt man

$$(1 + k_1)(1 + k_2) = \frac{1}{\alpha} ,$$

so überzeugt man sich leicht von der Äquivalenz des Schemas (16) und der Schemata der approximierenden und der stabilisierenden Korrektur sowie des Schemas des stabilisierenden Operators.

<u>7. Das Schema mit singulären Operatoren</u>:

Im Unterschied zu den vorangehenden Schemata erfordert ein Schema mit singulären Operatoren - wie zuvor - nur zwei Zwischenschritte.

Im dreidimensionalen Fall ergibt sich die Darstellung:

$$\begin{aligned}
\Lambda &= \sum_{i=1}^{3} \Lambda_i = \Omega_1 + \Omega_2 ; \\
\Omega_1 &= \frac{T_{-1} - E}{h_1^2} + \frac{T_{-2} - E}{h_2^2} + \frac{T_{-3} - E}{h_3^2} ; \\
\Omega_2 &= \frac{T_1 - E}{h_1^2} + \frac{T_2 - E}{h_2^2} + \frac{T_3 - E}{h_3^2} .
\end{aligned} \tag{18}$$

Der Darstellung (18) entsprechen die äquivalenten Schemata :

$$\frac{u^{n+\frac{1}{2}} - u^{n}}{\tau} = \Omega_1 \left(\alpha u^{n+\frac{1}{2}} + \beta u^{n}\right),$$
$$\frac{u^{n+1} - u^{n+\frac{1}{2}}}{\tau} = \Omega_2 \left(\alpha u^{n+1} + \beta u^{n+\frac{1}{2}}\right), \tag{19}$$

$$\frac{u^{n+\frac{1}{2}} - u^{n}}{\tau} = \alpha \Omega_1 u^{n+\frac{1}{2}} + \beta \Omega_2 u^{n}, \tag{20}$$

$$\frac{u^{n+1} - u^{n+\frac{1}{2}}}{\tau} = \beta \Omega_1 u^{n+\frac{1}{2}} + \alpha \Omega u^{n+1}.$$

4.5 Iterationsschemata für elliptische Gleichungen:

Für die elliptische Gleichung

$$Lu + f = \sum_{i,j=1}^{m} a_{ij} \frac{\partial^2 u}{\partial x_i \partial x_j} + f = 0 \tag{1}$$

gibt es auch eine Parallele zwischen den Iterationsschemata und den Schemata zur Integration der entsprechenden parabolischen Gleichung

$$\frac{\partial u}{\partial t} = \sum_{i,j=1}^{m} a_{ij} \frac{\partial^2 u}{\partial x_i \partial x_j} + f . \tag{2}$$

Zugleich verliert eine Reihe von Schemata, die die Eigenschaften der vollen Approximation und starken Stabilität für die Laplacesche Gleichung besitzen, diese Eigenschaften im Falle der Gleichung (1). Wir geben eine kurze Analyse der Iterationsschemata für die Gleichung (1) für f=0.

1. Das Schema der Längs- und Querrichtung:

Dieses Schema ist für die Praxis unbrauchbar, da es die Eigenschaft der starken Stabilität für $m \geq 2$ verliert (siehe §2.4).

2. Das Aufspaltungsschema (siehe §2.4) für m=2 :

$$\frac{u^{n+\frac{1}{2}} - u^{n}}{\tau} = \Lambda_{11} u^{n+\frac{1}{2}} + \Lambda_{12} u^{n} ;$$
$$\frac{u^{n+1} - u^{n+\frac{1}{2}}}{\tau} = \Lambda_{21} u^{n+\frac{1}{2}} + \Lambda_{22} u^{n+1},$$

ist dem Schema mit ganzen Schritten:

$$\frac{u^{n+1} - u^{n}}{\tau} = (\Lambda_{11} + \Lambda_{22}) u^{n+1} + 2\Lambda_{12} u^{n} - \tau \left(\Lambda_{11} \Lambda_{22} u^{n+1} - \Lambda_{12}^{2} u^{n}\right)$$

äquivalent, stark stabil, hat aber nicht die Eigenschaft der vollen Approximation.

Dasselbe gilt für das Aufspaltungsschema (2.4.12) für m=3.

3. Das Schema der stabilisierenden Korrektur:

$$\begin{aligned}
\frac{u^{n+\frac{1}{m}} - u^n}{\tau} &= \Lambda_{11} u^{n+\frac{1}{m}} + (\Omega - \Lambda_{11}) u^n ; \\
\frac{u^{n+\frac{2}{m}} - u^{n+\frac{1}{m}}}{\tau} &= \Lambda_{22} \left(u^{n+\frac{2}{m}} - u^n\right) ; \\
&\vdots \\
\frac{u^{n+1} - u^{n+\frac{m-1}{m}}}{\tau} &= \Lambda_{mm} (u^{n+1} - u^n) , \qquad \Omega = \sum_{i,j=1}^{m} \Lambda_{ij} ,
\end{aligned} \tag{3}$$

ist dem Schema mit ganzen Schritten:

$$\begin{aligned}
\frac{u^{n+1} - u^n}{\tau} &= \Lambda u^{n+1} + (\Omega - \Lambda) u^n - \tau \sum_{i<j} \Lambda_{ii} \Lambda_{jj} (u^{n+1} - u^n) + \\
&+ \tau^2 \sum_{i<j<k} \Lambda_{ii} \Lambda_{jj} \Lambda_{kk} (u^{n+1} - u^n) + \dots + (-1)^{m-1} \Lambda_{11} \dots \\
&\dots \Lambda_{mm} \tau^{m-1} (u^{n+1} - u^n) ,
\end{aligned} \tag{4}$$

$$\Lambda = \sum_{i=1}^{m} \Lambda_{ii} , \quad i,j,k = 1, \dots, m ,$$

äquivalent. Daraus folgt die volle Approximation bei beliebigem m. Für ϱ ergibt sich der Ausdruck:

$$\begin{aligned}
\varrho &= \frac{1 - 2\sum_{i<j} l_{ij} + \sum_{i<j} l_{ii} l_{jj} + \sum_{i<j<k} l_{ii} l_{jj} l_{kk} + \dots + l_{11} \dots l_{mm}}{(1 + l_{11})(1 + l_{22}) \dots (1 + l_{mm})} = \\
&= \frac{1 - 2\sum_{i<j} l_{ij} + \sum_{i<j} l_{ii} l_{jj} + \dots + l_{11} \dots l_{mm}}{1 + \sum_{i=1}^{m} l_{ii} + \sum_{i<j} l_{ii} l_{jj} + \dots + l_{11} \dots l_{mm}} ,
\end{aligned} \tag{5}$$

mit

$$l_{ii} = 4 \tau a_{ii} \frac{\sin^2 \frac{k_i h_i}{2}}{h_i^2} ;$$

$$l_{ij} = 4\,\frac{\tau a_{ij}}{h_i h_j}\cos\frac{k_i h_i}{2}\cos\frac{k_j h_j}{2}\sin\frac{k_i h_i}{2}\sin\frac{k_j h_j}{2} = \frac{\tau a_{ij}}{h_i h_j}\sin k_i h_i \sin k_j h_j \,. \qquad (6)$$

Für m=2 ist das Schema stark stabil, wenn die Bedingungen für Elliptizität erfüllt sind:

$$a_{11} > 0 \,, \quad a_{22} > 0 \,, \quad a_{11}a_{22} - a_{12}^2 > 0 \,.$$

Bei noch stärkeren Einschränkungen wird das Schema stark stabil auch für den Fall $m \geq 3$ (siehe 2.4.13).

4. Das Schema der approximierenden Korrektur

Dieses Schema hat die Form:

$$\frac{u^{n+\frac{1}{2m}} - u^n}{\alpha\tau} = \Lambda_{11} u^{n+\frac{1}{2m}}, \ldots, \frac{u^{n+\frac{m}{2m}} - u^{n+\frac{m-1}{2m}}}{\alpha\tau} = \Lambda_{mm} u^{n+\frac{m}{2m}}, \quad \frac{u^{n+1} - u^n}{\tau} = \Omega u^{n+\frac{m}{2m}} \,. \qquad (7)$$

Nach Elimination der Zwischenschritte erhalten wir:

$$(E - \alpha\tau\Lambda_{11})(E - \alpha\tau\Lambda_{22}) \ldots (E - \alpha\tau\Lambda_{mm})\,\frac{u^{n+1} - u^n}{\tau} = \Omega u^n \,. \qquad (8)$$

Daraus folgt, daß das Schema der approximierenden Korrektur die Eigenschaft der vollen Approximation hat. Aus (8) folgt der Ausdruck für ϱ:

$$\varrho = \frac{1 - \sum\limits_{i,j=1}^{m} l_{ij} + \alpha \sum\limits_{i=1}^{m} l_{ii} + \alpha^2 \sum\limits_{i<j} l_{ii} l_{jj} + \ldots + \alpha^m l_{11} \ldots l_{mm}}{1 + \alpha \sum\limits_{i=1}^{m} l_{ii} + \alpha^2 \sum\limits_{i<j} l_{ii} l_{jj} + \ldots + \alpha^m l_{11} \ldots l_{mm}} \,. \qquad (9)$$

Im Falle m=2 ist das Schema der approximierenden Korrektur stark stabil für $\frac{1}{2} \leq \alpha \leq 1$.

5. Das Schema des majorisierenden Operators [48,49]:

Für m=2 hat dieses Schema die Form:

$$(\Lambda_{11} + \Lambda_{22})\,\frac{u^{n+1} - u^n}{\tau} = \Omega u^n \,. \qquad (10)$$

Die Gleichung

$$(\Lambda_{11} + \Lambda_{22})\, u^{n+1} = \left[(\Lambda_{11} + \Lambda_{22}) + \tau\Omega\right] u^n \qquad (10')$$

wird bei gegebener rechter Seite durch zusätzliche (innere) Iterationen gelöst.

So wird beim Schema des majorisierenden Operators der elliptische Differenzenoperator Ω in allgemeiner Form durch einen analogen Laplaceschen Differenzenoperator ersetzt.

6. Das Schema des stabilisierenden Operators

Für m=2 hat dieses Schema die Form:

$$(E - \alpha\tau\Lambda_{11})(E - \alpha\tau\Lambda_{22}) \frac{u^{n+1} - u^n}{\tau} = \Omega u^n . \tag{11}$$

Das Schema (11) ist dem Schema der approximierenden Korrektur äquivalent und kann in der Form eines Schemas mit genäherter Faktorisierung:

$$\begin{aligned} (E - \alpha\tau\Lambda_{11}) u^{n+\frac{1}{2}} &= \left[(E - \alpha\tau\Lambda_{11})(E - \alpha\tau\Lambda_{22}) + \tau\Omega\right] u^n ; \\ (E - \alpha\tau\Lambda_{22}) u^{n+1} &= u^{n+\frac{1}{2}} , \end{aligned} \tag{12}$$

dargestellt werden.

Wir bemerken, daß die Schemata eines majorisierenden und stabilisierenden Operators aus dem Schema eines universellen Algorithmus

$$B \frac{u^{n+1} - u^n}{\tau} = \Omega u^n$$

hervorgehen.

Im ersten Fall handelt es sich um die Ersetzung des Operators Ω im oberen Zeitniveau durch den Operator B von einfacherer Struktur, im zweiten Fall ist der Operator B faktorisiert und erfüllt zugleich die Bedingung der starken Stabilität.

Zu Fragen eines allgemeinen Schemas mit stabilisierendem Operator siehe §9.6.

7. Das Schema mit Diagonalrichtungen

Wir verweisen am Ende dieses Abschnitts auf das Schema von I. D. Sofronow [65] , in dem das Prediktor-Korrektor-Verfahren und Diagonalrichtungen auf der Grundlage der Aufspaltungsmethode benutzt worden sind.

Der Einfachheit halber werden wir ein quadratisches Integrationsgebiet betrachten ($h_1=h_2=h$; $N_1=N_2=N$) , m=2.

Wir setzen:

$$L = L_{11} + L_{22} + M_{11} + M_{22} , \tag{13}$$

mit:

$$L_{11} = (a_{11} - |a_{12}|)\frac{\partial^2}{\partial x_1^2} ; \qquad L_{22} = (a_{22} - |a_{12}|)\frac{\partial^2}{\partial x_2^2} ;$$

$$M_{11} = |a_{12}|(1+\sigma)\frac{\partial^2}{\partial \xi_1^2} ; \qquad M_{22} = |a_{12}|(1-\sigma)\frac{\partial^2}{\partial \xi_2^2} ; \tag{14}$$

$$\sigma = \operatorname{sign} a_{12} ;$$

$$\xi_1 = \frac{1}{\sqrt{2}}(x_1 + x_2) \quad ; \quad \xi_2 = \frac{1}{\sqrt{2}}(x_1 - x_2) .$$

Λ_1, Λ_2, Ω_1 und Ω_2 seien zentrale Approximationen mit drei Punkten der Operatoren L_{11}, L_{22}, M_{11} und M_{22}, die auf die entsprechenden Koordinaten- und Diagonalrichtungen wirken. Das Aufspaltungsschema in Differenzenform, das der Darstellung (13) entspricht, hat die Form:

$$\frac{u^{n+\frac{1}{8}} - u^n}{\frac{\tau}{2}} = \Lambda_1 u^{n+\frac{1}{8}} ; \qquad \frac{u^{n+\frac{2}{8}} - u^{n+\frac{1}{8}}}{\frac{\tau}{2}} = \Lambda_2 u^{n+\frac{2}{8}} ;$$

$$\frac{u^{n+\frac{3}{8}} - u^{n+\frac{2}{8}}}{\frac{\tau}{2}} = \Omega_1 u^{n+\frac{3}{8}} ; \qquad \frac{u^{n+\frac{1}{2}} - u^{n+\frac{3}{8}}}{\frac{\tau}{2}} = \Omega_2 u^{n+\frac{1}{2}} . \tag{15}$$

Unter der Bedingung, daß

$$a_{11} \geq |a_{12}| \quad ; \quad a_{22} \geq |a_{12}| \tag{16}$$

gilt, haben die Operatoren Λ_1 und Λ_2 nicht positive Eigenwerte, und das Schema (15) ist stark stabil und besitzt eine Genauigkeit erster Ordnung.

Wendet man den Korrektor

$$\frac{u^{n+1} - u^n}{\tau} = \Omega u^{n+\frac{1}{2}} = (\Lambda_1 + \Lambda_2 + \Omega_1 + \Omega_2)\, u^{n+\frac{1}{2}} \tag{17}$$

an, so erhalten wir u^{n+1} mit einer Genauigkeit $O(\tau^2 + h^2)$.

Das Aufspaltungsschema mit einem Korrektor wurde schon früher in einer anderen Arbeit von I. D. Sofronow [66] betrachtet.

4.6 Schemata mit variabler Schrittweite

Bislang haben wir nur Iterationsschemata mit konstanter Schrittweite betrachtet. Bei

Erfüllung des Kriteriums der starken Stabilität und bei entsprechender Wahl von τ hatte die Norm des Operators für einen Schritt bei expliziten Schemata die Form $(1-Ch^2)$, bei impliziten Schemata $(1-Ch)$.

In diesem Fall und auch bei anderen Fällen kann man die Konvergenz beschleunigen, indem man einen variablen Iterationsparameter τ_n wählt.

Richardson [52] erhielt eine wesentliche Verbesserung der Konvergenz eines expliziten Schemas (3.2) durch Einführung einer variablen Schrittweite. Die Arbeit von Richardson und auch nachfolgende Untersuchungen (siehe [53]) erlaubten im Falle des expliziten Iterationsschemas die Aufgabe der Ermittlung optimaler Schrittweiten auf die Konstruktion eines Polynoms zu reduzieren, das sich am wenigsten von Null unterscheidet. Es seien m Iterationen mit variablen Schritten $\tau_1, \tau_2, \ldots, \tau_m$ ausgeführt. Dann wird die Amplitude der Harmonischen $\sin k_1x_1 \cdot \sin k_2x_2$ mit dem Faktor

$$P_m(\alpha_1, \ldots, \alpha_m, \mu) = \varrho_1 \varrho_2 \cdots \varrho_m = (1-\alpha_1\mu) \cdots (1-\alpha_m\mu) \tag{1}$$

multipliziert. Hierin bedeuten:

$$\alpha_s = 2a^2\tau_s \quad ; \quad \mu = \frac{2\sin^2\frac{k_1h_1}{2}}{h_1^2} + \frac{2\sin^2\frac{k_2h_2}{2}}{h_2^2} = \mu(k_1, k_2) . \tag{2}$$

Die Parameter $\alpha_1, \ldots, \alpha_m$ werden so gewählt, daß die Größe:

$$P(\alpha_1, \ldots, \alpha_m) = \max_{k_1, k_2} \left| P_m[\alpha, \mu(k_1, k_2)] \right| , \quad \mu_0 \leq \mu \leq \mu_1 , \tag{3}$$
$$\mu_0 = \mu(1,1) , \quad \mu_1 = \mu(N_1, N_2) ,$$

einen minimalen Wert annimmt.

Diese Aufgabe wird durch eine andere Aufgabe ersetzt, bei der der diskrete Parameter $\mu(k_1,k_2)$ als stetiger Parameter μ betrachtet wird, wobei er im Intervall $[\mu(1,1), \mu(N_1,N_2)]$ variiert. Wie wir sehen, reduziert sich die Wahl eines optimalen Iterationsschrittes auf die Aufgabe der Wahl eines Polynoms $P(\alpha, \mu)$ aus der Familie (1), das am wenigsten von Null abweicht. Auf dem Abschnitt $[\mu_0, \mu_1]$ ergibt sich - wie bekannt (siehe [54]) - als Lösung dieser Aufgabe die Funktion:

$$P_m(x) = \frac{T_m\left(\frac{\mu_1+\mu_0-2x}{\mu_1-\mu_0}\right)}{T_m\left(\frac{\mu_1+\mu_0}{\mu_1-\mu_0}\right)} , \tag{4}$$

wo $T_m(x) = \cos(m \arccos x)$ ein T s c h e b y s c h e f f - P o l y n o m ist. Es hat sich gezeigt, daß bei dieser Schrittwahl die Konvergenz um eine Größenordnung erhöht wird, (siehe [53,27]) die durch

$$1 - O(h) \tag{5}$$

gegeben ist.

Im Falle der impliziten Schemata wird der Ausdruck für ρ kompliziert. So wie für die Methode der Längs- und Querrichtung erhalten wir:

$$\rho = \rho_1 \cdots \rho_m = R(\alpha,\mu,\nu) = \frac{1-\alpha_1\mu}{1+\alpha_1\mu}\cdot\frac{1-\alpha_1\nu}{1+\alpha_1\nu}\cdot\frac{1-\alpha_2\mu}{1+\alpha_2\mu}\cdot\frac{1-\alpha_2\nu}{1+\alpha_2\nu}\cdots\frac{1-\alpha_m\mu}{1+\alpha_m\mu}\cdot\frac{1-\alpha_m\nu}{1+\alpha_m\nu} = R(\alpha,\mu)\cdot R(\alpha,\nu), \tag{6}$$

$$\alpha_s = \frac{1}{2}a^2\tau_s\ ;\quad \mu = \mu(k_1) = \frac{4}{h_1^2}\sin^2\frac{k_1 h_1}{2}\ ;$$

$$\nu = \nu(k_2) = \frac{4}{h_2^2}\sin^2\frac{k_2 h_2}{2}\ ;$$

$$R(\alpha,\mu) = \prod_{s=1}^{m}\frac{1-\alpha_s\mu}{1+\alpha_s\mu}\ ;\qquad R(\alpha,\nu) = \prod_{s=1}^{m}\frac{1-\alpha_s\nu}{1+\alpha_s\nu}\ . \tag{7}$$

Die optimale Gesamtheit von Schritten α_s entspricht der Lösung der Variationsaufgabe:

$$\min_{\alpha}\ \max_{k_1,k_2}|R(\alpha,\mu,\nu)|\quad,\quad k_1 = 1,\dots,N_1\ ;\ k_2 = 1,\dots,N_2\ , \tag{8}$$

die nach Übergang von diskreten Parametern $\mu(k_1)$, $\nu(k_2)$ zu stetigen Parametern μ und ν auf die Aufgabe:

$$\min_{\alpha}\ \max_{\mu}|R(\alpha,\mu)|\quad;\quad \mu(1) \le \mu \le \mu(N_1)\ , \tag{9a}$$

$$\min_{\alpha}\ \max_{\nu}|R(\alpha,\nu)|\quad;\quad \nu(1) \le \nu \le \nu(N_2) \tag{9b}$$

führt.

Die Aufgabe (9) hat noch nicht die volle Lösung erbracht; es existieren aber bereits ermutigende Untersuchungen (siehe im Zusammenhang damit die Zusammenfassung [55]). Nach [10] (siehe auch [27]), legen wir eine Methode zur Wahl der Parameter $\alpha_1, \dots, \alpha_m$ dar, die eine Abnahme der Norm der Abweichung um $\frac{1}{q}$ $(q < 1)$ über m Schritte sicherstellt, und wir berechnen m als Funktion von h. Wir machen der Einfachheit halber die Annahmen:

$$h_1 = h_2 = h\ ;\quad 1 \le k_s \le N\ ;\quad s = 1,2\ ;\quad (N+1)h = \pi\ .$$

Wenn $q<1,m,h$ gewählt sind, unterteilen wir das Intervall $(1,N)$ in Teilintervalle (k_i,k_{i+1}), $k_1=1, \dots ,k_m=N$ derart, daß die Bedingungen

$$q = \frac{1-\alpha_1\mu_1}{1+\alpha_1\mu_1} = -\frac{1-\alpha_1\mu_2}{1+\alpha_1\mu_2} = \frac{1-\alpha_2\mu_2}{1+\alpha_2\mu_2} = \dots = -\frac{1-\alpha_{m-1}\mu_m}{1+\alpha_{m-1}\mu_m} = \frac{1-\alpha_m\mu_m}{1+\alpha_m\mu_m}, \quad \mu_s = \mu(k_s), \tag{10}$$

erfüllt werden. Das ist möglich, da die Größe

$$q(\alpha, k) = \frac{1-\alpha\mu(k)}{1+\alpha\mu(k)} \tag{11}$$

für $\alpha > 0$, $k > 0$ dem Betrage nach den Wert 1 nicht übersteigt und eine monoton abnehmende Funktion von k bei festem α und eine Funktion von α bei festem k ist.

Für k im Intervall $k_s \leq k \leq k_{s+1}$ ist die Größe q (α_s, k) stets dem Betrage nach kleiner als q, außerhalb des Intervalls dem Betrage nach nicht größer als 1. So wird nach m Schritten jede Harmonische in der Amplitude nicht weniger als um $\frac{1}{q}$ geschwächt. Wir geben eine Abschätzung für die Größe von m. Setzen wir h als genügend klein voraus, so erhalten wir:

$$\mu_s \simeq k_s^2 . \tag{12}$$

Aus der Gleichung (10) folgt:

$$\begin{aligned} (1-q) - \alpha_s(1+q)\mu_s &= 0 ; \\ (1+q) - \alpha_s(1-q)\mu_{s+1} &= 0 . \end{aligned} \tag{13}$$

Elimination von α_s aus (13) liefert:

$$\frac{\mu_{s+1}}{\mu_s} = \left(\frac{1+q}{1-q}\right)^2 . \tag{14}$$

Mit (12) erhalten wir:

$$\frac{k_{s+1}}{k_s} \approx \frac{1+q}{1-q}, \quad s = 1, \dots, m . \tag{15}$$

Multiplizieren wir die Gleichungen (15) miteinander, so erhalten wir:

$$N \simeq \left(\frac{1+q}{1-q}\right)^m, \quad m \simeq \frac{\ln N}{\ln \frac{1+q}{1-q}} \simeq \frac{\ln \frac{1}{h}}{\ln \frac{1+q}{1-q}} \simeq \frac{\ln \frac{1}{h}}{2q} . \tag{16}$$

Die Gleichung (16) hat den Charakter eines asymptotischen Grenzwertes mit unbestimmten Konstanten.

Wir bemerken (siehe [10]), daß im Falle des Schemas mit Längs- und Querrichtung bei geeigneter Wahl der Schrittweiten $\tau_1, \tau_2, \ldots, \tau_m$ die Iterationslösung u^n in die genaue Lösung der Dirichletschen Differenzengleichung nach $m=N$ Iterationen (für ein Quadrat) und nach $m=N_1+N_2$ Iterationen (für ein Rechteck) übergeht.

Wenn man $\tau_1, \tau_2, \ldots, \tau_m$, $m=N_1+N_2$ wählt, folgt aus den Bedingungen:

$$\alpha_1 = \frac{1}{\mu_1} \quad ; \quad \alpha_2 = \frac{1}{\mu_2} \quad ; \quad \cdots \quad ; \quad \alpha_{N_1} = \frac{1}{\mu_{N_1}} \; , \tag{17a}$$

$$\alpha_{N_1+1} = \frac{1}{\nu_1} \quad ; \quad \alpha_{N_1+2} = \frac{1}{\nu_2} \quad ; \quad \cdots \quad ; \quad \alpha_{N_1+N_2} = \frac{1}{\nu_{N_2}} \; , \tag{17b}$$

mit:

$$\mu_{k_1} = \frac{4\sin^2 \frac{k_1 h_1}{2}}{h_1^2} \quad ; \quad \nu_{k_2} = \frac{4\sin^2 \frac{k_2 h_2}{2}}{h_2^2} \; ,$$

daß

$$R(\alpha,\mu,\nu) = \varrho_1 \varrho_2 \cdots \varrho_m = 0 \tag{18}$$

für beliebige k_1 und k_2 gilt.

Im Falle eines Quadrats, wenn $h_1=h_2=h$ und $N_1=N_2=N$ ist, ist die Erfüllung der Bedingung (17a) hinreichend, d.h. es sind nur N Iterationen notwendig.

4.7 Iterationsschemata auf der Grundlage von Integrationsschemata hyperbolischer Gleichungen

In Anlehnung an die Laplacesche Differentialgleichung $\Delta\varphi=0$ schreiben wir die Gleichung für die gedämpfte Schwingung in der Form:

$$b\frac{\partial \Phi}{\partial t} + \frac{\partial^2 \Phi}{\partial t^2} = a^2 \, \Delta\Phi \; , \qquad b > 0 \; . \tag{1}$$

Von der Gleichung (1) gehen wir zu einem System über und erhalten:

$$\frac{\partial \Phi}{\partial x_1} = u_1 \quad ; \quad \frac{\partial \Phi}{\partial x_2} = u_2 \quad ; \quad \frac{\partial \Phi}{\partial t} = -q = a^2 v \; . \tag{2}$$

Aus (2) ergibt sich:

$$\frac{\partial u_1}{\partial t} + \frac{\partial q}{\partial x_1} = 0 \; ; \quad \frac{\partial u_2}{\partial t} + \frac{\partial q}{\partial x_2} = 0 \; ; \quad \frac{\partial q}{\partial t} = -a^2\left(\frac{\partial u_1}{\partial x_1} + \frac{\partial u_2}{\partial x_2}\right) - bq \; . \tag{3}$$

Gehen wir zu v über, so erhalten wir:

$$\frac{\partial u_1}{\partial t} - a^2 \frac{\partial v}{\partial x_1} = 0 \; ; \quad \frac{\partial u_2}{\partial t} - a^2 \frac{\partial v}{\partial x_2} = 0 \; ; \quad \frac{\partial v}{\partial t} = \frac{\partial u_1}{\partial x_1} + \frac{\partial u_2}{\partial x_2} - bv \, . \tag{4}$$

Beim ersten Zwischenschritt wird das System in der Form:

$$\frac{1}{2} \frac{\partial u_1}{\partial t} - a^2 \frac{\partial v}{\partial x_1} = 0 \; ; \quad \frac{1}{2} \frac{\partial u_2}{\partial t} = 0 \; ; \quad \frac{1}{2} \frac{\partial v}{\partial t} = \frac{\partial u_1}{\partial x_1} \tag{5}$$

mit Hilfe eines majoranten, impliziten Schemas der fortschreitenden Rechnung integriert, das in den Variablen u_1, u_2 und v die Form

$$K_1 f^{n+\frac{1}{2}} = M_1 f^n \tag{6}$$

hat mit:

$$K_1 = \begin{Vmatrix} 2\Phi_1\Psi_1 & 0 & 0 \\ 0 & E & 0 \\ 0 & 0 & 2\Phi_1\Psi_1 \end{Vmatrix} , \quad M_1 = \begin{Vmatrix} \Phi_1 + \Psi_1 & 0 & a(\Phi_1 - \Psi_1) \\ 0 & E & 0 \\ \frac{1}{a}(\Phi_1 - \Psi_1) & 0 & \Phi_1 + \Psi_1 \end{Vmatrix} , \tag{7}$$

$$\Phi_1 = E + \frac{a\tau}{h_1} \Delta_{-1} \; ; \quad \Psi_1 = E - \frac{a\tau}{h_1} \Delta_1 \; ; \quad f = (u_1, u_2, v) \, .$$

Beim zweiten Zwischenschritt wird das System in der Form:

$$\frac{1}{2} \frac{\partial u_1}{\partial t} = 0 \; ; \quad \frac{1}{2} \frac{\partial u_2}{\partial t} - a^2 \frac{\partial v}{\partial x_2} = 0 \; ; \quad \frac{1}{2} \frac{\partial v}{\partial t} = \frac{\partial u_2}{\partial x_2} \tag{8}$$

mit Hilfe eines analogen Schemas

$$K_2 f^{n+1} = M_2 f^{n+\frac{1}{2}} \tag{9}$$

integriert mit:

$$K_2 = \begin{Vmatrix} E & 0 & 0 \\ 0 & 2\Phi_2\Psi_2 & 0 \\ 0 & 0 & 2\Phi_2\Psi_2 \end{Vmatrix} , \quad M_2 = \begin{Vmatrix} E & 0 & 0 \\ 0 & \Phi_2 + \Psi_2 & a(\Phi_2 - \Psi_2) \\ 0 & \frac{1}{a}(\Phi_2 - \Psi_2) & \Phi_2 + \Psi_2 \end{Vmatrix} , \tag{10}$$

$$\Phi_2 = E + \frac{a\tau}{h_2} \Delta_{-2} \; ; \quad \Psi_2 = E - \frac{a\tau}{h_2} \Delta_2 \; ; \quad f = (u_1, u_2, v) \, .$$

Man kann leicht zeigen, daß die Formeln (6) und (9) den Formeln (3.4.2/3) äquivalent sind.

Nun benutzen wir den Korrektor

$$\frac{f^{n+2} - f^n}{2\tau} = \Omega f^n \tag{11}$$

mit:

$$\Omega = \begin{Vmatrix} 0 & 0 & -a^2 \frac{\Delta_1 + \Delta_{-1}}{2h_1} \\ 0 & 0 & -a^2 \frac{\Delta_2 + \Delta_{-2}}{2h_2} \\ \frac{\Delta_1 + \Delta_{-1}}{2h_1} & \frac{\Delta_2 + \Delta_{-2}}{2h_2} & -b \end{Vmatrix} . \tag{12}$$

Man kann auch das Schema des stabilisierenden Operators

$$K_1 K_2 \frac{f^{n+2} - f^n}{2\tau} = \Omega f^n \tag{13}$$

benutzen.

4.8 Lösung der Randwertaufgabe für die Poissonsche Gleichung

Wir zeigen, daß die Lösung der Randwertaufgabe für die Poissonsche Gleichung gerade mit Hilfe stark stabiler und voll approximierender Schemata eine spezielle Approximation der rechten Seite erfordert*. Für die Poissonsche Gleichung im Gebiet G : $\{0 < x_i < \pi , \ i=1,2\}$

$$\Delta u + q = 0 ; \quad \Delta = \frac{\partial^2}{\partial x_1^2} + \frac{\partial^2}{\partial x_2^2} , \tag{1}$$

mit den Randbedingungen erster Art

$$u(s) = f(s) ; \qquad (x_1(s) , x_2(s)) \in \gamma ; \tag{2}$$

wenden wir das Aufspaltungsschema mit Gewichten an:

$$\frac{u^{n+\frac{1}{2}} - u^n}{\tau} = \Lambda_1 (\alpha u^{n+\frac{1}{2}} + \beta u^n) + q_1 ; \tag{3}$$

* Auf diesen Tatbestand haben E. G. Djakonow und A. A. Samarski hingewiesen.

$$\frac{u^{n+1} - u^{n+\frac{1}{2}}}{\tau} = \Lambda_2 \left(\alpha u^{n+1} + \beta u^{n+\frac{1}{2}}\right) + q_2 \; ; \qquad (3)$$

wobei q_1 und q_2 irgendwelche, vorläufig noch unbestimmte Terme auf der rechten Seite sind.

Das Schema mit ganzen Schritten hat die Form:

$$(E - \alpha\tau\Lambda_1)(E - \alpha\tau\Lambda_2)\, u^{n+1} = (E + \beta\tau\Lambda_1)(E + \beta\tau\Lambda_2)\, u^n + \tau Q \; , \qquad (4)$$

mit:

$$Q = B_2 q_1 + A_1 q_2 = (E + \beta\tau\Lambda_2)\, q_1 + (E - \alpha\tau\Lambda_1)\, q_2 \, .$$

Im Falle der Laplaceschen Gleichung (q=0) erhalten wir für $\alpha = \frac{1}{2}$ und $q_1 = q_2 = 0$ ein Schema mit voller Approximation.

Für die volle Approximation der Poissonschen Gleichung ist die Bedingung

$$Q = q \qquad (5)$$

notwendig.

Nehmen wir der Einfachheit halber $q_1 = 0$ an, so ergibt sich:

$$(E - \alpha\tau\Lambda_1)\, q_2 = q \, . \qquad (6)$$

Da $\| E - \alpha\tau\Lambda_1 \|^{-1} \leq 1$ ist, ist die Gleichung (6) mit Hilfe der gewöhnlichen Methode der Gaußschen Elimination lösbar.

4.9 Iterationsschemata mit Mittelung

Bislang wurde die Konvergenz einer Iteration nur bei ganzen Schritten betrachtet. Wir zeigen, daß es in einigen Fällen zweckmäßig ist, zugleich die Werte bei ganzen und bei Zwischenschritten in Betracht zu ziehen. Wir setzen - wie gewöhnlich - eine Randwertaufgabe vom elliptischen Typ

$$Lu + q = 0 \; ; \quad u(s) = f(s) \qquad (1)$$

in Übereinstimmung mit dem Iterationsschema

$$\frac{u^{n+\frac{1}{2}} - u^n}{\tau} = \Lambda_1 \left(\alpha u^{n+\frac{1}{2}} + \beta u^n\right) + q_1 \, , \quad \alpha + \beta = 1 \, , \qquad (2a)$$

$$\frac{u^{n+1} - u^{n+\frac{1}{2}}}{\tau} = \Lambda_2 \left(\alpha u^{n+1} + \beta u^{n+\frac{1}{2}}\right) + q_2 , \tag{2b}$$

$$\Lambda = \Lambda_1 + \Lambda_2 \sim L , \tag{3}$$

voraus. Dabei hängen die Operatoren Λ_1 und Λ_2 nicht vom Parameter τ ab, und (3) besagt, daß volle Approximation vorliegt. Wir erweitern die Gleichungen (2) durch:

$$\frac{u^{n+\frac{3}{2}} - u^{n+1}}{\tau} = \Lambda_1 \left(\alpha u^{n+\frac{3}{2}} + \beta u^{n+1}\right) + q_1 . \tag{4}$$

Kombiniert man (2a) mit (2b) und (2b) mit (4), so erhalten wir:

$$\frac{u^{n+1} - u^{n}}{\tau} = \Lambda_1 (\alpha v^{n} + \beta u^{n}) + \Lambda_2 (\alpha u^{n+1} + \beta v^{n}) + Q , \tag{5a}$$

$$\frac{v^{n+1} - v^{n}}{\tau} = \Lambda_1 (\alpha v^{n+1} + \beta u^{n+1}) + \Lambda_2 (\alpha u^{n+1} + \beta v^{n}) + Q , \tag{5b}$$

wobei

$$v^{n} = u^{n+\frac{1}{2}} ; \quad v^{n+1} = u^{n+\frac{3}{2}} ; \quad Q = q_1 + q_2 , \tag{6}$$

gesetzt wird.

Schließlich kombinieren wir (5a) mit (5b) und erhalten:

$$\frac{(u^{n+1} + v^{n+1}) - (u^{n} + v^{n})}{\tau} = \Lambda_1 \left[\alpha (v^{n} + v^{n+1}) + \beta (u^{n} + u^{n+1})\right] + 2 \Lambda_2 (\alpha u^{n+1} + \beta v^{n}) + 2 Q . \tag{7}$$

Bei Annahme starker Stabilität des Schemas (2)

$$u^{n} \rightarrow u ; \quad v^{n} \rightarrow v , \tag{8}$$

und mit (7) und (8) erhalten wir:

$$\Lambda_1 (\alpha v + \beta u) + \Lambda_2 (\alpha u + \beta v) + Q = 0 .$$

Für $\alpha = \frac{1}{2}$ ergibt sich:

$$\Lambda\left(\frac{u+v}{2}\right) + Q = 0 . \tag{9}$$

Wenn wir

$$Q = q_1 + q_2 = q \tag{10}$$

setzen, so besagt die Gleichung (9), daß die gemittelte Größe $\frac{u^n + u^{n+\frac{1}{2}}}{2}$ gegen die genaue Lösung u der Differenzen-Randwertaufgabe

$$\Lambda u + q = 0 ; \quad u(s) = f(s) , \tag{11}$$

konvergiert.

Wir bemerken, daß die erwähnte Methode zur Ermittlung einer asymptotischen Lösung im Falle eines beliebigen Randes und variabler Koeffizienten zu bevorzugen ist.

Tatsächlich haben wir gezeigt, daß die Mittelwerte der Zwischenschritte konvergieren, ohne irgendeinen Zwischenschritt eliminiert und ohne die Kommutativität der Differenzenoperatoren gefordert zu haben, die im Falle variabler Koeffizienten und eines beliebigen Randes verletzt wird. Birkhoff und Varga haben in ihrer Analyse zur Konvergenz der Methode der Längs- und Querrichtung [56] auf die Kommutativität als wesentliches Element des Konvergenzbeweises hingewiesen. Offenbar fällt ihr Einwand fort bei der letzten Art des Grenzüberganges. Es ist klar, daß der dargelegte Algorithmus für beliebige Operatoren Λ_1 und Λ_2 angewandt wird. Im Falle der Laplaceschen Gleichung wurde auf ihn in der Arbeit [57] hingewiesen.

4.10 Zurückführung der Schemata ohne volle Approximation auf Schemata mit voller Approximation

Für Iterationsschemata verwenden wir ausschließlich die Analyse der Randbedingungen, die in §2.9 abgeleitet wurde. Eine Verschlechterung der Approximation in der Nähe des Randes erwächst darüber hinaus aus der Tatsache, daß dann, wenn das Schema mit ganzen Schritten die Eigenschaft der vollen Approximation hat, das Schema mit Zwischenschritten diese Eigenschaft nicht zu haben braucht.

Wir betrachten z.B. ein Schema mit ganzen Schritten:

$$\left(E - \frac{\tau}{2}\Lambda_1\right)\left(E - \frac{\tau}{2}\Lambda_2\right) u^{n+1} = \left(E + \frac{\tau}{2}\Lambda_1\right)\left(E + \frac{\tau}{2}\Lambda_2\right) u^n ,$$

$$(x_1, x_2) \in G : \{0 < x_i < \pi\} , \quad i = 1,2 ; \tag{1}$$

$$u^n(x_1, x_2) = u^{n+1}(x_1, x_2) = f(x_1, x_2) , \quad (x_1, x_2) \in \gamma .$$

Das Aufspaltungsschema:

$$\frac{u^{n+\frac{1}{2}} - u^n}{\tau} = \Lambda_1 \frac{u^n + u^{n+\frac{1}{2}}}{2} \quad ; \qquad \frac{u^{n+1} - u^{n+\frac{1}{2}}}{\tau} = \Lambda_2 \frac{u^{n+\frac{1}{2}} - u^{n+1}}{2} \quad , \tag{2}$$

für das die Randbedingungen:

$$u^n(x_1, x_2) = u^{n+\frac{1}{2}}(x_1, x_2) = u^{n+1}(x_1, x_2) = f(x_1, x_2) \,, \quad (x_1, x_2) \in \gamma \,, \tag{3}$$

gelten, erfüllt nicht auch die Eigenschaft der vollen Approximation, da das ihm äquivalente Schema - unter Berücksichtigung der Randbedingungen (3) - mit ganzen Schritten die Form (siehe §2.9)

$$\left(E - \frac{\tau}{2}\Lambda_1\right)\left(E - \frac{\tau}{2}\Lambda_2\right) u^{n+1} = \left(E + \frac{\tau}{2}\Lambda_1\right)\left(E + \frac{\tau}{2}\Lambda_2\right) u^n + R \,, \tag{4}$$

mit $R \neq 0$ auf ω hat.

Verwenden wir die Methode der unbestimmten Funktionen, indem wir:

$$\begin{aligned} \frac{u^{n+\frac{1}{2}} - u^n}{\tau} &= \Lambda_1 \frac{u^n + u^{n+\frac{1}{2}}}{2} + q_1 \,, \\ \frac{u^{n+1} - u^{n+\frac{1}{2}}}{\tau} &= \Lambda_2 \frac{u^{n+\frac{1}{2}} + u^{n+1}}{2} + q_2 \end{aligned} \tag{5}$$

setzen, so kann man q_1 und q_2 so wählen, daß $R=0$ ist und die Randbedingungen (3) (siehe §2.9) erfüllt werden. Demzufolge ist das Schema (5) ein Schema mit voller Approximation. Eine analoge Methode benutzen wir auch dann, wenn das Schema infolge derselben Struktur des Differenzenoperators und nicht nur der Randbedingungen nicht die volle Approximation erfüllt. Wir beweisen das z.B. am Aufspaltungsschema. Bekanntlich erfüllt im dreidimensionalen Fall das Aufspaltungsschema nicht die Eigenschaft der vollen Approximation. Wir betrachten das Aufspaltungsschema:

$$\begin{aligned} \frac{u^{n+\frac{1}{3}} - u^n}{\tau} &= \Lambda_1 \left(\alpha u^{n+\frac{1}{3}} + \beta u^n\right) + q_1 \,; \\ \frac{u^{n+\frac{2}{3}} - u^{n+\frac{1}{3}}}{\tau} &= \Lambda_2 \left(\alpha u^{n+\frac{2}{3}} + \beta u^{n+\frac{1}{3}}\right) + q_2 \,; \\ \frac{u^{n+1} - u^{n+\frac{2}{3}}}{\tau} &= \Lambda_3 \left(\alpha u^{n+1} + \beta u^{n+\frac{2}{3}}\right) + q_3 \,, \end{aligned} \tag{6}$$

mit unbestimmten Termen auf der rechten Seite: q_1, q_2 und q_3. Das entsprechende Schema mit ganzen Schritten hat die Form:

$$(E-\alpha\tau\Lambda_1)(E-\alpha\tau\Lambda_2)(E-\alpha\tau\Lambda_3)\, u^{n+1} = (E+\beta\tau\Lambda_1)(E+\beta\tau\Lambda_2)(E+\beta\tau\Lambda_3)\, u^n + \tau Q, \quad (7)$$

mit

$$Q = (E+\beta\tau\Lambda_2)(E+\beta\tau\Lambda_3)q_1 + (E-\alpha\tau\Lambda_1)(E+\beta\tau\Lambda_3)q_2 + (E-\alpha\tau\Lambda_1)(E-\alpha\tau\Lambda_2)\, q_3 .$$

Wir formen das Schema (7) um in die Gestalt:

$$(E-\alpha\tau\Lambda_1)(E-\alpha\tau\Lambda_2)(E-\alpha\tau\Lambda_3)\,\frac{u^{n+1}-u^n}{\tau} = \Lambda u^n + R, \quad (8)$$

mit

$$R = \left[\tau(\beta^2-\alpha^2)(\Lambda_1\Lambda_2+\Lambda_1\Lambda_3+\Lambda_2\Lambda_3) + \tau^2(\beta^3+\alpha^3)\Lambda_1\Lambda_2\Lambda_3\right]u^n + Q = \Phi u^n + Q. \quad (9)$$

Wir verlangen jetzt, daß das Schema (6) ein Schema mit voller Approximation ist. Dafür ist notwendig und hinreichend, daß $R=0$ gilt. Wenn wir innerhalb des Gebietes G $q_1=q_2=0$ setzen, so ergibt sich für q_3 die Gleichung

$$(E-\alpha\tau\Lambda_1)(E-\alpha\tau\Lambda_2)\, q_3 = -\Phi u^n . \quad (10)$$

Definieren wir q_1, q_2 und q_3 am Rande in Übereinstimmung mit den Randbedingungen, so läßt sich q_3 aus der Gleichung (10) bestimmen. Bei der dargelegten Wahl von q_1, q_2 und q_3 ist das Schema (6) ein solches mit voller Approximation.

§5. Randwertaufgaben der Elastizitätstheorie

5.1 Die Grundgleichungen für das Gleichgewicht und die Schwingungen elastischer Körper

Die Deformation eines zweidimensionalen, elastischen Körpers wird durch den Tensor (Deformationstensor)

$$\varepsilon_{ij} = \frac{1}{2}\left(\frac{\partial u_i}{\partial x_j} + \frac{\partial u_j}{\partial x_i}\right), \quad i,j = 1,2, \quad (1)$$

beschrieben.

Die Spannungen im Körper, durch die Deformation verursacht, werden durch den Tensor σ_{ij} (S p a n n u n g s t e n s o r) charakterisiert. Nach dem Hookeschen Gesetz sind die Tensoren σ_{ij} und ε_{ij} in linearer Weise miteinander verknüpft:

$$\sigma_{ij} = \lambda \delta_{ij} \varepsilon + 2\mu \varepsilon_{ij} , \qquad \varepsilon = \varepsilon_{11} + \varepsilon_{22} = div \vec{u} , \tag{2}$$

mit $\delta_{ij} = \begin{cases} 0 & i \neq j \\ 1 & i = j \end{cases}$; λ , μ : Lamèsche Koeffizienten.

Die Gleichgewichtsbedingungen für einen elastischen Körper lauten:

$$\frac{\partial \sigma_{11}}{\partial x_1} + \frac{\partial \sigma_{12}}{\partial x_2} + \rho X_1 = 0 ; \qquad \frac{\partial \sigma_{21}}{\partial x_1} + \frac{\partial \sigma_{22}}{\partial x_2} + \rho X_2 = 0 ; \tag{3}$$

mit X_1 und X_2 als Komponenten der Massenkraft. Nach dem d ' A l e m b e r t s c h e n P r i n z i p lauten die Schwingungsgleichungen für elastische Körper:

$$\begin{aligned} -\rho \frac{\partial^2 u_1}{\partial t^2} + \frac{\partial \sigma_{11}}{\partial x_1} + \frac{\partial \sigma_{12}}{\partial x_2} + \rho X_1 &= 0 ; \\ -\rho \frac{\partial^2 u_2}{\partial t^2} + \frac{\partial \sigma_{21}}{\partial x_1} + \frac{\partial \sigma_{22}}{\partial x_2} + \rho X_2 &= 0 , \end{aligned} \tag{4}$$

mit ρ als Materiedichte.

Unter Benutzung von (1) und (2) kann man die Gleichungen (4) in die Form

$$-\rho \frac{\partial^2 \vec{u}}{\partial t^2} + (\lambda + \mu) \, grad \, div \, \vec{u} + \mu \Delta \vec{u} + \rho \vec{X} = 0 \tag{5}$$

bringen.

Eine entsprechende Form erhalten die Gleichungen (3). Die Gleichung (5) läßt sich etwas modifizieren:

$$\begin{aligned} -\rho \frac{\partial^2 u_1}{\partial t^2} + (\lambda + 2\mu) \frac{\partial^2 u_1}{\partial x_1^2} + \mu \frac{\partial^2 u_1}{\partial x_2^2} + (\lambda + \mu) \frac{\partial^2 u_2}{\partial x_1 \partial x_2} + \rho X_1 &= 0 ; \\ -\rho \frac{\partial^2 u_2}{\partial t^2} + (\lambda + 2\mu) \frac{\partial^2 u_2}{\partial x_2^2} + \mu \frac{\partial^2 u_2}{\partial x_1^2} + (\lambda + \mu) \frac{\partial^2 u_1}{\partial x_1 \partial x_2} + \rho X_2 &= 0 . \end{aligned} \tag{6}$$

Entsprechend ändern sich die Gleichungen (3).

Im Falle fehlender Massenkräfte ($X_1=X_2=0$) erfüllen wir (3) identisch mit dem Ansatz

$$\sigma_{11} = \frac{\partial^2\psi}{\partial x_2^2} \quad , \quad \sigma_{12} = -\frac{\partial^2\psi}{\partial x_1 \partial x_2} \quad , \quad \sigma_{22} = \frac{\partial^2\psi}{\partial x_1^2} \quad . \tag{7}$$

Die Funktion ψ ist nicht willkürlich. Die Gleichungen (7) stellen ein überbestimmtes Gleichungssystem für die u_i dar.

Die Kompatibilitätsbedingung dieses Systems hat - wie man leicht zeigen kann - die Form

$$\Delta \Delta \psi = 0 . \tag{8}$$

Wir erhalten tatsächlich nach Einführung der Größe

$$\omega = \frac{1}{2}\left(\frac{\partial u_2}{\partial x_1} - \frac{\partial u_1}{\partial x_2}\right) \tag{9}$$

in die Betrachtung das Gleichungssystem:

$$\frac{\partial u_1}{\partial x_1} = \varepsilon_{11} \quad ; \quad \frac{\partial u_1}{\partial x_2} = \varepsilon_{12} - \omega \quad ; \tag{10}$$

$$\frac{\partial u_2}{\partial x_1} = \varepsilon_{12} + \omega \quad ; \quad \frac{\partial u_2}{\partial x_2} = \varepsilon_{22} \quad . \tag{11}$$

Die Kompatibilitätsbedingungen (10) und (11) liefern

$$\frac{\partial \omega}{\partial x_1} = \frac{\partial \varepsilon_{12}}{\partial x_1} - \frac{\partial \varepsilon_{11}}{\partial x_2} \quad , \tag{12}$$

entsprechend

$$\frac{\partial \omega}{\partial x_2} = \frac{\partial \varepsilon_{22}}{\partial x_1} - \frac{\partial \varepsilon_{12}}{\partial x_2} \quad . \tag{13}$$

Schließlich folgt aus den Kompatibilitätsbedingungen (12) und (13):

$$\frac{\partial}{\partial x_2}\left(\frac{\partial \varepsilon_{12}}{\partial x_1} - \frac{\partial \varepsilon_{11}}{\partial x_2}\right) - \frac{\partial}{\partial x_1}\left(\frac{\partial \varepsilon_{22}}{\partial x_1} - \frac{\partial \varepsilon_{12}}{\partial x_2}\right) = \left[\frac{\partial^2 \varepsilon_{11}}{\partial x_2^2} + \frac{\partial^2 \varepsilon_{22}}{\partial x_1^2} - 2\frac{\partial^2 \varepsilon_{12}}{\partial x_1 \partial x_2}\right] = 0. \tag{14}$$

Mit (2) und (7) gehen die Bedingungen (14) in (8) über.

Eine harmonische Analyse der Stabilität der Gleichung (5) zeigt, daß die elastischen Schwingungen nicht gedämpft sind und folglich die Lösungen (3) nicht aus den Lösungen von (4) über stationäre Bedingungen abgeleitet werden können. Wir werden die Dämpfung der elastischen Schwingungen mit Hilfe der Gleichung

$$\alpha \frac{\partial \vec{u}}{\partial t} + \beta \varrho \frac{\partial^2 \vec{u}}{\partial t^2} = (\lambda + \mu) \operatorname{grad} \operatorname{div} \vec{u} + \mu \Delta \vec{u} + \varrho \vec{X} , \qquad (15)$$

$$\alpha > 0 \quad , \quad \beta > 0$$

beschreiben.

Die Gleichung (15) erlaubt auch die Ableitung eines Iterationsschemas zur Lösung der stationären Gleichung. Um die einfachsten Iterationsschemata zu erhalten, kann man auch die rein parabolische Gleichung

$$\alpha \frac{\partial \vec{u}}{\partial t} = (\lambda + \mu) \operatorname{grad} \operatorname{div} \vec{u} + \mu \Delta \vec{u} + \varrho \vec{X} \qquad (16)$$

benutzen.

Ein analoges Verfahren kann für die Gleichung (8) benutzt werden. In Übereinstimmung damit stellen wir die Gleichung

$$\alpha \frac{\partial \psi}{\partial t} + \beta \frac{\partial^2 \psi}{\partial t^2} + \Delta \Delta \psi = 0 \quad , \quad \alpha > 0 \; , \; \beta > 0 \qquad (17)$$

oder einfach die Gleichung

$$\alpha \frac{\partial \psi}{\partial t} + \Delta \Delta \psi = 0 \qquad (18)$$

auf.

5.2 Randwertaufgaben der Elastizitätstheorie

Für die Gleichung (1.5) können folgende Aufgaben gestellt werden:

1. Die erste Randwertaufgabe

Auf dem Rand γ eines zweidimensionalen Gebietes G seien die Verschiebungen u_1 und u_2 als Funktionen von s (Bogenlänge von γ) und t gegeben

$$\vec{u}(s) = \vec{f}(s,t) . \qquad (1)$$

2. Die zweite Randwertaufgabe

Auf dem Rand γ sind die Normal- und die Tangentialspannungen

$$\sigma_n(s) = f_1(s,t) \quad ; \quad \sigma_\tau(s) = f_2(s,t) \qquad (2)$$

vorgeschrieben.

Im Falle stationärer Probleme sollten die Funktionen $f_1(s)$ und $f_2(s)$ Zusatzbedingungen erfüllen, die das Gleichgewicht des als starr betrachteten Körpers sicherstellen.

3. Randwertaufgabe vom gemischten Typ

Auf einem Teil des Randes werden die Verschiebungen, auf dem anderen die Spannungen vorgeschrieben.

4. Im Falle der biharmonischen Gleichung (1.8) oder der entsprechenden inhomogenen Gleichung

$$\Delta\Delta\psi + q = 0 \tag{3}$$

werden wir eine Randwertaufgabe folgender Art betrachten:

$$\psi = 0 \quad , \quad \Delta\psi = f(s) . \tag{4}$$

Auf die Gleichungen (3) und (4) werden wir z.B. im Falle einer frei unterstützten Platte geführt. Dann wird ψ als Verschiebung der mittleren Plattenfläche, q als Belastung gedeutet und f(s)=0 gesetzt (siehe z.B. [58]).

5.3 Integrationsschemata für die instationären Gleichungen der Elastizitätstheorie

Für die Gleichungen (1.5) und (1.6) wird für $\rho = 1$ ein explizites Schema mit einer Genauigkeit zweiter Ordnung angewandt:

$$- \frac{u_i^{n+1} - 2u_i^n + u_i^{n-1}}{\tau^2} + (\lambda + 2\mu) \frac{\Delta_i \Delta_{-i}}{h_i^2} u_i^n + \\ + \mu \frac{\Delta_{3-i}\Delta_{-3+i}}{h_{3-i}^2} u_i^n + (\lambda + \mu) \frac{(\Delta_1 + \Delta_{-1})(\Delta_2 + \Delta_{-2})}{4 h_1 h_2} u_{3-i}^n + X_i^n = 0 . \tag{1}$$

$$i = 1, 2 .$$

A. N. Konowalow [59] hat für (1.5) und (1.6) ein implizites Schema mit einer Genauigkeit zweiter Ordnung vorgeschlagen, das auf der Vorstellung einer genäherten Faktorisierung des Operators beruht.

Wir betrachten das Schema:

$$- \frac{u_i^{n+1} - 2u_i^n + u_i^{n-1}}{\tau^2} + (\lambda + 2\mu) \frac{\Delta_i \Delta_{-i}}{h_i^2} \frac{u_i^{n+1} + u_i^{n-1}}{2} +$$

$$+\mu\,\frac{\Delta_{3-i}\,\Delta_{-3+i}}{h_{3-i}^2}\,\frac{u_i^{n+1}+u_i^{n-1}}{2} + (\lambda+\mu)\,\frac{(\Delta_1+\Delta_{-1})(\Delta_2+\Delta_{-2})}{4h_1h_2}\,u_{3-i}^n + X_i^n =$$

$$= -\frac{u_i^{n+1}-2u_i^n+u_i^{n-1}}{\tau^2} + \frac{\lambda+2\mu}{2}\,\Lambda_{ii}\,(u_i^{n+1}+u_i^{n-1}) + \frac{\mu}{2}\Lambda_{3-i,3-i}(u_i^{n+1}+u_i^{n-1}) \qquad (2)$$

$$+ (\lambda+\mu)\,\Lambda_{12}\,u_{3-i}^n + X_i^n = 0\,, \qquad i=1,2\,,$$

mit

$$\Lambda_{ii} = \frac{\Delta_i\,\Delta_{-i}}{h_i^2}\;; \qquad \Lambda_{12} = \frac{(\Delta_1+\Delta_{-1})(\Delta_2+\Delta_{-2})}{4h_1h_2}\,.$$

Das Schema (2) hat eine Genauigkeit zweiter Ordnung, ist absolut stabil, aber seine Anwendung ist umständlich. Faktorisieren wir in genäherter Form den Operator der oberen Schicht des Schemas (2), so erhalten wir:

$$\left[E-\frac{\tau^2}{2}(\lambda+2\mu)\Lambda_{ii}\right]\left[E-\frac{\tau^2}{2}\mu\Lambda_{3-i,3-i}\right](u_i^{n+1}+u_i^{n-1}) = 2u_i^n + (\lambda+\mu)\tau^2\Lambda_{12}\,u_{3-i}^n + X_i^n\cdot\tau^2\,, \qquad (3)$$

$$i=1,2\,.$$

Das Schema (3) hat eine Genauigkeit zweiter Ordnung, ist absolut stabil und wird unter Verwendung der Methode der Gaußschen Elimination mit drei Punkten angewandt.

Mit der Methode der Energieungleichungen hat A. N. Konowalow für die erste Randwertaufgabe die Konvergenz des Schemas (3) bewiesen.

5.4 Iterationsschemata zur Lösung der Randwertaufgaben für die biharmonische Gleichung

Analog zum Vorangegangenen werden wir Iterationsschemata zur Lösung der Gleichung

$$\Delta\Delta\psi = 0 \qquad (1)$$

wie auch Schemata zur Integration der Gleichung

$$\frac{\partial\psi}{\partial t} + \Delta\Delta\psi = \frac{\partial\psi}{\partial t} + (L_{11}+L_{12}+L_{21}+L_{22})\psi = 0\;; \qquad (2)$$

$$L_{ij} = \frac{\partial^4}{\partial x_i^2\,\partial x_j^2}\,, \qquad i,j=1,2\,,$$

untersuchen.

1. Das Aufspaltungsschema

Wir konstruieren dieses Schema analog zum Fall der Wärmeleitungsgleichung allgemeiner Art (siehe §2.4):

$$\begin{aligned} &\frac{\psi^{n+\frac{1}{2}}-\psi^n}{\tau} + \Lambda_{11}\psi^{n+\frac{1}{2}} + \Lambda_{12}\psi^n = 0\,; \\ &\frac{\psi^{n+1}-\psi^{n+\frac{1}{2}}}{\tau} + \Lambda_{21}\psi^{n+\frac{1}{2}} + \Lambda_{22}\psi^{n+1} = 0, \end{aligned} \tag{3}$$

mit

$$\Lambda_{11} = \left(\frac{\Delta_1\Delta_{-1}}{h_1^2}\right)^2 \; ; \quad \Lambda_{22} = \left(\frac{\Delta_2\Delta_2}{h_2^2}\right)^2 \; ; \quad \Lambda_{12} = \Lambda_{21} = \frac{\Delta_1\Delta_{-1}\Delta_2\Delta_{-2}}{(h_1h_2)^2}\,. \tag{4}$$

Das entsprechende Schema mit ganzen Schritten hat die Form :

$$(E+\tau\Lambda_{11})(E+\tau\Lambda_{22})\,\psi^{n+1} = (E-\tau\Lambda_{12})^2\,\psi^n\,. \tag{5}$$

Daraus folgt die starke Stabilität des Schemas:

$$\rho = \frac{(1-a_1a_2)^2}{(1+a_1^2)(1+a_2^2)} \; ; \quad a_i = \frac{4\sqrt{\tau}\,\sin^2\frac{k_ih_i}{2}}{h_i^2}\,. \tag{6}$$

Im Hinblick auf die Gleichung

$$\Lambda_{11}\Lambda_{22} = \Lambda_{12}^2 \tag{7}$$

erkennt man, daß - anders als bei der Wärmeleitung - das Aufspaltungsschema (3) für die biharmonische Gleichung die Eigenschaft der vollen Approximation erfüllt.

2. Das Schema der stabilisierenden Korrektur

In der Arbeit von Conte und Dames [60] wurde das Schema der stabilisierenden Korrektur von Douglas-Rachford auf den Fall der biharmonischen Gleichung verallgemeinert:

$$\begin{aligned} &\frac{\psi^{n+\frac{1}{2}}-\psi^n}{\tau} + \Lambda_{11}\psi^{n+\frac{1}{2}} + 2\Lambda_{12}\psi^n + \Lambda_{22}\psi^n = 0\,; \\ &\frac{\psi^{n+1}-\psi^{n+\frac{1}{2}}}{\tau} + \Lambda_{22}(\psi^{n+1}-\psi^n) = 0\,. \end{aligned} \tag{8}$$

Das entsprechende Schema mit ganzen Schritten hat die Form:

$$\frac{\psi^{n+1}-\psi^{n}}{\tau} + (\Lambda_{11}+\Lambda_{22})\psi^{n+1} + 2\Lambda_{12}\psi^{n} + \tau\Lambda_{11}\Lambda_{22}(\psi^{n+1}-\psi^{n}) = 0 . \qquad (8')$$

Mit (7) ist das Schema (8) äquivalent dem Schema (5).

3. Das Schema der approximierenden Korrektur

$$\frac{\psi^{n+\frac{1}{4}}-\psi^{n}}{\alpha\tau} + \Lambda_{11}\psi^{n+\frac{1}{4}} = 0 ; \quad \frac{\psi^{n+\frac{1}{2}}-\psi^{n+\frac{1}{4}}}{\alpha\tau} + \Lambda_{22}\psi^{n+\frac{1}{2}} = 0 ; \quad \frac{\psi^{n+1}-\psi^{n}}{\tau} + \Lambda\psi^{n+\frac{1}{2}} = 0 ; \qquad (9)$$

$$\Lambda = \Lambda_{11} + 2\Lambda_{12} + \Lambda_{22} .$$

Das Schema mit ganzen Schritten hat die Form:

$$(E+\alpha\tau\Lambda_{11})(E+\alpha\tau\Lambda_{22})\frac{\psi^{n+1}-\psi^{n}}{\tau} + \Lambda\psi^{n} = 0 , \qquad (10)$$

und ist für $\alpha = 1$ dem Schema (5) äquivalent.

4. Das Schema des stabilisierenden Operators

$$A\frac{\psi^{n+1}-\psi^{n}}{\tau} + \Lambda\psi^{n} = 0 ;$$

$$\Lambda = \Lambda_{11} + \Lambda_{22} + 2\Lambda_{12} ; \qquad (11)$$

$$A = (E+\alpha\tau\Lambda_{11})(E+\alpha\tau\Lambda_{22})$$

ist für $\alpha = 1$ auch (5) äquivalent.

Damit sind die Aufspaltungsschemata (α =1), die Schemata mit Korrekturen (für α =1) und diejenigen mit stabilisierendem Operator (α =1) verschiedene Anwendungsformen ein und desselben homogenen Schemas. Sie unterscheiden sich darüber hinaus durch die Form der Randbedingungen. Wir bemerken, daß die Aufspaltungsschemata und die Schemata mit stabilisierendem Operator zweischichtig sind, während die Schemata mit Korrekturen dreischichtig sind.

5. Das Aufspaltungsschema für Systeme harmonischer Gleichungen

Für einige Randwertaufgaben der Elastizitätstheorie, z.B. für die Aufgabe der Ermittlung der Querauslenkung einer belasteten, frei aufliegenden Platte, wird statt der biharmonischen Gleichung besser das System zweier harmonischer Gleichungen benutzt.

Für die Randwertaufgabe:

$$\Delta\psi = \varphi \; ; \quad \Delta\varphi + q = 0 \; ; \tag{12}$$

$$\varphi(s) = f(s) \; ; \quad \psi(s) = g(s) \; , \tag{13}$$

betrachten wir das Aufspaltungsschema:

$$\begin{aligned} \frac{\varphi^{n+\frac{1}{2}} - \varphi^n}{\tau} &= \Lambda_1 (\alpha\varphi^{n+\frac{1}{2}} + \beta\varphi^n) \; ; \\ \frac{\varphi^{n+1} - \varphi^{n+\frac{1}{2}}}{\tau} &= \Lambda_2 (\alpha\varphi^{n+1} + \beta\varphi^{n+\frac{1}{2}}) + q \; ; \\ \frac{\psi^{n+\frac{1}{2}} - \psi^n}{\tau} &= \Lambda_1 (\alpha\psi^{n+\frac{1}{2}} + \beta\psi^n) \; ; \\ \frac{\psi^{n+1} - \psi^{n+\frac{1}{2}}}{\tau} &= \Lambda_2 (\alpha\psi^{n+1} + \beta\psi^{n+\frac{1}{2}}) + \varphi^{n+1} \; . \end{aligned} \tag{14}$$

Das Schema (14) ist stark stabil und zeigt für $\alpha = \frac{1}{2}$ volle Approximation. Der Grenzübergang sollte für den Mittelwert der Funktion bei ganzen und bei Zwischenschritten ausgeführt werden (siehe §4.9).

5.5 Iterationsschemata für das Gleichungssystem der Elastiziztätstheorie für die Verschiebungen

Für die Gleichgewichtsbedingungen elastischer Körper - ausgedrückt durch die Verschiebungen -

$$\begin{aligned} (\lambda + 2\mu)\frac{\partial^2 u_1}{\partial x_1^2} + \mu\frac{\partial^2 u_1}{\partial x_2^2} + (\lambda+\mu)\frac{\partial^2 u_2}{\partial x_1 \partial x_2} &= 0 \; ; \\ (\lambda+\mu)\frac{\partial^2 u_1}{\partial x_1 \partial x_2} + \mu\frac{\partial^2 u_2}{\partial x_1^2} + (\lambda + 2\mu)\frac{\partial^2 u_2}{\partial x_2^2} &= 0 \; , \end{aligned} \tag{1}$$

wurde von A. N. Konowalow [61] das Schema der stabilisierenden Korrektur:

$$\frac{u_1^{n+\frac{1}{2}} - u_1^n}{\tau} = \Lambda_{11} u_1^{n+\frac{1}{2}} + \Lambda_{12} u_1^n + \Omega u_2^n \; ; \tag{2a}$$

$$\frac{u_2^{n+\frac{1}{2}} - u_2^n}{\tau} = \Omega u_1^n + \Lambda_{21} u^{n+\frac{1}{2}} + \Lambda_{22} u_2^n \; , \tag{2b}$$

$$\frac{u_1^{n+1} - u_1^{n+\frac{1}{2}}}{\tau} = \Lambda_{12} (u_1^{n+1} - u_1^n) , \qquad \frac{u_2^{n+1} - u_2^{n+\frac{1}{2}}}{\tau} = \Lambda_{22} (u_2^{n+1} - u_2^n) ,$$

mit

$$\Lambda_{11} = (\lambda + 2\mu) \frac{\Delta_1 \Delta_{-1}}{h_1^2} ; \qquad \Lambda_{12} = \mu \frac{\Delta_2 \Delta_{-2}}{h_2^2} ; \qquad \Lambda_{21} = \mu \frac{\Delta_1 \Delta_{-1}}{h_1^2} ;$$

$$\Lambda_{22} = (\lambda + 2\mu) \frac{\Delta_2 \Delta_{-2}}{h_2^2} ; \qquad \Omega = (\lambda + \mu) \frac{\Delta_1 + \Delta_{-1}}{2h_1} \cdot \frac{\Delta_2 + \Delta_{-2}}{2h_2} ,$$

vorgeschlagen und untersucht.

A. N. Konowalow hat die Konvergenz dieses Schemas für die erste Randwertaufgabe im Rechteck bewiesen. Eine Reihe von Schemata mit Zwischenschritten für die Gleichungen der Elastizitätstheorie wurde auch von A. A. Samarski [96] vorgeschlagen.

5.6 Randbedingungen bei Aufgaben der Elastizitätstheorie

Bei der Lösung der Randwertaufgabe zweiter Art wird die Konstruktion eines rekursiven Systems zur Berechnung der Randbedingungen verlangt. Wir zeigen das am Beispiel der folgenden Randwertaufgabe (siehe Abb. 5).

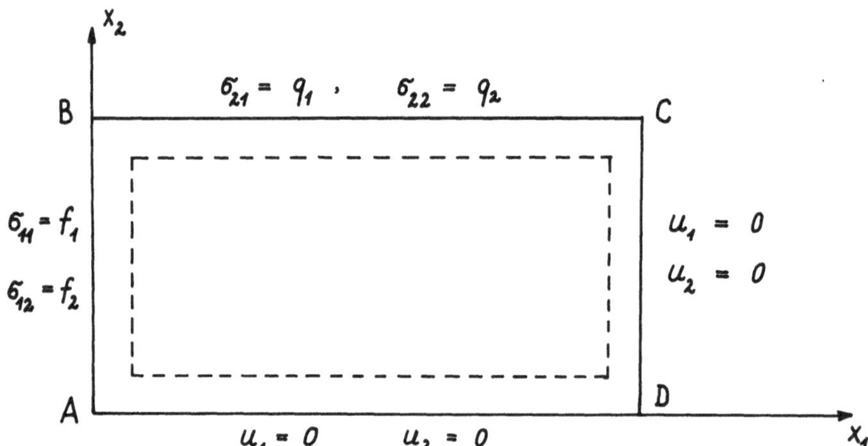

Abb. 5. Lösung der gemischten Randwertaufgabe für die Gleichungen der Elastizitätstheorie im Rechteck

Wir schreiben die Randbedingungen am linken vertikalen Rand auf:

$$\mu \frac{\partial u_1}{\partial x_2} + \mu \frac{\partial u_2}{\partial x_1} = f_2 ; \qquad \lambda \frac{\partial u_2}{\partial x_2} + (\lambda + 2\mu) \frac{\partial u_1}{\partial x_1} = f_1 . \tag{1}$$

Das System (1) ist ein hyperbolisches System, bei dem im Falle des vertikalen Randes x_2 die Rolle der zeitartigen Variablen und x_1 die der Ortsvariablen spielt. Die Größen u_1 und u_2 auf dem Rande werden mit u_1^n und u_2^n bezeichnet, die Werte in inneren Gitterpunkten in der Nachbarschaft des Randes durch U_1^n und U_2^n. Die einfachste explizite Approximation für (1) hat die Form:

$$\mu \frac{u_1^{n+1} - u_1^n}{h_2} - \mu \frac{u_2^n - U_2^n}{h_1} = f_2^n ; \qquad \lambda \frac{u_2^{n+1} - u_2^n}{h_2} - (\lambda + 2\mu) \frac{u_1^n - U_1^n}{h_1} = f_1^n . \tag{2}$$

Für die Bestimmung der Stabilität der Gleichungen (2) bei festen Werten U_1^n, U_2^n, f_1^n und f_2^n bilden wir die Gleichungen für die Störungen (der Einfachheit der Bezeichnung wegen unterdrücken wir das Variationssymbol)

$$\frac{u_1^{n+1} - u_1^n}{h_2} - \frac{u_2^n}{h_1} = 0 , \qquad \lambda \frac{u_2^{n+1} - u_2^n}{h_2} - (\lambda + 2\mu) \frac{u_1^n}{h_1} = 0 . \tag{3}$$

Daraus folgt:

$$u^{n+1} = C u^n ; \quad u = \{u_1, u_2\} ; \quad C = \left\| \begin{matrix} 1 & \frac{h_2}{h_1} \\ \frac{\lambda + 2\mu}{\lambda} \cdot \frac{h_2}{h_1} & 1 \end{matrix} \right\| . \tag{3'}$$

Wir schätzen die Norm der Transformationsmatrix C aus (3') ab. Für ihre charakteristischen Wurzeln erhalten wir den Ausdruck:

$$\varrho_{1,2} = 1 \pm \sqrt{\frac{\lambda + 2\mu}{\lambda}} \cdot \frac{h_2}{h_1} . \tag{4}$$

Daraus folgt, daß der Radius des Spektrums und die Norm der Matrix C größer als 1 sind, die rekursive Rechnung (2) also instabil ist.

Wir wenden die implizite Approximation

$$\begin{aligned} \mu \frac{u_1^{n+1} - u_1^n}{h_2} - \mu \frac{u_2^{n+1} - U_2^{n+1}}{h_1} &= f_2^n ; \\ \lambda \frac{u_2^{n+1} - u_2^n}{h_2} - (\lambda + 2\mu) \frac{u_1^{n+1} - U_1^{n+1}}{h_1} &= f_1^n , \end{aligned} \tag{5}$$

an. Die Gleichungen für die Störungen haben die Form:

$$\frac{u_1^{n+1} - u_1^n}{h_2} - \frac{u_2^{n+1}}{h_1} = 0 ; \quad \lambda \frac{u_2^{n+1} - u_2^n}{h_2} - (\lambda + 2\mu) \frac{u_1^{n+1}}{h_1} = 0 . \tag{6}$$

Daraus folgt:

$$\begin{aligned} u_1^n &= u_1^{n+1} - \frac{h_2}{h_1} u_2^{n+1} ; \\ u_2^n &= - \frac{\lambda + 2\mu}{\lambda} \cdot \frac{h_2}{h_1} u_1^{n+1} + u_2^{n+1} . \end{aligned} \tag{7}$$

Für die Stabilität der Rechnung ist notwendig, daß die Matrix (die Inverse der Transformationsmatrix)

$$\left\| \begin{matrix} 1 & -\frac{h_2}{h_1} \\ -\frac{\lambda + 2\mu}{\lambda} \cdot \frac{h_2}{h_1} & 1 \end{matrix} \right\| \tag{8}$$

charakteristische Wurzeln ≥ 1 hat. Für die Wurzeln ϱ der Matrix (8) erhalten wir den Ausdruck:

$$\varrho_{1,2} = 1 \pm \sqrt{\frac{\lambda + 2\mu}{\lambda}} \frac{h_2}{h_1} . \tag{9}$$

Daraus folgt die Stabilitätsbedingung in der Form:

$$\sqrt{\frac{\lambda + 2\mu}{\lambda}} \frac{h_2}{h_1} \geq 2 . \tag{10}$$

Schreibt man ein analoges Schema für die obere horizontale Seite auf, so vertauschen h_1 und h_2 ihre Rollen, und man erhält:

$$\sqrt{\frac{\lambda + 2\mu}{\lambda}} \frac{h_1}{h_2} \geq 2 . \tag{11}$$

Demzufolge wird die Rechnung auf der einen oder anderen Rechteckseite instabil. Bei Stabilität auf einer vertikalen Seite wird für die Erzeugung einer stabilen, rekursiven Rechnung auf der Horizontalen verlangt, entweder das Gitter in x_1-Richtung zu vergrößern oder das Gitter in x_2-Richtung zu verkleinern*.

Wir weisen auf ein anderes Rechenschema am Rande hin, das auf einer Methode für die fortschreitende Rechnung beruht.

Wir formulieren die Randbedingungen zweiter Art in invarianter Form in einem lokalen Koordinatensystem, in dem der eine Vektor tangential zum Rand in die Drehrichtung des Uhrzeigers, der andere in die Richtung der äußeren Normalen weist (siehe Abb. 6).

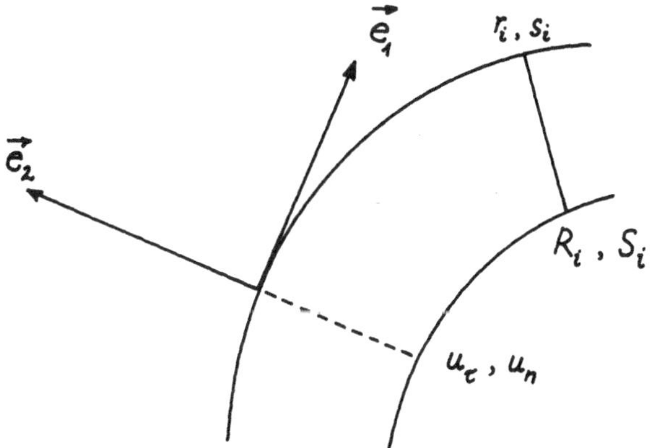

Abb. 6. Randbedingungen zweiter Art in einem lokalen Koordinatensystem

Daher läßt sich der Verschiebungsvektor $\vec{u}$ in der Form

$$\vec{u} = u_\tau \vec{e}_1 + u_n \vec{e}_2 \tag{12}$$

darstellen.

Im Unterschied zum Rechteck werden wir die Richtung $\vec{e}_2$ zeitartig nennen, die Richtung $\vec{e}_1$ räumlich. Die lokalen cartesischen Koordinaten werden wir mit t bzw. x bezeichnen. Dann ergeben sich die Randbedingungen in der Form:

$$\begin{aligned} (\lambda + 2\mu)\frac{\partial u_n}{\partial t} + \lambda \frac{\partial u_\tau}{\partial x} &= f_1 ; \\ \mu\left(\frac{\partial u_\tau}{\partial t} + \frac{\partial u_n}{\partial x}\right) &= f_2 . \end{aligned} \tag{13}$$

Wir führen die Gleichungen (13) auf die Riemannschen Invarianten

$$\frac{\partial r}{\partial t} + c\frac{\partial r}{\partial x} = g_1 ; \qquad \frac{\partial s}{\partial t} - c\frac{\partial s}{\partial x} = g_2 , \tag{14}$$

* Die gegebene Stabilitätsuntersuchung stützt sich auf die Untersuchungen von A. N. Konowalow.

zurück mit

$$r = u_n + c u_\tau \; ; \quad s = u_n - c u_\tau \, , \quad c = \sqrt{\frac{\lambda}{\lambda + 2\mu}} \; ;$$

$$g_1 = \frac{f_1}{\lambda + 2\mu} + c \frac{f_2}{\mu} \; ; \quad g_2 = \frac{f_1}{\lambda + 2\mu} - c \frac{f_2}{\mu} \, . \tag{15}$$

Danach werden die Gleichungen (14) mit Hilfe eines impliziten, majoranten Schemas gelöst:

$$\frac{r_i - R_i}{\tau} + c \frac{r_i - r_{i-1}}{h} = g_{1i} \; ; \quad \frac{s_i - S_i}{\tau} - c \frac{s_{i+1} - s_i}{h} = g_{2i} \, , \tag{16}$$

das für beliebige τ und h stabil ist.

Im Falle eines Rechteckgebietes (siehe Abb. 5) erhalten wir auf der Seite AB:

$$u_1 = -u_n \; ; \quad u_2 = u_\tau \; ; \quad t = -x_1 \; ; \quad x = x_2 \; ; \quad \tau = h_1 \; ; \quad h = h_2 \; ;$$
$$r = -u_1 + c u_2 \; ; \quad s = -u_1 - c u_2 \, , \tag{17}$$

auf der Seite BC:

$$u_1 = u_\tau \; ; \quad u_2 = u_n \; ; \quad t = x_2 \; ; \quad x = x_1 \; ; \quad \tau = h_2 \; ; \quad h = h_1 \; ;$$
$$r = u_2 + c u_1 \; ; \quad s = u_2 - c u_1 \, . \tag{18}$$

Der Übergang von den Invarianten (17) zu den Invarianten (18) wird längs eines Bogens ausgeführt, der die Ecke ABC abrundet.

Zu unserer Untersuchung der Randwertaufgaben der Elastizitätstheorie ist zusammenfassend zu sagen, daß nur einige wenige Aufgaben und einige Methoden untersucht worden sind.

§6. Schemata erhöhter Genauigkeit

Bislang haben wir solche Differenzenschemata zur Integration betrachtet, die eine Genauigkeit der Ordnung $O(\tau^\alpha + h^\beta)$, $\alpha, \beta \leq 2$ haben. Die entsprechenden Iterationsschemata lieferten eine Genauigkeit der Ordnung $O(h^\beta)$. Die Zwischenschrittmethode kann zur Gewinnung einfacher Schemata größerer Genauigkeit ($\beta > 2$) angewandt werden.

6.1 Homogene Schemata erhöhter Genauigkeit

Nach der Untersuchung von Douglas und Gunn [62] und A. A. Samarski [63] betrachten wir für die Wärmeleitungsgleichungen:

$$\frac{\partial u}{\partial t} = \sum_{i=1}^{m} \frac{\partial^2 u}{\partial x_i^2} , \tag{1}$$

$$\frac{\partial u}{\partial t} = \sum_{i,j=1}^{m} a_{ij} \frac{\partial^2 u}{\partial x_i \partial x_j} , \quad a_{ij} = const. , \tag{2}$$

eine Reihe homogener Schemata mit größerer Genauigkeit.

Für willkürliche, hinreichend glatte Funktionen $u(x_1, \dots, x_m, t)$ sind die folgenden Approximationsabschätzungen (mit $h_1 = h_2 = \dots = h_m = h$) gültig:

$$\begin{gathered} \frac{\partial^2 u^n}{\partial x_i^2} = \Lambda_i u^n - \frac{h^2}{12} \frac{\partial^4 u^n}{\partial x_i^4} + O(h^4) , \\ \Delta u^n = \Lambda u^n - \frac{h^2}{12} \sum_{i=1}^{m} \frac{\partial^4 u^n}{\partial x_i^4} + O(h^4) , \end{gathered} \tag{3}$$

$$\begin{gathered} \frac{\partial^2 u^n}{\partial x_i^2} = \frac{1}{3} \Lambda_i (u^{n-1} + u^n + u^{n+1}) - \frac{h^2}{12} \frac{\partial^4 u^n}{\partial x_i^4} + O(\tau^2 + h^4) , \\ \Delta u = \frac{1}{3} \Lambda (u^{n-1} + u^n + u^{n+1}) - \frac{h^2}{12} \sum_{i=1}^{m} \frac{\partial^4 u^n}{\partial x_i^4} + O(\tau^2 + h^4) , \end{gathered} \tag{4}$$

mit

$$\Delta = \sum_{i=1}^{m} \frac{\partial^2}{\partial x_i^2} ; \quad \Lambda = \sum_{i=1}^{m} \Lambda_i ; \quad u^n(x_1, \dots, x_m) = u(x_1, \dots, x_m, n\tau) .$$

Aus (4) folgt für die Lösung der Gleichung (1):

$$\frac{u^{n+1} - u^{n-1}}{2\tau} = \frac{1}{3} \Lambda (u^{n-1} + u^n + u^{n+1}) - \frac{h^2}{12} \sum_{i=1}^{m} \frac{\partial^4 u^n}{\partial x_i^4} + O(\tau^2 + h^4) . \tag{5}$$

Wir bemerken, daß im Falle der Gleichung (1)

$$\Delta^2 u = \sum_{i=1}^{m} \frac{\partial^4 u}{\partial x_i^4} + 2 \sum_{i<j} \frac{\partial^4 u}{\partial x_i^2 \partial x_j^2} = \Delta u_t = u_{tt} , \tag{6}$$

$$i, j = 1, 2, \dots, m ,$$

gilt, so daß wir

$$\sum_{i=1}^{m} \frac{\partial^4 u^n}{\partial x_i^4} = \frac{u^{n+1} - 2u^n + u^{n-1}}{\tau^2} - 2 \sum_{i<j} \frac{\partial^4 u^n}{\partial x_i^2 \partial x_j^2} + O(\tau^2) =$$

$$= \frac{u^{n+1} - 2u^n + u^{n-1}}{\tau^2} - 2 \sum_{i<j} \Lambda_i \Lambda_j u^n + O(\tau^2 + h^2) , \tag{7}$$

$$i,j = 1, 2, \dots, m ,$$

oder

$$\sum_{i=1}^{m} \frac{\partial^4 u^n}{\partial x_i^4} = \Lambda \frac{u^{n+1} - u^{n-1}}{2\tau} - 2 \sum_{i<j} \Lambda_i \Lambda_j u^n + O(\tau^2 + h^2) \tag{8}$$

setzen können. Ein Vergleich der Gleichungen (5),(7) und (8) liefert ein homogenes Schema größerer Genauigkeit:

$$\frac{u^{n+1} - u^{n-1}}{2\tau} = \frac{1}{3} \Lambda (u^{n-1} + u^n + u^{n+1}) - \frac{h^2}{12} \left[\frac{u^{n+1} - 2u^n + u^{n-1}}{\tau^2} - 2 \sum_{i<j} \Lambda_i \Lambda_j u^n \right] \tag{9}$$

oder entsprechend

$$\frac{u^{n+1} - u^{n-1}}{2\tau} = \frac{1}{3} \Lambda \left[\left(1 - \frac{1}{8r}\right) u^{n+1} + u^n + \left(1 + \frac{1}{8r}\right) u^{n-1} \right] + \frac{h^2}{6} \sum_{i<j} \Lambda_i \Lambda_j u^n ,$$

$$r = \frac{\tau}{h^2} . \tag{10}$$

Analog ergibt sich ein zweischichtiges Schema größerer Genauigkeit, das sich auf die Abschätzungen (3) und (6) stützt

$$\frac{u^{n+1} - u^n}{\tau} = \Lambda \frac{u^n + u^{n+1}}{2} - \frac{h^2}{12} \Lambda \frac{u^{n+1} - u^n}{\tau} + \frac{h^2}{6} \sum_{i<j} \Lambda_i \Lambda_j u^n . \tag{11}$$

Das Schema (11) kann man in der Form

$$\frac{u^{n+1} - u^n}{\tau} = \alpha \Lambda u^{n+1} + (1-\alpha) \Lambda u^n + \frac{h^2}{6} \sum_{i<j} \Lambda_i \Lambda_j u^n ,$$
$$\alpha = 0.5 \left(1 - \frac{h^2}{6\tau}\right) = 0.5 \left(1 - \frac{1}{6r}\right) \tag{12}$$

schreiben.

Die Schemata (9),(10),(11) und (12) sind absolut stabil und haben einen Fehler der Ordnung $O(\tau^2) + O(h^4)$.

6.2 Faktorisierte Schemata erhöhter Genauigkeit für die Wärmeleitungsgleichung

In den Arbeiten von Douglas und Gunn [62] , A. A. Samarski [63] , W. B. Andreew und A. A. Samarski [64] wurden für parabolische Gleichungen der Form (1.1) und (1.2) Differenzenschemata größerer Genauigkeit betrachtet.

Die genannten Verfasser konstruieren leicht anwendbare Differenzenschemata hoher Genauigkeit mit einem faktorisierten („aufgespaltenen") Operator der oberen Schicht. Diese Schemata werden - ausgehend von einem m-schichtigen homogenen Differenzenschema hoher Genauigkeit ($m \geq 2$) -

$$\frac{u^{n+1} - u^n}{\tau} = A u^{n+1} + f^n , \tag{1}$$

konstruiert, wobei f^n das Ergebnis der Anwendung der räumlichen Differenzenoperatoren auf die Funktionen u^n, u^{n-1}, ... ist.

Die Methode zur Konstruktion eines faktorisierten Schemas - vorgeschlagen von Douglas und Gunn [62] - sieht folgendermaßen aus: Es sei

$$A = A_1 + \dots + A_m \tag{2}$$

eine Entwicklung von A in eine Summe von Operatoren A_i, i=1,2, ... ,m. Dann wird das Differenzenschema mit stabilisierender Korrektur:

$$\frac{u^{n+\frac{1}{m}} - u^n}{\tau} = A_1 \left(u^{n+\frac{1}{m}} - u^n\right) + A u^n + f^n ;$$

$$\frac{u^{n+\frac{2}{m}} - u^{n+\frac{1}{m}}}{\tau} = A_2 \left(u^{n+\frac{2}{m}} - u^n\right) ; \tag{3}$$

$$\vdots$$

$$\frac{u^{n+1} - u^{n+\frac{m-1}{m}}}{\tau} = A_m (u^{n+1} - u^n).$$

Das Schema mit ganzen Schritten hat die Form:

$$\frac{u^{n+1} - u^n}{\tau} = A u^{n+1} + f^n + \Phi\left(\frac{u^{n+1} - u^n}{\tau}\right), \tag{4}$$

$$\Phi = -\tau^2 \sum_{i<j} A_i A_j + \tau^3 \sum_{i<j<k} A_i A_j A_k + \dots + (-1)^{m-1} \tau^m A_1 \dots A_m . \tag{5}$$

Wir betrachten faktorisierte Schemata, die der Gleichung (1.1) (m=2) und den Schemata (1.9) und (1.10) entsprechen.

Im Falle (1.9) setzen wir:

$$\begin{aligned} A &= \tfrac{2}{3}\Lambda - \tfrac{1}{6}\tfrac{h^2}{\tau^2} E ; \\ A_1 &= \tfrac{2}{3}\Lambda_1 - \tfrac{1}{6}\tfrac{h^2}{\tau^2} E ; \\ A_2 &= \tfrac{2}{3}\Lambda_2 . \end{aligned} \tag{6}$$

Für $\frac{\tau}{h}$ = const. haben die Schemata (3) und (6) eine Genauigkeit der Ordnung $O(\tau^2 + h^4)$ und sind absolut stabil.

Für das Schema (1.10) erhalten wir:

$$\begin{aligned} A &= \tfrac{2}{3}\left(1 - \tfrac{1}{8r}\right)\Lambda , \\ A_i &= \tfrac{2}{3}\left(1 - \tfrac{1}{8r}\right)\Lambda_i , \qquad i = 1, 2 . \end{aligned} \tag{7}$$

Für $\frac{\tau}{h^2}$ = const. hat das Schema (3) und (7) eine Genauigkeit der Ordnung $O(\tau^2 + h^4)$ und ist absolut stabil.

In der Arbeit von A. A. Samarski [63] wird eine andere Methode zur Konstruktion eines faktorisierten Operators vorgeschlagen. Das Differenzenschema (1) wird durch das Schema

$$\begin{aligned} \frac{u^{n+1} - u^n}{\tau} &= A u^{n+1} + f^n + \Phi\left(\frac{u^{n+1} - u^n}{\tau}\right) = \\ &= A u^{n+1} + f^n + \frac{1}{\tau}\Phi(u^{n+1} - u^n) , \end{aligned} \tag{8}$$

ersetzt, wobei der noch unbekannte Operator Φ so gewählt wird, daß der Operator der oberen Schicht im Schema (8) in Faktoren von einfacherer Struktur zerlegt werden kann. Wenn die Faktorisierung in Übereinstimmung mit der Entwicklung (2) gewonnen wird, so gilt:

$$E - \tau A - \Phi = (E - \tau A_1) \dots (E - \tau A_m) \tag{9}$$

Daraus folgt:

$$\begin{aligned} \Phi &= E - \tau A - (E - \tau A_1) \cdots (E - \tau A_m) = \\ &= -\tau^2 \sum_{i<j} A_i A_j + \tau^3 \sum_{i<j<k} A_i A_j A_k + \dots + (-1)^{m-1} \tau^m A_1 \dots A_m \,. \end{aligned} \tag{10}$$

Aus einem Vergleich der Ausdrücke (5) und (10) folgt, daß bei Übereinstimmung der Ausgangsschemata (1) mit der Entwicklung (2) die Schemata (3) und (8) äquivalent sind.

In der Arbeit [63] wurde als Ausgangsschema (1) ein zweischichtiges Differenzenschema mit hoher Genauigkeit genommen (1.12). Dann hat das faktorisierte Schema die Gestalt:

$$(E - \alpha\tau\Lambda_1)(E - \alpha\tau\Lambda_2) \dots (E - \alpha\tau\Lambda_m)\, u^{n+1} = \Omega u^n , \tag{11}$$

mit

$$\begin{aligned} \Omega &= E + \tau\Big[(1-\alpha)\Lambda + \frac{h^2}{6} \sum_{i<j} \Lambda_i \Lambda_j\Big] - \Phi \;; \\ \Phi &= -\alpha^2\tau^2 \sum_{i<j} \Lambda_i \Lambda_j + \alpha^3\tau^3 \sum_{i<j<k} \Lambda_i \Lambda_j \Lambda_k + \dots + (-1)^m \alpha^m \tau^m \Lambda_1 \dots \Lambda_m \,. \end{aligned} \tag{12}$$

Im Spezialfall m=2 nimmt das Schema von A. A. Samarski die besonders einfache Form

$$(E - \alpha\tau\Lambda_1)(E - \alpha\tau\Lambda_2)\, u^{n+1} = \big[E + (1-\alpha)\tau\Lambda_1\big]\big[E + (1-\alpha)\tau\Lambda_2\big]\, u^n . \tag{13}$$

an.

Analog wird ein Differenzenschema hoher Genauigkeit für die Gleichung (1.2) konstruiert, bei dem wir der Einfachheit halber $a_{11}=a_{22}=1$ setzen (siehe [63]). Das homogene Ausgangsschema hat die Form:

$$\frac{u^{n+1} - u^{n-1}}{2\tau} = \frac{\Lambda_{11}+\Lambda_{22}}{2}(u^{n+1} + u^{n-1}) + 2a_{12}\Lambda_{12}u^n - \frac{h^2}{12}\,\frac{u^{n+1} - 2u^n + u^{n-1}}{\tau^2} + \frac{h^2}{6} b \Lambda_1 \Lambda_2 u^n , \tag{14}$$

mit

$$\Lambda_{ii} = \frac{\Delta_i \Delta_{-i}}{h^2} \quad , \qquad \Lambda_{12} = \frac{\Delta_{-1}\Delta_{-2} + \Delta_1 \Delta_2}{2h^2} \quad , \qquad a_{12} > 0 \, ,$$

$$\Lambda_{12} = \frac{\Delta_{-1}\Delta_2 + \Delta_1 \Delta_{-2}}{2h^2} \quad , \qquad a_{12} < 0 \, , \tag{15}$$

$$b = 1 + 2a_{12}^2 - 3\,|a_{12}| \, .$$

Das faktorisierte Schema hat dann die Form:

$$A_1 A_2 \frac{u^{n+1} - u^n}{\tau} = (1-2\alpha)\frac{u^n - u^{n-1}}{\tau} + \alpha\Lambda(u^n + u^{n-1}) + 4\alpha a_{12}\Lambda_{12}u^n + 2(1-\alpha)\tau b \Lambda_1\Lambda_2 u^n ,$$

$$A_i = E - \alpha\tau\Lambda_{ii} \quad ; \qquad \alpha = \frac{1}{1 + \frac{h^2}{6\tau}} \, . \tag{16}$$

6.3 Die Lösung des Dirichletschen Problems mit Hilfe eines Schemas erhöhter Genauigkeit

Die in den vorangegangenen Abschnitten betrachteten Differenzenschemata waren Schemata zur Integration der Gleichungen (1.1) und (1.2) mit einer Genauigkeit hoher Ordnung, sie besaßen die Eigenschaft der vollen Approximation und waren absolut stabil. Sie waren deshalb sehr geeignet als Iterationsschemata erhöhter Genauigkeit. Für die Iterationsschemata ist die Integrationsgenauigkeit bezüglich der „Relaxationszeit" t nicht wesentlich, aber die Genauigkeit der Approximation bezüglich der räumlichen Variablen ist wesentlich. Deshalb gibt es im Falle der Iterationsschemata die Möglichkeit, Differenzenschemata mit geringerer Genauigkeit bezüglich der Zeit zu benutzen, vorausgesetzt, sie erfüllen die Bedingung der vollen Approximation und sind in den räumlichen Variablen genügend genau.

Wir beschränken uns der Einfachheit halber auf den Fall m=2. Für die Laplacesche Gleichung

$$Lu = \frac{\partial^2 u}{\partial x_1^2} + \frac{\partial^2 u}{\partial x_2^2} = 0 \tag{1}$$

hat das homogene Schema hoher Genauigkeit die Form:

$$\Omega u = \left(\Lambda + \frac{h^2}{6}\Lambda_1\Lambda_2\right) u = 0 \, . \tag{2}$$

In Anlehnung an die Arbeit von A. A. Samarski und W. B. Andreew [64] werden wir von einem homogenen, absolut stabilen Schema ausgehen, das bezüglich t eine Genauigkeit erster Ordnung hat:

$$\frac{u^{n+1} - u^n}{\tau} = \Lambda u^{n+1} + \frac{h^2}{6}\Lambda_1\Lambda_2 u^n. \tag{3}$$

Das Schema (3) ist identisch mit dem folgenden:

$$\begin{aligned}\frac{u^{n+1} - u^n}{\tau} &= \Lambda u^n + \tau\Lambda\frac{u^{n+1} - u^n}{\tau} + \frac{h^2}{6}\Lambda_1\Lambda_2 u^n = \\ &= \tau\Lambda\frac{u^{n+1} - u^n}{\tau} + \Omega u^n\end{aligned} \tag{4}$$

oder

$$(E - \tau\Lambda)\frac{u^{n+1} - u^n}{\tau} = \Omega u^n. \tag{5}$$

Zerlegt man den Operator $(E - \tau\Lambda)$ in ein Produkt, so erhalten wir das faktorisierte Schema mit hoher Genauigkeit:

$$(E - \tau\Lambda_1)(E - \tau\Lambda_2)\frac{u^{n+1} - u^n}{\tau} = \Omega u^n, \tag{6}$$

welches voll approximiert und stark stabil ist.

Einfache Iterationsschemata großer Genauigkeit wurden von W. A. Jenalski [67] vorgeschlagen, der von Aufspaltungsschemata und von Schemata mit Längs- und Querrichtung ausging. Wir geben die Untersuchung [67] in einer etwas allgemeineren Form wieder.

Wir betrachten das Aufspaltungsschema:

$$\begin{aligned}\frac{u^{n+\frac{1}{2}} - u^n}{\tau} &= \Lambda_1\left(\alpha_1 u^{n+\frac{1}{2}} + \beta_1 u^n\right); \\ \frac{u^{n+1} - u^{n+\frac{1}{2}}}{\tau} &= \Lambda_2\left(\alpha_2 u^{n+1} + \beta_2 u^{n+\frac{1}{2}}\right)\end{aligned} \tag{7}$$

mit unbestimmten Parametern α_i , β_i , i=1,2. Das Schema für die ganzen Schrittweiten hat die Form:

$$(E-\alpha_1\tau\Lambda_1)(E-\alpha_2\tau\Lambda_2)\,u^{n+1} = (E+\beta_1\tau\Lambda_1)(E+\beta_2\tau\Lambda_2)\,u^n . \tag{8}$$

Wir wählen α_i , β_i so, daß die Bedingung der vollen Approximation erfüllt wird. Wir schreiben die Gleichung (8) um in die Form:

$$\begin{aligned} \frac{u^{n+1}-u^n}{\tau} &= \Omega_1 u^{n+1} + \Omega_2 u^n ; \\ \Omega_1 &= \alpha_1\Lambda_1 + \alpha_2\Lambda_2 - \alpha_1\alpha_2\tau\Lambda_1\Lambda_2 ; \\ \Omega_2 &= \beta_1\Lambda_1 + \beta_2\Lambda_2 + \beta_1\beta_2\tau\Lambda_1\Lambda_2 . \end{aligned} \tag{9}$$

Die Bedingung für volle Approximation impliziert, daß

$$\Omega_1 + \Omega_2 = k\Omega = k\left(\Lambda_1 + \Lambda_2 + \frac{h^2}{6}\Lambda_1\Lambda_2\right) \tag{10}$$

gilt.

Wegen der Renormierung des Parameters τ können wir k=1 setzen. Dann liefert die Bedingung (10):

$$\begin{aligned} \alpha_1+\beta_1 &= \alpha_2+\beta_2 = 1 ; \\ \beta_1\beta_2 - \alpha_1\alpha_2 &= \frac{1}{6r} = \vartheta . \end{aligned} \tag{11}$$

Aus der Gleichung (11) finden wir:

$$\alpha_1 + \alpha_2 = 1 - \vartheta . \tag{12}$$

Unter der Bedingung

$$\alpha_1 = \alpha_2 = \alpha = \frac{1-\vartheta}{2} \tag{13}$$

erhält man das Schema von A. A. Samarski (2.13).

In der Arbeit [68] hat W. A. Jenalski vorgeschlagen, bei Differenzenschemata mit Zwischenschritten eine Entwicklung nach den Operatoren Λ_1 , Λ_2 und $\Lambda_1\Lambda_2$ durchzuführen. Dann ergeben sich folgende Schemata:

$$\frac{u^{n+\frac{1}{2}}-u^n}{\tau} = \Lambda_1 u^{n+\frac{1}{2}} + \alpha\Lambda_1 u^n + \beta\Lambda_2 u^n + \gamma\tau\Lambda_1\Lambda_2 u^n ; \tag{14}$$

$$\frac{u^{n+1} - u^{n+\frac{1}{2}}}{\tau} = \Lambda_2 u^{n+1} + \alpha \Lambda_2 u^{n+\frac{1}{2}} + \beta \Lambda_1 u^{n+\frac{1}{2}} + \gamma\tau \Lambda_1 \Lambda_2 u^{n+\frac{1}{2}}$$

mit unbekannten Koeffizienten α, β und γ. Das Differenzenschema mit ganzen Schritten hat die Form:

$$\begin{aligned} A u^{n+1} &= B u^n ; \\ A &= (E - \tau\Lambda_1)(E - \tau\Lambda_2) ; \\ B &= (E + \alpha\tau\Lambda_1 + \beta\tau\Lambda_2 + \gamma\tau^2 \Lambda_1\Lambda_2) \times \\ &\times (E + \beta\tau\Lambda_1 + \alpha\tau\Lambda_2 + \gamma\tau^2 \Lambda_1\Lambda_2) . \end{aligned} \tag{15}$$

Wir wählen die Koeffizienten α, β und γ so, daß der Operator B-A durch den Operator

$$\Omega = \Lambda_1 + \Lambda_2 + \frac{h^2}{6} \Lambda_1 \Lambda_2$$

teilbar ist. Aus der Teilbarkeitsforderung folgen die Bedingungen für α, β und γ

$$\frac{2\gamma + (\alpha-\beta)^2 - 1}{\alpha+\beta+1} = \sigma , \qquad \frac{\gamma^2}{\gamma(\alpha+\beta) - \alpha\beta\sigma} = \sigma , \qquad \sigma = \frac{h^2}{6\tau} = \frac{1}{6r} . \tag{16}$$

Wenn

$$\alpha = \sigma \quad ; \quad \beta = 1 + \sigma \quad ; \quad \gamma = \alpha\beta \tag{17}$$

gilt, werden die Bedingungen (16) erfüllt, und man erhält das Schema, das W. A. Jenalski [68] vorgeschlagen hat.

§7. Integrodifferentialgleichungen, Integralgleichungen und algebraische Gleichungen

7.1 Gleichungen der Transporttheorie

Für die lineare Transportgleichung (Näherung mit einer Geschwindigkeitsgruppe, isotrope Streuung)

$$\frac{\partial\varphi}{\partial t} + \sum_{k=1}^{m-1} u_k \frac{\partial\varphi}{\partial x_k} + \sigma\varphi = \frac{\sigma_s}{4\pi} \int \varphi(x,u,t)\, du + S(x,u,t) \tag{1}$$

wurde in der Arbeit von G. I. Martschuk und dem Verfasser [69] die Gültigkeit des folgenden Differenzenschemas (partielle Aufspaltung) gezeigt:

$$\frac{\varphi^{n+\frac{1}{2}} - \varphi^n}{\tau} = \Lambda_1 \left(\alpha \varphi^{n+\frac{1}{2}} + \beta \varphi^n\right) + \bar{S} , \tag{2a}$$

$$\frac{\varphi^{n+1} - \varphi^{n+\frac{1}{2}}}{\tau} = \Lambda_2 \left(\alpha \varphi^{n+1} + \beta \varphi^{n+\frac{1}{2}}\right) , \tag{2b}$$

mit Λ_1, Λ_2 und $\bar{S}$ als Approximationen für die Operatoren $-\sigma E + \frac{\sigma_s}{4\pi} \int du$, $-\sum_{k=1}^{m-1} u_k \frac{\partial}{\partial x_k}$ und S , $\alpha \geq 0$, $\beta \geq 0$, $\alpha + \beta = 1$.

Das Schema (2) wird folgendermaßen angewandt: Summieren wir (2a) bezüglich u_k , so ergibt sich

$$\frac{\varphi_0^{n+\frac{1}{2}} - \varphi_0^n}{\tau} = -\sigma_c \left(\alpha \varphi_0^{n+\frac{1}{2}} + \beta \varphi_0^n\right) + \bar{S}_0 , \tag{3}$$

mit

$$\varphi_0 = \sum \varphi \, \Delta u ; \quad \bar{S}_0 = \sum \bar{S} \, \Delta u ; \quad \sigma_c = \sigma - \sigma_s , \tag{3a}$$

und die Summe in (3a) wird über die Indizes der Gitterpunkte erstreckt.

Aus der Gleichung (3) wird $\varphi_0^{n+\frac{1}{2}}$ explizit zu

$$\varphi_0^{n+\frac{1}{2}} = \frac{1 - \beta\tau\sigma_c}{1 + \alpha\tau\sigma_c} \varphi_0^n + \frac{\bar{S}_0}{1 + \alpha\tau\sigma_c} \tau \tag{4}$$

ermittelt.

Danach wird die Gleichung (2a) integriert, die man in die Form

$$\frac{\varphi^{n+\frac{1}{2}} - \varphi^n}{\tau} + \sigma \left(\alpha \varphi^{n+\frac{1}{2}} + \beta \varphi^n\right) = \frac{\sigma_s}{4\pi} \left(\alpha \varphi_0^{n+\frac{1}{2}} + \beta \varphi_0^n\right) + \bar{S} \tag{2c}$$

bringen kann.

Um den zweiten Zwischenschritt leichter anwenden zu können, wird ein Differenzenschema mit voller Aufspaltung angewandt:

$$\frac{\varphi^{n+\frac{1}{m}} - \varphi^n}{\tau} = \Lambda_1 \left(\alpha \varphi^{n+\frac{1}{m}} + \beta \varphi^n\right) + \bar{S} , \tag{5a}$$

$$\frac{\varphi^{n+\frac{i+1}{m}} - \varphi^{n+\frac{i}{m}}}{\tau} = \Lambda_{2i}\left(\alpha\varphi^{n+\frac{i+1}{m}} + \beta\varphi^{n+\frac{i}{m}}\right); \tag{5b}$$

$$i = 1, \ldots, m-1 ,$$

mit

$$\Lambda_2 = \Lambda_{21} + \ldots + \Lambda_{2m-i} ;$$

Λ_{2i} sind die Approximationen der eindimensionalen Operatoren $u_i \frac{\partial}{\partial x_i}$, i=1, ... ,m-1; (m-1) ist die Dimensionszahl des Raumes.

Wir richten jetzt unsere Aufmerksamkeit auf die Analyse der Randbedingungen. Für die Gleichung (1) wird das gemischte Cauchysche Anfangswertproblem

$$\varphi(x,u,o) = \varphi_0(x,u) , \quad (x,u) \in G , \quad \varphi(x,u,t) = 0 , \tag{6}$$

$$\sum_{k=1}^{m-1} u_k \cdot n_k \leq 0 , \quad (x,u,t) \in \Gamma , \tag{7}$$

im zylindrischen Gebiet $\Pi = G \times H$ gestellt mit der Grundfläche G, der seitlichen Begrenzungsfläche $\Gamma = \gamma \times H$, $\gamma = \bar{G} - G$ und der Normalen $n=\{n_k\}$. Wenn Π ein Parallelepiped ist, so ist die Anwendung der Randbedingungen beim Schema mit voller Aufspaltung klar: Bei jedem i-ten Zwischenschritt (5b) wird das Schema der fortschreitenden Rechnung längs x_i in Richtung vom beleuchteten Teil des Randes zum Schattenteil hin angewandt.

Im Falle eines beliebigen zylindrischen Gebietes Π_0 mit der Grundfläche G_0 wird das Gebiet Π_0 in ein Parallelepiped Π eingeschlossen, und die Werte von φ werden entsprechend im Gebiet $\Pi - \Pi_0$ ergänzt. Im zweidimensionalen Fall wird die Fortsetzung von φ auf folgende Weise erzeugt (siehe Abb. 7)

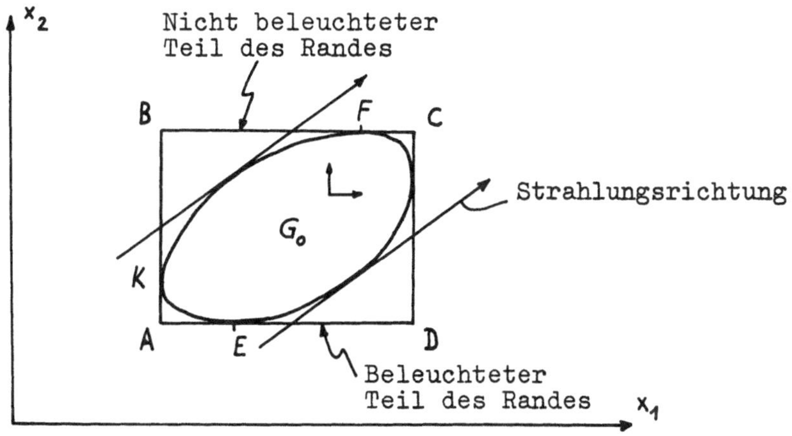

Abb. 7. Fortsetzung von φ in $\Pi - \Pi_0$ im zweidimensionalen Fall; die kleinen Pfeile zeigen vom beleuchteten Teil des Randes zum Schattenteil hin

Bei Ausführung des ersten Zwischenschritts (i=1) nach (5b) wird $\varphi^{n+\frac{2}{3}} = 0$ auf AB und $\varphi^{n+\frac{1}{3}} = 0$ in den Gebieten FBK und KAE angenommen. Der zweite Zwischenschritt (i=2) wird mit Anfangswerten $\varphi^{n+\frac{2}{3}}$ ausgeführt, die man vom ersten Zwischenschritt erhält, und mit den Randbedingungen $\varphi = \varphi^{n+1}$ auf AD. Eine detaillierte Konvergenzuntersuchung des Differenzenschemas findet man in den Arbeiten [70] und [71] .

Wir bemerken ergänzend, daß eine analoge Methode der Summation von φ zur Gewinnung der Differenzengleichung, die in der oberen Schicht nur φ_0 umfaßt, von W. J. Goldin [98] vorgeschlagen wurde.

7.2 Algebraische Gleichungen

In der Arbeit von A. A. Samarski [50] wurde ein Algorithmus zur Lösung des Differentialgleichungssystem

$$\frac{\partial u_i}{\partial t} + \sum_{j=1}^{m} a_{ij} u_j = f_i(t) , \quad i,j = 1, \dots, m , \tag{1}$$

vorgeschlagen und begründet.

Ein explizites Schema zur Integration von (1) hat eine Genauigkeit erster Ordnung und erfordert $O(m^2)$ Operationen.

Das gewöhnliche implizite Schema

$$\frac{u^{n+1} - u^n}{\tau} + A \frac{u^{n+1} + u^n}{2} = f^{n+1} ; \quad u = \{u_i\} , \ f = \{f_i\} , \ A = \{a_{ij}\} \tag{2}$$

hat eine Genauigkeit zweiter Ordnung und erfordert $O(m^3)$ Operationen. In der Arbeit [50] wird ein Schema vorgeschlagen, das dem Schema der Längs- und Querrichtung

$$\begin{aligned} \frac{u^{n+\frac{1}{2}} - u^n}{\frac{\tau}{2}} + A_1 u^{n+\frac{1}{2}} + A_2 u^n &= f^{n+\frac{1}{2}} , \\ \frac{u^{n+1} - u^{n+\frac{1}{2}}}{\frac{\tau}{2}} + A_1 u^{n+\frac{1}{2}} + A_2 u^{n+1} &= f^{n+\frac{1}{2}} \end{aligned} \tag{3}$$

analog ist mit:

$$\begin{gathered} A = A_1 + A_2 , \\ A_1 = (a_{ij}^-) , \quad A_2 = (a_{ij}^+) , \quad a_{ij}^- = 0 , \quad j > i , \\ a_{ii}^- + a_{ii}^+ = a_{ii} . \end{gathered} \tag{4}$$

Wenn die Dreiecksmatrizen A_1 und A_2 positiv definit sind, d.h. wenn

$$(A_\alpha u, u) \geq C \|u\|^2, \quad C > 0, \quad \alpha = 1,2, \tag{5}$$

gilt, so ist das Schema (3) stabil.

Das Schema (3) kann auch als Iterationsschema betrachtet werden. Für den Dämpfungskoeffizienten ρ des Fehlers gilt die Abschätzung (siehe [50])

$$\rho \leq \bar{\rho} = \frac{1-\sigma}{1+\sigma}, \qquad \sigma = \frac{2C\tau}{1+d^2\tau^2}, \tag{6}$$

mit

$$d = \max(\|A_1\|, \|A_2\|).$$

Man kann leicht zeigen, daß man ein Schema verwenden kann, das dem Aufspaltungsschema analog ist.

§8. Einige hydrodynamische Aufgaben

Die Zwischenschrittmethode kann mit Erfolg für hydrodynamische Aufgaben herangezogen werden insbesondere zur Konstruktion brauchbarer Integrations- und Iterationsschemata.

8.1 Potentialströmung um einen Körper

Wir betrachten die zweidimensionale Potentialströmung einer inkompressiblen Flüssigkeit um eine Kontur γ, die eine Symmetrieachse senkrecht zu $x_2=0$ hat (siehe Abb. 8)

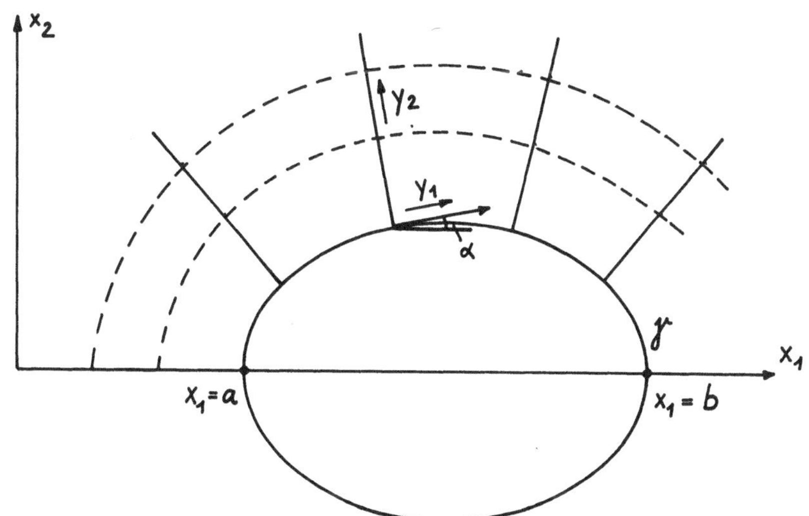

Abb. 8. Orthogonales Netz aus äquidistanten Linien und Normalen

Die Strömung im Unendlichen werden wir als homogen betrachten und den Geschwindigkeitsvektor $\vec{u} = \{u_1, u_2\}$ als zur x_1-Achse parallel ansehen:

$$u_1 \to u_{10}\ , \quad u_2 \to 0\ , \quad x_1^2 + x_2^2 \longrightarrow \infty\ . \tag{1}$$

Für die Stromfunktion ψ erhalten wir die Randwertaufgabe:

$$\Delta\psi = \frac{\partial^2\psi}{\partial x_1^2} + \frac{\partial^2\psi}{\partial x_2^2} = 0\ , \tag{2}$$

$$\psi(x_1, 0) = 0\ , \quad -\infty < x_1 \leq a, b \leq x_1 < \infty\ , \tag{3a}$$

$$\psi(x_1, x_2) = 0\ , \qquad (x_1, x_2) \in \gamma\ , \tag{3b}$$

$$\frac{\partial\psi}{\partial x_2} = -u_{10}\ , \quad \frac{\partial\psi}{\partial x_1} = 0\ , \quad x_1^2 + x_2^2 \longrightarrow \infty\ . \tag{3c}$$

Man kann die Aufgabe (2) und (3) in cartesischen Koordinaten lösen, aber da das Punktgitter in der Umgebung des Randes unregelmäßig ist, nimmt die Rechengenauigkeit ab.

Wir führen ein rechtwinkliges Koordinatensystem y_1, y_2 ein, worin y_1 die Bogenlänge der Kontur γ ist und y_2 den Abstand von γ angibt - gemessen in Normalenrichtung. y_1 und y_2 sind mit x_1 und x_2 durch die folgenden Relationen verknüpft:

$$x_1 = x_1(y_1) - y_2 \sin\alpha(y_1)\ , \qquad \cos\alpha = \frac{dx_1}{dy_1}$$
$$x_2 = x_2(y_1) + y_2 \cos\alpha(y_1)\ ,$$

$$dx_1^2 + dx_2^2 = [1 - y_2 k]^2 dy_1^2 + dy_2^2\ .$$

Hier ist

$$x_1 = x_1(y_1)\ ,$$
$$x_2 = x_2(y_1)\ ,$$

eine Parameterdarstellung der Kontur γ; $k(y_1) = \frac{d\alpha}{dy_1}$ ist die Krümmung der Kontur.

Die Gleichung (2) wird in die Form

$$\frac{\partial}{\partial y_1}\left(\frac{H_2}{H_1}\frac{\partial\psi}{\partial y_1}\right) + \frac{\partial}{\partial y_2}\left(\frac{H_1}{H_2}\frac{\partial\psi}{\partial y_2}\right) = 0 \tag{4}$$

übergeführt mit

$$H_1 = (1 - k y_2)^2\ , \quad H_2 = 1\ . \tag{5}$$

Das Integrationsgebiet wird in den halbunendlichen Streifen

$$0 \leq y_1 \leq l , \quad 0 \leq y_2 < \infty , \tag{6}$$

transformiert mit l als halbem Konturumfang.

Die Randbedingungen werden in der y_1, y_2-Ebene auf folgende Weise formuliert:

$$\psi(0, y_2) = 0 , \quad \psi(l, y_2) = 0 , \tag{7a}$$

$$\psi(y_1, 0) = 0 , \quad 0 \leq y_1 \leq l , \tag{7b}$$

$$\psi(y_1, a) = -u_{10} x_2 = -u_{10} \{x_2(y_1) + a \cos \alpha (y_1)\} . \tag{7c}$$

Für $a \to \infty$ erhalten wir die exakte Formulierung der Randwertaufgabe, wenn wir die Bedingung (7c) durch (3c) ersetzen, letztere in den Koordinaten y_1 und y_2 ausgedrückt.

Die Dirichletsche Aufgabe (4) und (7) im Rechteck $0 \leq y_1 \leq l$, $0 \leq y_2 \leq a$ wird auf bekannte Weise gelöst (siehe §4).

Wir bemerken noch, daß man zur Konvergenzverbesserung den Maßstab bezüglich der y_2-Achse durch Einführung einer neuen Variablen $Y_2 = f(y_2)$ ändern muß. Davon abgesehen, ist es für die Konvergenzbeschleunigung günstig, einen Relaxationsfaktor $F(y_1, y_2, t)$ derart einzuführen, daß die Dirichletsche Aufgabe für die instationäre Gleichung

$$\frac{\partial \psi}{\partial t} = F(y_1, y_2, t) \cdot \left[\frac{\partial}{\partial y_1} \frac{H_2}{H_1} \frac{\partial \psi}{\partial y_1} + \frac{\partial}{\partial y_2} \frac{H_1}{H_2} \frac{\partial \psi}{\partial y_2} \right] \tag{8}$$

zu lösen ist.

Auf ähnliche Weise wurde ein Algorithmus in Form eines Programms ausgearbeitet, der auch der Möglichkeit der Achsensymmetrie Rechnung trägt.

8.2 Potentialströmung einer inkompressiblen, schweren Flüssigkeit mit freien Rändern (Strömung über ein Wehr)

Wir betrachten das Problem der Strömung einer im Unendlichen mit gleichförmiger Geschwindigkeit strömenden Flüssigkeit über eine Unebenheit auf dem Boden (siehe Abb. 9). Wir nehmen an, daß das Bodenprofil durch eine Gleichung der Form

$$x_2 = f(x_1) \tag{1}$$

gegeben ist, wobei $f(x_1)$ die Bedingungen

$$f(-\infty) = 0 \quad ; \quad f(+\infty) = h_\infty \tag{2}$$

erfüllt. Wie gewöhnlich gehorcht die Flüssigkeitsbewegung der Gleichung (1.2).

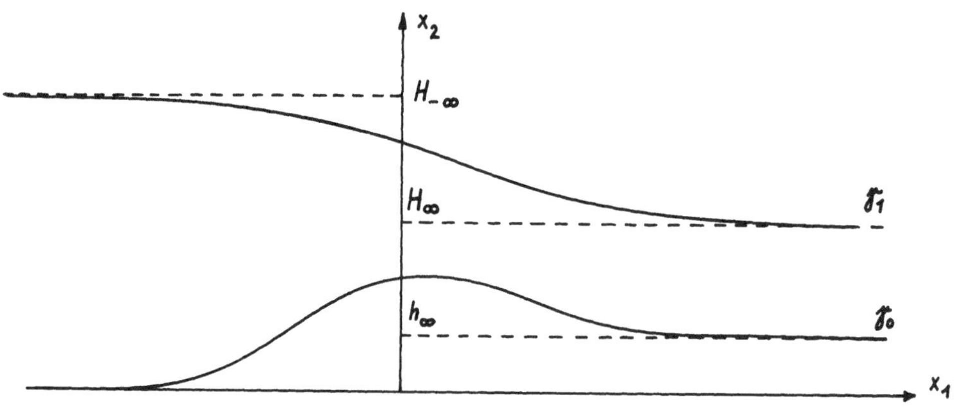

Abb. 9. Das Anlaufen der Strömung gegen ein Hindernis auf dem Boden

In der physikalischen x_1, x_2-Ebene haben die Randbedingungen die folgende Form:

$$u_1 = -\frac{\partial\psi}{\partial x_2} = u_{-\infty}\,, \quad u_2 = 0\,, \quad 0 \le x_2 \le H_{-\infty}\,, \; x_1 = -\infty\,, \tag{3a}$$

$$u_1 = -\frac{\partial\psi}{\partial x_2} = u_\infty\,, \quad u_2 = 0\,, \; h_\infty \le x_2 \le H_\infty\,, \; x_1 = +\infty\,, \tag{3b}$$

$$\psi = 0\,, \quad (x_1, x_2) \in \gamma_0\,,$$

$$\frac{1}{2}\left[\left(\frac{\partial\psi}{\partial x_1}\right)^2 + \left(\frac{\partial\psi}{\partial x_2}\right)^2\right] + P_0 = -g x_2 + c_1\,, \quad (x_1, x_2) \in \gamma_1\,, \tag{3c}$$

$$\psi = const. = c_2\,, \qquad (x_1, x_2) \in \gamma_1\,. \tag{3d}$$

Hierin ist $H_{-\infty}$ eine gegebene Größe, P_0 der Druck am oberen (freien) Rand.

Die Bedingung (3d) bedeutet, daß die freie Oberfläche bei stationärer Strömung - wie auch der Boden - eine Stromlinie (ψ-Linie) ist, die Bedingung (3c) entspricht der Bernoullischen Gleichung.

Die freie Oberfläche ist unbekannt und muß so bestimmt werden, daß die Bedingungen (3c) und (3d) erfüllt sind. Die Konstanten c_1 und c_2 werden aus den Bedingungen:

$$c_2 = u_{-\infty} H_{-\infty}\,, \tag{4}$$

$$c_1 = \frac{1}{2} u_{-\infty}^2 + P_0 + g H_{-\infty}\,, \tag{5}$$

ermittelt.

Schließlich werden die Grenzhöhe H_∞ und die Grenzgeschwindigkeit u_∞ aus den Erhaltungssätzen für die Masse und den Impuls (Bernoullische Gleichung) berechnet:

$$u_{-\infty} H_\infty = u_\infty (H_\infty - h_\infty) , \tag{6}$$

$$c_1 - P_0 = \frac{1}{2} u_\infty^2 + g H_\infty . \tag{7}$$

Zur Lösung der komplizierteren, nichtlinearen Aufgabe (1.2) und (3) gehen wir zu neuen, unabhängigen Variablen x_1 und ψ über, wobei wir x_2 als unbekannte Funktion ansehen. Statt der Gleichung (1.2) erhalten wir eine quasilineare, elliptische Gleichung.

Im folgenden setzen wir aus Gründen der Bequemlichkeit $x_1=x$ und $x_2=z$. Dann nimmt die Gleichung für z die Form

$$\frac{\partial^2 z}{\partial x^2} - \frac{\partial}{\partial \psi} \frac{1 + \left(\frac{\partial z}{\partial x}\right)^2}{\frac{\partial z}{\partial \psi}} = 0 \tag{8}$$

oder

$$L z = z_\psi^2 \frac{\partial^2 z}{\partial x^2} - 2 z_x z_\psi \frac{\partial^2 z}{\partial x \partial \psi} + \left[1 + z_x^2\right] \frac{\partial^2 z}{\partial \psi^2} = 0 \tag{9}$$

an. In den Variablen x und ψ ist das Integrationsgebiet ein Rechteck. Die Randbedingung (3) hat die Form (siehe Abb. 10):

$$z = - \frac{\psi}{u_{-\infty}} , \quad 0 \leq \psi \leq c_2 , \quad x = - c , \tag{10a}$$

$$z = \frac{\psi}{u_\infty} + h_\infty , \quad 0 \leq \psi \leq c_2 , \quad x = + c , \tag{10b}$$

$$z = f(x) , \quad -c \leq x \leq c , \quad \psi = 0 , \tag{10c}$$

$$z_x^2 + (g z - c_1 + P_0) z_\psi^2 + 1 = 0 , \quad - c \leq x \leq c , \quad \psi = c_2 . \tag{10d}$$

Für $c \to \infty$ erhalten wir die exakte Formulierung des Problems.

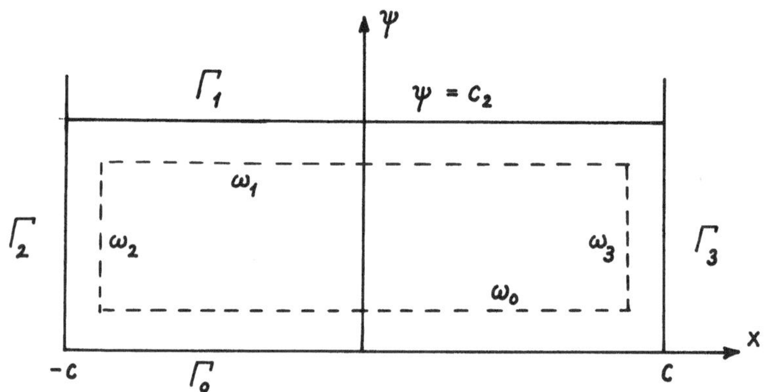

Abb. 10. Integrationsgebiet in der x, ψ-Ebene

Auf den Geradenstücken Γ_0, Γ_2 und Γ_3 sind die Werte von z (Bedingungen (10a/b/c) gegeben. Auf dem Geradenstück Γ_1 ist die nichtlineare Bedingung (10d) gegeben. Zur Lösung der gewonnenen nichtlinearen Aufgabe wird ein komplizierter Iterationsprozeß aufgestellt. Zu diesem Zweck wird - wie gewöhnlich - die Gleichung (9) in die entsprechende instationäre Gleichung

$$\frac{\partial z}{\partial t} = L z \tag{11}$$

übergeführt, die mit Hilfe irgendeines Verfahrens mit Zwischenschritten integriert wird. In dem entsprechenden Iterationsschema werden die Koeffizienten im Operator L aus dem vorangehenden Iterationsschritt entnommen. Z.B. hat das Iterationsschema der Aufspaltung die folgende Form:

$$\begin{aligned} \frac{z^{n+\frac{1}{2}} - z^n}{\tau} &= \left(z_\psi^2\right)^n \frac{\Delta_1 \Delta_{-1}}{h_1^2} z^{n+\frac{1}{2}} - \left(z_x z_\psi\right)^n \frac{\Delta_1 + \Delta_{-1}}{2h_1} \frac{\Delta_2 + \Delta_{-2}}{2h_2} z^n ; \\ \frac{z^{n+1} - z^{n+\frac{1}{2}}}{\tau} &= -\left(z_x z_\psi\right)^{n+\frac{1}{2}} \frac{\Delta_1 + \Delta_{-1}}{2h_1} \frac{\Delta_2 + \Delta_{-2}}{2h_2} z^{n+\frac{1}{2}} + \left[1 + z_x^2\right]^{n+\frac{1}{2}} \frac{\Delta_2 \Delta_{-2}}{h_2^2} z^{n+1} . \end{aligned} \tag{12}$$

In analoger Weise wird die Randbedingung (10d) linearisiert

$$(z_x)^k z_x^{n+1} + \left[(gz - c_1 + P_0) z_\psi\right]^k \cdot z_\psi^{n+1} + 1 = 0, \tag{13}$$

mit k als Iterationsindex auf dem Rand.

Wir bezeichnen mit ω_0, ω_1, ω_2 und ω_3 eine Gitterlinie, die in der Nachbarschaft des Randes Γ_0, Γ_1, Γ_2 und Γ_3 liegt.

Es sei auf dem Randstück Γ_1 als n-te Iteration der Wert von z gegeben. Dann erhalten wir für z eine Randwertaufgabe erster Art, und mit den gegebenen Randbedingungen werden ein oder mehrere Iterationszyklen mit dem Schema (12) durchlaufen. Danach wird die Bedingung auf Γ_1 herangezogen und zwar mit Hilfe eines Iterationszyklus nach dem Schema

$$\frac{z^{k+1}-z^k}{\tau} = (z_x)^k \frac{\Delta_1+\Delta_2}{2h_1} z^{k+1} + \left[(gz - c_1 + P_0) z_\psi\right]^k \frac{z^{k+1} - z^n(\omega_1)}{h_2} + 1, \qquad (14)$$

wobei $z^n(\omega_1)$ auf ω_1 genommen wird mit einer nachfolgenden Iteration bei der Lösung des Dirichletschen Problems. Benutzen wir in dieser Weise die Iterationszyklen abwechselnd, so erhalten wir einen konvergenten Iterationsprozeß. Der beschriebene Algorithmus wurde von S. N. Antonzew, O. Ph. Wasilew, B. G. Kusnezow und dem Verfasser [73] vorgeschlagen und in Form eines Programms angewandt.

8.3 Strömung einer zähen Flüssigkeit

Im zweidimensionalen Fall wird die zähe, kompressible Flüssigkeitsströmung durch die Gleichungen

$$\varrho\left(\frac{\partial u_1}{\partial t} + u_1\frac{\partial u_1}{\partial x_1} + u_2\frac{\partial u_1}{\partial x_2}\right) + \frac{\partial p}{\partial x_1} = \mu\,\Delta u_1 + \left(\zeta+\frac{\mu}{3}\right)\frac{\partial}{\partial x_1}\left(\frac{\partial u_1}{\partial x_1} + \frac{\partial u_2}{\partial x_2}\right) = 0, \qquad (1a)$$

$$\varrho\left(\frac{\partial u_2}{\partial t} + u_1\frac{\partial u_2}{\partial x_1} + u_2\frac{\partial u_2}{\partial x_2}\right) + \frac{\partial p}{\partial x_2} = \mu\,\Delta u_2 + \left(\zeta+\frac{\mu}{3}\right)\frac{\partial}{\partial x_2}\left(\frac{\partial u_1}{\partial x_1} + \frac{\partial u_2}{\partial x_2}\right) = 0, \qquad (1b)$$

$$\frac{\partial \varrho}{\partial t} + u_1\frac{\partial \varrho}{\partial x_1} + u_2\frac{\partial \varrho}{\partial x_2} + \varrho\left(\frac{\partial u_1}{\partial x_1} + \frac{\partial u_2}{\partial x_2}\right) = 0, \qquad (1c)$$

beschrieben, wobei μ und ζ die Koeffizienten der Zähigkeit sind.

Für die inkompressible Flüssigkeit gilt:

$$\frac{d\varrho}{dt} = \frac{\partial \varrho}{\partial t} + u_1\frac{\partial \varrho}{\partial x_1} + u_2\frac{\partial \varrho}{\partial x_2} = 0, \qquad (2)$$

und die Gleichungen (1a/b/c) erhalten die Form:

$$\varrho\left(\frac{\partial u_1}{\partial t} + u_1\frac{\partial u_1}{\partial x_1} + u_2\frac{\partial u_1}{\partial x_2}\right) + \frac{\partial p}{\partial x_1} = \mu\,\Delta u_1, \qquad (3a)$$

$$\varrho\left(\frac{\partial u_2}{\partial t} + u_1\frac{\partial u_2}{\partial x_1} + u_2\frac{\partial u_2}{\partial x_2}\right) + \frac{\partial p}{\partial x_2} = \mu\,\Delta u_2, \qquad (3b)$$

$$\frac{\partial u_1}{\partial x_1} + \frac{\partial u_2}{\partial x_2} = 0. \qquad (3c)$$

An dieser Stelle beschränken wir unsere Betrachtungen auf den Spezialfall einer inkompressiblen Strömung. Diese wird durch die Gleichungen (3) oder, was dasselbe ist, durch die Gleichungen

$$u_1 \frac{\partial u_1}{\partial x_1} + u_2 \frac{\partial u_1}{\partial x_2} + \frac{1}{\varrho} \frac{\partial p}{\partial x_1} = \nu \, \Delta u_1 \, ;$$
$$u_1 \frac{\partial u_2}{\partial x_1} + u_2 \frac{\partial u_2}{\partial x_2} + \frac{1}{\varrho} \frac{\partial p}{\partial x_2} = \nu \, \Delta u_2 \, ; \qquad (4)$$
$$\frac{\partial u_1}{\partial x_1} + \frac{\partial u_2}{\partial x_2} = 0 \, ,$$

beschrieben mit $\nu = \frac{\mu}{\varrho}$, dem Koeffizienten der kinematischen Zähigkeit.

Wir stellen Randbedingungen, die einer symmetrischen Umströmung entsprechen (siehe Abb. 11).

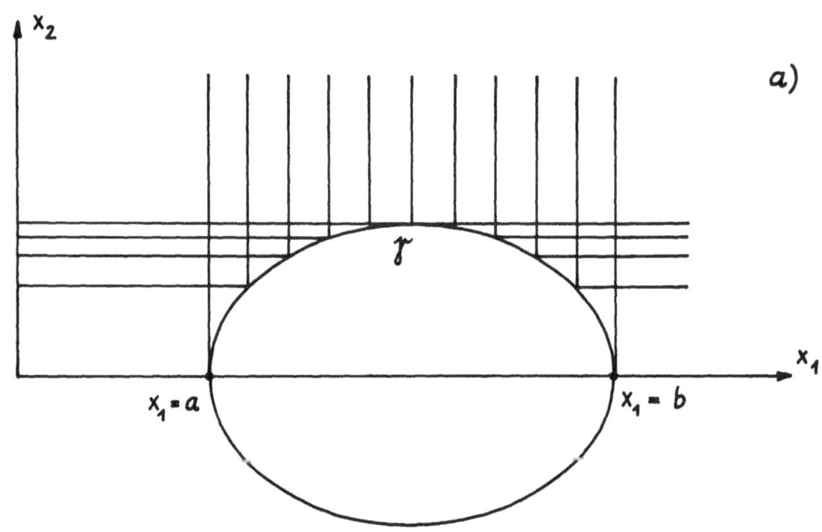

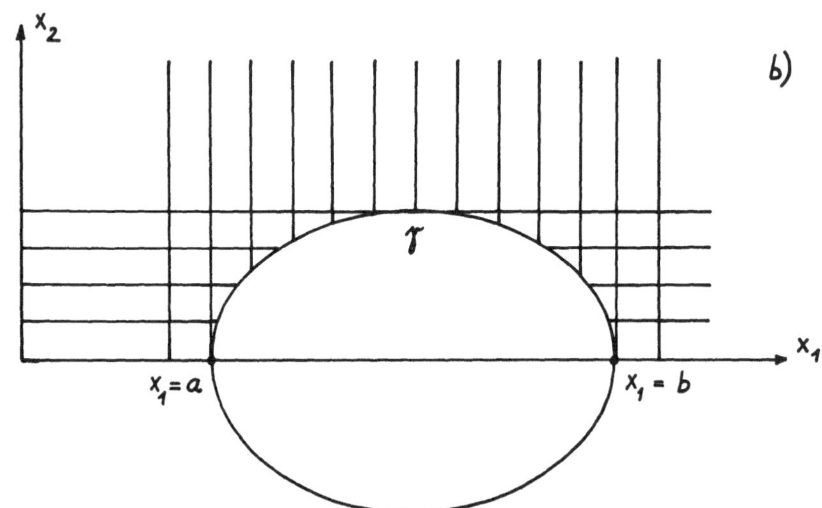

Abb. 11. a) Angepaßtes Netz,
b) nicht angepaßtes Netz

Zur Konstruktion eines Relaxationsprozesses stellen wir in Übereinstimmung mit den Gleichungen (4) ein instationäres System auf.

Das natürlichste Relaxationsmodell ist das Modell einer schwach kompressiblen Flüssigkeit. In diesem Fall werden wir vom System (1) ausgehen, indem wir in den Gleichungen (1a) und (1b) die Terme mit dem Faktor $(\zeta + \frac{\mu}{3})$ vernachlässigen. Indem wir die genäherten Gleichungen (1a) und (1b), die mit den Gleichungen (3a) und (3b) übereinstimmen, beibehalten, setzen wir

$$p = a^2 \varrho^k \tag{5}$$

(a^2 und k sind Konstanten) und formen die Gleichung (1c) um in:

$$\varepsilon \left(\frac{\partial p}{\partial t} + u_1 \frac{\partial p}{\partial x_1} + u_2 \frac{\partial p}{\partial x_2} \right) + p \left(\frac{\partial u_1}{\partial x_1} + \frac{\partial u_2}{\partial x_2} \right) = 0 , \tag{6}$$

$$\varepsilon = \frac{1}{k} .$$

Wählen wir k genügend groß, so ergibt sich eine Gleichung mit einem kleinen Parameter ε. In diesem Fall hat das instationäre System die Form:

$$\begin{gathered}
\frac{\partial u_1}{\partial t} + u_1 \frac{\partial u_1}{\partial x_1} + u_2 \frac{\partial u_1}{\partial x_2} + \frac{1}{\varrho} \frac{\partial p}{\partial x_1} = \nu \Delta u_1 ; \\
\frac{\partial u_2}{\partial t} + u_1 \frac{\partial u_2}{\partial x_1} + u_2 \frac{\partial u_2}{\partial x_2} + \frac{1}{\varrho} \frac{\partial p}{\partial x_2} = \nu \Delta u_2 ; \\
\varepsilon \left(\frac{\partial p}{\partial t} + u_1 \frac{\partial p}{\partial x_1} + u_2 \frac{\partial p}{\partial x_2} \right) + p \left(\frac{\partial u_1}{\partial x_1} + \frac{\partial u_2}{\partial x_2} \right) = 0 .
\end{gathered} \tag{7}$$

Für das Folgende setzen wir $\varrho = 1$.

Auf die Gleichung (7) läßt sich ein Aufspaltungsschema in den Koordinaten x_1 und x_2 anwenden, indem man das System

$$\begin{gathered}
\frac{1}{2} \frac{\partial u_1}{\partial t} + u_1 \frac{\partial u_1}{\partial x_1} + \frac{\partial p}{\partial x_1} = \nu \frac{\partial^2 u_1}{\partial x_1^2} ; \\
\frac{1}{2} \frac{\partial u_2}{\partial t} + u_1 \frac{\partial u_2}{\partial x_1} = \nu \frac{\partial^2 u_2}{\partial x_1^2} ; \\
\frac{1}{2} \varepsilon \frac{\partial p}{\partial t} + \varepsilon u_1 \frac{\partial p}{\partial x_1} + p \frac{\partial u_1}{\partial x_1} = 0 ,
\end{gathered} \tag{8}$$

beim ersten Halbschritt $t \in [n\tau, (n+\frac{1}{2})\tau]$ und das System

$$\begin{aligned}
\frac{1}{2}\frac{\partial u_1}{\partial t} + u_2\frac{\partial u_1}{\partial x_2} &= \nu\frac{\partial^2 u_1}{\partial x_2^2}\,; \\
\frac{1}{2}\frac{\partial u_2}{\partial t} + u_2\frac{\partial u_2}{\partial x_2} + \frac{\partial p}{\partial x_2} &= \nu\frac{\partial^2 u_2}{\partial x_2^2}\,; \\
\frac{1}{2}\varepsilon\frac{\partial p}{\partial t} + \varepsilon u_2\frac{\partial p}{\partial x_2} + p\frac{\partial u_2}{\partial x_2} &= 0\,,
\end{aligned} \tag{9}$$

beim zweiten Halbschritt $t \in [(n+\frac{1}{2})\tau, (n+1)\tau]$ approximiert.

Es ist auch möglich, ein anderes instationäres System zu benützen. Es hat die Form:

$$\begin{aligned}
\frac{\partial u_1}{\partial t} + u_1\frac{\partial u_1}{\partial x_1} + u_2\frac{\partial u_1}{\partial x_2} + \frac{\partial p}{\partial x_1} &= \nu\Delta u_1\,, \\
\frac{\partial u_2}{\partial t} + u_1\frac{\partial u_2}{\partial x_1} + u_2\frac{\partial u_2}{\partial x_2} + \frac{\partial p}{\partial x_2} &= \nu\Delta u_2\,,
\end{aligned} \tag{10}$$

$$\frac{\partial q}{\partial t} + \frac{\partial u_1}{\partial x_1} + \frac{\partial u_2}{\partial x_2} = 0\,, \tag{11}$$

mit

$$q = \frac{1}{2}q_1 + \frac{1}{2}q_2 \quad ; \quad q_1 = p + \frac{u_1^2}{2} \quad ; \quad q_2 = p + \frac{u_2^2}{2}\,. \tag{12}$$

Ihm entspricht das aufgespaltene System:

$$\begin{aligned}
\frac{1}{2}\frac{\partial u_1}{\partial t} + \frac{\partial q_1}{\partial x_1} &= \nu\frac{\partial^2 u_1}{\partial x_1^2}\,; \\
\frac{1}{2}\frac{\partial u_2}{\partial t} + u_1\frac{\partial u_2}{\partial x_1} &= \nu\frac{\partial^2 u_2}{\partial x_1^2}\,; \\
\frac{1}{2}\frac{\partial q_1}{\partial t} + \frac{\partial u_1}{\partial x_1} &= 0\,,
\end{aligned} \tag{13}$$

$$\frac{1}{2}\frac{\partial u_1}{\partial t} + u_2\frac{\partial u_1}{\partial x_2} = \nu\frac{\partial^2 u_1}{\partial x_2^2};$$

$$\frac{1}{2}\frac{\partial u_2}{\partial t} + \frac{\partial q_2}{\partial x_2} = \nu\frac{\partial^2 u_2}{\partial x_2^2}; \qquad (14)$$

$$\frac{1}{2}\frac{\partial q_2}{\partial t} + \frac{\partial u_2}{\partial x_2} = 0.$$

Wir schreiben das entsprechende Aufspaltungsschema ausführlich hin:

$$\frac{u_1^{n+\frac{1}{2}} - u_1^n}{\tau} + \frac{\Delta_1}{h_1}\left(\alpha q_1^{n+\frac{1}{2}} + \beta q_1^n\right) = \nu\frac{\Delta_1\Delta_{-1}}{h_1^2}\left[\alpha u_1^{n+\frac{1}{2}} + \beta u_1^n\right];$$

$$\frac{u_2^{n+\frac{1}{2}} - u_2^n}{\tau} + \left(\alpha u_1^n + \beta u_1^{n+\frac{1}{2}}\right)\frac{\Delta}{h_1}\left(\alpha u_2^{n+\frac{1}{2}} + \beta u_2^n\right) = \nu\frac{\Delta_1\Delta_{-1}}{h_1^2}\left[\alpha u_2^{n+\frac{1}{2}} + \beta u_2^n\right]; \qquad (15)$$

$$\frac{q_1^{n+\frac{1}{2}} - q_1^n}{\tau} + \frac{\Delta_{-1}}{h_1}\left[\alpha u_1^{n+\frac{1}{2}} + \beta u_1^n\right] = 0,$$

$$\frac{u_1^{n+1} - u_1^{n+\frac{1}{2}}}{\tau} + \left(\alpha u_2^{n+1} + \beta u_2^{n+\frac{1}{2}}\right)\frac{\delta}{h_2}\left(\alpha u_1^{n+1} + \beta u_1^{n+\frac{1}{2}}\right) = \nu\frac{\Delta_2\Delta_{-2}}{h_2^2}\left(\alpha u_1^{n+1} + \beta u_1^{n+\frac{1}{2}}\right);$$

(16)

$$\frac{u_2^{n+1} - u_2^{n+\frac{1}{2}}}{\tau} + \frac{\Delta_2}{h_2}\left(\alpha q_2^{n+1} + \beta q_2^{n+\frac{1}{2}}\right) = \nu\frac{\Delta_2\Delta_{-2}}{h_2^2}\left(\alpha u_2^{n+1} + \beta u_2^{n+\frac{1}{2}}\right);$$

$$\frac{q_2^{n+1} - q_2^{n+\frac{1}{2}}}{\tau} + \frac{\Delta_{-2}}{h_2}\left[\alpha u_2^{n+1} + \beta u_2^{n+\frac{1}{2}}\right] = 0,$$

mit

$$\Delta = \Delta_{-1}; \quad \left(\alpha u_1^n + \beta u_1^{n+\frac{1}{2}}\right) \geq 0;$$

$$\Delta = \Delta_{+1}; \quad \left(\alpha u_1^n + \beta u_1^{n+\frac{1}{2}}\right) < 0;$$

$$\delta = \Delta_{-2} \; ; \qquad (\alpha u_2^{n+1} + \beta u_2^{n+\frac{1}{2}}) \geq 0 \; ;$$

$$\delta = \Delta_{+2} \; ; \qquad (\alpha u_2^{n+1} + \beta u_2^{n+\frac{1}{2}}) < 0 \; ;$$

$$\alpha \geq 0 \; ; \quad \beta \geq 0 \; ; \quad \alpha + \beta = 1 \, .$$

Δ und δ können auch zentrale Differenzen sein. Man kann leicht zeigen, daß die impliziten Schemata (15) und (16) entlang den Gitterlinien zu Differenzenverfahren mit Gaußscher Elimination unter Verwendung von drei Punkten führen(siehe Abb. 11). Das Gitter kann sowohl angepaßt sein (die Gitterlinien treffen sich auf der Kontur), (Abb. 11a), als auch nicht angepaßt sein (Abb. 11b). Im letzten Fall werden zusätzliche Interpolationen benötigt.

Bei der praktischen Rechnung werden die Bedingungen bei $x_1 = \pm\infty$ auf den Linien $x_1 = \pm c$ mit genügend großem c gefordert. Ein derartiger Algorithmus für die Berechnung wurde von B. G. Kusnezow und dem Verfasser [74] ausgearbeitet und in Form eines Programms von N. N. Wladimirowa benutzt.

8.4 Methode der Kanäle

Bei der Lösung vieler Aufgaben der Hydrodynamik muß man zu einem krummlinigen Gitter übergehen. Die Methode der Kanäle impliziert die gleichzeitige Transformation von Koordinaten und Geschwindigkeitskomponenten in der Weise, daß jede Komponente die Strömungsgeschwindigkeit in einem entsprechenden, zugeordneten Kanal des Koordinatennetzes charakterisiert (siehe Abb. 12).

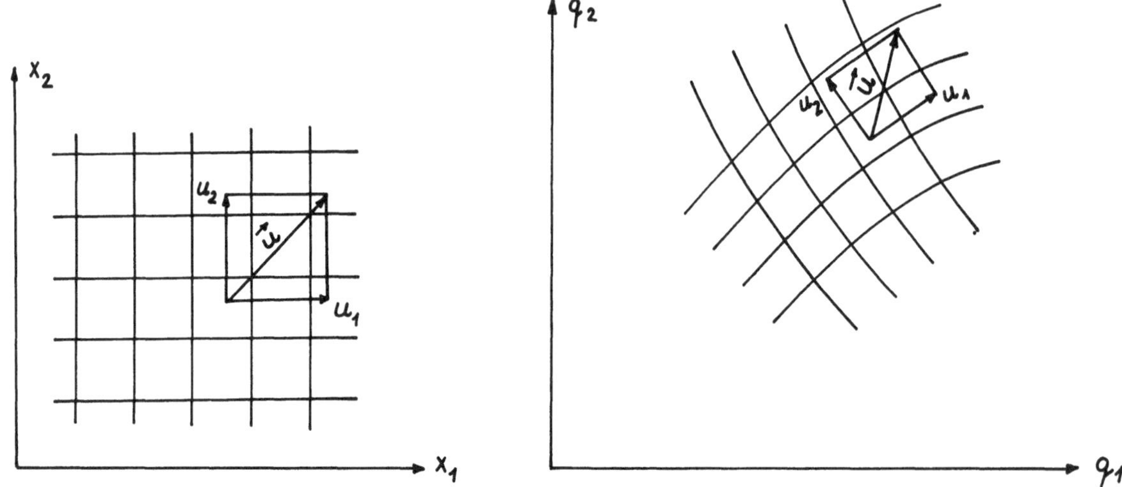

Abb. 12. Transformation der Koordinaten und Geschwindigkeitskomponenten

Zu diesem Zweck muß man von der Formulierung der hydrodynamischen Gleichungen in Tensorform Gebrauch machen. Es sei

$$\begin{aligned} &\rho\left(\frac{\partial u^i}{\partial t} + \sum_\alpha u^\alpha \frac{\partial u^i}{\partial x^\alpha}\right) + \frac{\partial p}{\partial x^i} = 0\,; \\ &\frac{\partial \rho}{\partial t} + \sum_\alpha u^\alpha \frac{\partial \rho}{\partial x^\alpha} + \rho \sum_\alpha \frac{\partial u^\alpha}{\partial x^\alpha} = 0\,; \\ &\frac{\partial S}{\partial t} + \sum_\alpha u^\alpha \frac{\partial S}{\partial x^\alpha} = 0\,; \qquad p = p(\rho, S)\,, \end{aligned} \tag{1}$$

das System der gasdynamischen Grundgleichungen in cartesischen rechtwinkligen Koordinaten. Wir werden u^i als kontravariante Komponenten des Geschwindigkeitsvektors $\vec{u}$ betrachten und $\frac{\partial p}{\partial x^i}$ als kontravarianten Gradienten von p.

Die Funktionen

$$q^i = q^i(x^1, \ldots, x^m, t)\,, \qquad i = 1, \ldots, m\,, \tag{2}$$

vermitteln die Transformation von den Koordinaten x^i zu krummlinigen Koordinaten q^i in einem gegebenen Zeitpunkt t. Wir führen - wie üblich - Transformationsmatrizen ein:

$$a^i_j = \frac{\partial q^i}{\partial x^j}\,; \qquad A^i_j = \frac{\partial x^i}{\partial q^j}\,; \qquad \sum_\alpha a^i_\alpha A^\alpha_j = \delta^i_j\,, \tag{3}$$

und erhalten das folgende Transformationsgesetz:

$$U^i = \sum_\alpha a^i_\alpha u^\alpha\,, \tag{4}$$

mit U^i als Geschwindigkeitskomponenten, die den Koordianten q^i entsprechen. Daraus folgt:

$$\begin{aligned} \frac{\partial U^i}{\partial t} &= \sum_\alpha \left(a^i_\alpha \frac{\partial u^\alpha}{\partial t} + \frac{\partial a^i_\alpha}{\partial t} u^\alpha\right) = \sum_\alpha a^i_\alpha \frac{\partial u^\alpha}{\partial t} + \sum_{\alpha,\beta} \frac{\partial a^i_\beta}{\partial t} A^\beta_\alpha U^\alpha = \\ &= \sum_\alpha a^i_\alpha \frac{\partial u^\alpha}{\partial t} + \sum_\alpha b^i_\alpha U^\alpha\,, \qquad b^i_\alpha = \sum_\beta \frac{\partial a^i_\beta}{\partial t} A^\beta_\alpha\,. \end{aligned} \tag{5}$$

Auf diese Weise transformieren sich die Größen:

$$\frac{\partial U^i}{\partial t} - \sum_\alpha b^i_\alpha U^\alpha \tag{6}$$

wie die Komponenten eines kontravarianten Vektors, und nach Übergang zu den Koordinaten q^i nach Formel (2) und zu den Komponenten U^i nach Formel (5) werden die Gleichungen (1) in die Form

$$\begin{aligned}
&\varrho\left(\frac{\partial U^i}{\partial t} + \sum_\alpha U^\alpha \frac{\partial U^i}{\partial q^\alpha}\right) + \sum_\alpha g^{i\alpha}\frac{\partial p}{\partial q^\alpha} = \Phi^i \; ;\\
&\frac{\partial \varrho}{\partial t} + \sum_\alpha U^\alpha \frac{\partial \varrho}{\partial q^\alpha} + \varrho \sum_\alpha \frac{\partial U^\alpha}{\partial q^\alpha} = \Psi \; ;\\
&\frac{\partial S}{\partial t} + \sum_\alpha U^\alpha \frac{\partial S}{\partial q^\alpha} = 0 \, , \quad i,\alpha = 1,\dots,m \, ,
\end{aligned} \tag{7}$$

übergeführt mit:

$$\begin{aligned}
&\Phi^i = -\varrho\left[\sum_\alpha b^i_\alpha U^\alpha + \sum_{\alpha,\beta} U^\beta \Gamma^i_{\alpha\beta} U^\alpha\right] ;\\
&\Psi = -\varrho \sum_{\beta,\gamma} \Gamma^\gamma_{\gamma\beta} U^\beta \; ;\\
&\Gamma^i_{\alpha,\beta} = \sum_\gamma a^i_\gamma \frac{\partial A^\gamma_\alpha}{\partial q^\beta} \, , \quad i,\alpha,\beta,\gamma = 1,\dots,m \, .
\end{aligned} \tag{8}$$

Im Spezialfall m=2 betrachten wir das aufgespaltene System:

$$\frac{1}{2}\varrho \frac{\partial U^1}{\partial t} + \varrho U^1 \frac{\partial U^1}{\partial q^1} + g^{11}\frac{\partial p}{\partial q^1} = \frac{1}{2}\Phi^1 \, , \tag{9a}$$

$$\frac{1}{2}\varrho \frac{\partial U^2}{\partial t} + \varrho U^1 \frac{\partial U^2}{\partial q^1} + g^{21}\frac{\partial p}{\partial q^1} = \frac{1}{2}\Phi^2 \, , \tag{9b}$$

$$\frac{1}{2}\frac{\partial \varrho}{\partial t} + U^1 \frac{\partial \varrho}{\partial q^1} + \varrho \frac{\partial U^1}{\partial q^1} = \frac{1}{2}\Psi \, , \tag{9c}$$

$$\frac{1}{2}\frac{\partial S}{\partial t} + U^1 \frac{\partial S}{\partial q^1} = 0 \, . \tag{9d}$$

$$\begin{aligned}
&\tfrac{1}{2}\varrho\frac{\partial U^1}{\partial t} + \varrho U^2\frac{\partial U^1}{\partial q^2} + g^{12}\frac{\partial p}{\partial q^2} = \tfrac{1}{2}\Phi^1 ;\\
&\tfrac{1}{2}\varrho\frac{\partial U^2}{\partial t} + \varrho U^2\frac{\partial U^2}{\partial q^2} + g^{22}\frac{\partial p}{\partial q^2} = \tfrac{1}{2}\Phi^2 ;\\
&\tfrac{1}{2}\frac{\partial \varrho}{\partial t} + U^2\frac{\partial \varrho}{\partial q^2} + \varrho\frac{\partial U^2}{\partial q^2} = \tfrac{1}{2}\Psi ;\\
&\tfrac{1}{2}\frac{\partial S}{\partial t} + U^2\frac{\partial S}{\partial q^2} = 0 .
\end{aligned} \tag{10}$$

Das System (9) wird von irgendeinem Differenzenschema im Intervall $t\in[n\tau\ ,(n+\frac{1}{2})\tau]$ approximiert, das System (10) im Intervall $[(n+\frac{1}{2})\tau\ ,\ (n+1)\tau]$.

Jedes der Systeme (9) und (10) hat die Struktur eines eindimensionalen Systems. Genauer gesagt, im System (9) sind die Gleichungen (9a/c/d) den eindimensionalen gasdynamischen Gleichungen analog und können mit Hilfe eines impliziten Schemas gelöst werden, das auf der vektoriellen Methode der Faktorisicrung beruht. Danach wird die Gleichung (9b) nach der Methode der fortschreitenden Rechnung für U^2 gelöst. Ein analoges Verfahren wird auch auf das System (10) angewandt. Das Rechenschema ist dann brauchbar, wenn sich in einem bewegten Koordinatensystem der Kontaktrand als Koordinatenlinie ergibt*. Dann ist ein Fortschreiten längs des Kanals, der die Begrenzungslinie schneidet, möglich, weil die transversalen, kontravarianten Komponenten des Geschwindigkeitsvektors beim Überschreiten der Grenze stetig sind (siehe Abb. 13).

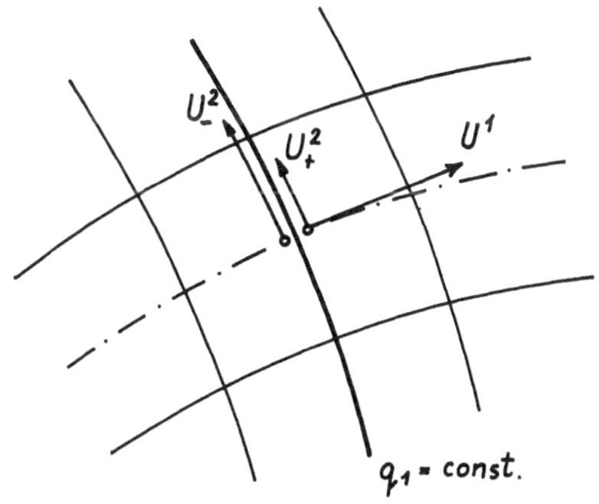

Abb. 13. U^1 ist stetig beim Überschreiten der Kontaktgrenze, U^2 ist unstetig

* Bewegte Gitter dieser Art, die Kontaktränder als Koordinatenlinien einschließen, sind von S. K. Godunow benutzt worden.

Dieser Sachverhalt folgt aus der Tatsache, daß der Sprung des Geschwindigkeitsvektors $U^+ - U^-$ auf der Kontaktfläche parallel der Grenzfläche ist.

8.5 Prediktor-Korrektor-Verfahren (Methode der korrigierten Werte)

Die Prediktor-Korrektor-Methode kann man als eine Variante der Zwischenschrittmethode ansehen, obgleich erstere früher und unabhängig auf verschiedenartige Probleme angewandt wurde.

Früher haben wir uns schon davon überzeugt, daß die Prediktor-Korrektor-Methode zur Konstruktion von Schemata mit approximierender Korrektur benutzt werden kann (siehe §2). Im Falle nichtlinearer Gleichungen kann die Methode auch dazu dienen, das Schema wieder konservativ zu machen. Wenn auch die Tatsache der Anwendbarkeit der Prediktor-Korrektor-Methode auf gewöhnliche Differentialgleichungen schon lange bekannt ist, so wurde die Anwendung des Prediktor-Korrektor-Verfahrens auf nichtlineare Gleichungen mit partiellen Ableitungen erst kürzlich in den Arbeiten von Douglas [75] , S. K. Godunow und K. A. Semendajew [76] , S. K. Godunow [34] , I. K. Jauschew und dem Verfasser [35] vorgeschlagen. Die allgemeine Idee des Prediktor-Korrektor-Verfahrens bei der Anwendung auf die Gleichungen der Gasdynamik kann in folgender Form dargestellt werden:
Es sei

$$\oint u\,dx - v(u)\,dt = \iint f\,dx\,dt \tag{1}$$

ein System von Erhaltungssätzen in Vektorform mit

$$u = \{u_1, \dots, u_m\}, \quad v = \{v_1, \dots, v_m\}, \quad f = \{f_1, \dots, f_m\}.$$

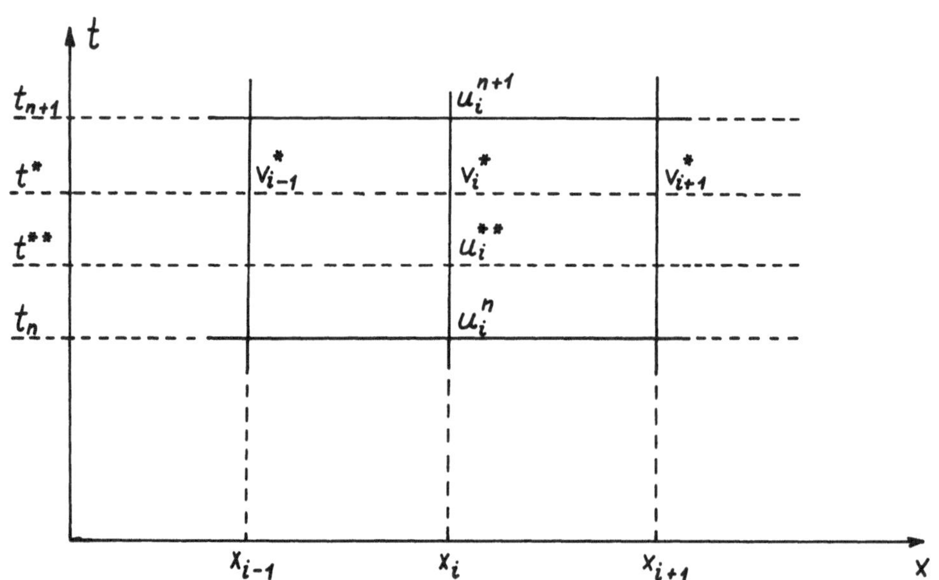

Abb. 14. Anordnung der Größen u_i^n , v_i^* , u_i^{**}

Dem System (1) entspricht ein hyperbolisches, quasilineares System in der Form eines Divergenzausdrucks:

$$\frac{\partial u}{\partial t} + \frac{\partial v(u)}{\partial x} = f(u) . \qquad (2)$$

Wählen wir für die Rechnung ein rechtwinkliges Gitter, so approximieren wir die Relationen (2) durch ein Differenzenschema (siehe Abb. 14) der Form:

$$\frac{u_i^{n+1} - u_i^n}{\tau} + \frac{\overset{*}{v}_{i+1} - \overset{*}{v}_{i-1}}{2h} = f(u_i^{**}) . \qquad (3)$$

Hierbei ist

$$u_i^n = u(x_i, t_n) , \quad v_i^* = v(x_i, t^*) , \quad u_i^{**} = u(x_i, t^{**}) \qquad (4)$$

gesetzt.

Die Größen v_i^* , u_i^{**} können nach einem beliebigen Schema berechnet werden. Wir untersuchen zunächst ein homogenes Schema, das man erhält, wenn man z.B. setzt:

$$\begin{aligned} v_i^* &= \alpha v_i^{n+1} + \beta v_i^n = \alpha v(u_i^{n+1}) + \beta v(u_i^n) , \\ u_i^{**} &= u_i^* = \alpha u_i^{n+1} + \beta u_i^n , \\ &\alpha \geq 0 , \quad \beta \geq 0 , \quad \alpha + \beta = 1 . \end{aligned} \qquad (5)$$

Das Schema (3) erhält die Form:

$$\begin{aligned} &\frac{u_i^{n+1} - u_i^n}{\tau} + \alpha \frac{[v(u_{i+1}^{n+1}) - v(u_{i-1}^{n+1})]}{2h} + \beta \frac{v(u_{i+1}^n) - v(u_{i-1}^n)}{2h} = \\ &= f(u_i^*) = f(\alpha u_i^{n+1} + \beta u_i^n) . \end{aligned} \qquad (6)$$

Für die Anwendung des Schemas (6) muß man die Formeln (6) linearisieren, indem man

$$\begin{aligned} v(u^{n+1}) &= v(u^n) + \left\| \frac{\partial v^n}{\partial u} \right\| (u^{n+1} - u^n) , \\ f(u^*) &= f(u^n) + \left\| \frac{\partial f^n}{\partial u} \right\| (u^* - u^n) , \end{aligned} \qquad (7)$$

setzt.

Danach werden die Formeln (6) mit dem vektoriellen Verfahren der Faktorisierung gelöst. Wir bemerken, daß nach der Substitution (7) in (6) das Schema nicht divergent ist. Um die Divergenz zu erhalten, muß man das Schema (6) exakt lösen und die Relationen (7) als Iterationsgleichungen ansehen:

$$\overset{k+1}{v(u)} = v(\overset{k}{u}) + \left\| \frac{\partial \overset{k}{v}}{\partial u} \right\| (\overset{k+1}{u} - \overset{k}{u}) ,$$
$$\overset{k+1}{f(u)} = f(\overset{k}{u}) + \left\| \frac{\partial \overset{k}{f}}{\partial u} \right\| (\overset{k+1}{u} - \overset{k}{u}) , \qquad (8)$$

wobei der Index k den Iterationsschritt angibt und $u^o = u^n$ gesetzt ist. Ebenso entsteht bei einem homogenen Schema die Notwendigkeit, die vektorielle Methode der Faktorisierung entsprechend der Nichtlinearität mit Iterationen zu verknüpfen. Die Prediktor-Korrektor-Methode macht die Iterationen entbehrlich. Zur Berechnung von v^* kann ein beliebiges, implizites, absolut stabiles Schema benutzt werden, das nicht notwendig divergent ist und wegen des nichtlinearen Charakters keine Iterationen erfordert.

Wir schreiben das System (2) in die Form

$$\frac{\partial u}{\partial t} + A \frac{\partial u}{\partial x} = f \; ; \qquad A = \left\| \frac{\partial v}{\partial u} \right\| \qquad (9)$$

um. Dann stellt das folgende Schema

$$\frac{u^* - u^n}{\tau} + A(u^n) \frac{\Delta_1 + \Delta_{-1}}{2h} u^* = f(u^n) + B(u^n)(u^* - u^n),$$
$$B = \left\| \frac{\partial f}{\partial u} \right\| , \qquad (10)$$

ein mögliches Schema zur Bestimmung von u^* und v^* dar, das mit Hilfe des vektoriellen Verfahrens der Faktorisierung angewandt wird und keine Iteration verlangt (siehe [34]).

Hat man u^* aus (10) berechnet, so bestimmt man $v^* = v(u^*)$. Mit dem Schema (3) erhalten wir ein divergentes Schema. Es ist absolut stabil für $t^* \geq (t_n + t_{n+1})/2$ und hat eine Genauigkeit zweiter Ordnung für $t^* = (t_n + t_{n+1})/2$. Statt (10) können wir auch ein anderes, implizites Schema verwenden, z. B. ein majorantes, charakteristisches Schema (siehe [35]).

8.6 Die Gleichungen der Meteorologie

In den Arbeiten von G. I. Martschuk [77,78,97] wurde ein implizites Aufspaltungsschema zur Integration der meteorologischen Gleichungen:

$$\frac{\partial u^1}{\partial t} + u^1 \frac{\partial u^1}{\partial x^1} + u^2 \frac{\partial u^1}{\partial x^2} - l u^2 = - \frac{\partial H}{\partial x^1} , \tag{1a}$$

$$\frac{\partial u^2}{\partial t} + u^1 \frac{\partial u^2}{\partial x^1} + u^2 \frac{\partial u^2}{\partial x^2} + l u^1 = - \frac{\partial H}{\partial x^2} , \tag{1b}$$

$$\frac{\partial T}{\partial t} + u^1 \frac{\partial T}{\partial x^1} + u^2 \frac{\partial T}{\partial x^2} - k_1 T \frac{u^3}{p} = q , \tag{1c}$$

$$\frac{\partial u^1}{\partial x^1} + \frac{\partial u^2}{\partial x^2} + \frac{\partial u^3}{\partial p} = 0 , \tag{1d}$$

$$T = - k_2 p \frac{\partial H}{\partial p} , \tag{1e}$$

ausgearbeitet und begründet.

Dabei bedeuten u^1, u^2 , u^3 die Geschwindigkeitskomponenten längs der Achsen x^1, x^2, p; T die Temperatur, H die Höhe der Isobarenfläche p=const., q der Wärmefluß in die Masseneinheit; l der Coriolisparameter; k_1 und k_2 Konstanten. Das System (1) ist n i c h t r e g u l ä r , d.h. es gehört nicht zu den Systemen vom Cauchy-Kowalewskischen Typ.

Wir führen in unsere Untersuchung die Vektorfunktionen

$$u = \{u^1, u^2, T\} \quad ; \quad f = \left\{ - \frac{\partial H}{\partial x^1} , - \frac{\partial H}{\partial x^2} , k_1 \frac{T u^3}{p} + q \right\} \tag{2}$$

ein sowie die Matrix

$$A = \begin{Vmatrix} 0 & -l & 0 \\ l & 0 & 0 \\ 0 & 0 & 0 \end{Vmatrix} . \tag{3}$$

Wir schreiben dann die Gleichungen (1a),(1b) und (1c) in der Form

$$\frac{\partial u}{\partial t} + u^1 \frac{\partial u}{\partial x^1} + u^2 \frac{\partial u}{\partial x^2} + A u = f . \tag{4}$$

Bei gegebener Funktion f ist das Teilsystem (4) ein abgeschlossenes, regulärer, hyperbolisches System. Es wird mit der Aufspaltungsmethode gelöst:

$$\frac{u^{n+\frac{1}{3}} - u^{n}}{\tau} + \Lambda_1 u^{n+\frac{1}{3}} = 0 , \tag{5a}$$

$$\frac{u^{n+\frac{2}{3}} - u^{n+\frac{1}{3}}}{\tau} + \Lambda_2 u^{n+\frac{2}{3}} = 0 , \tag{5b}$$

$$\frac{u^{n+1} - u^{n+\frac{2}{3}}}{\tau} + A u^{n+1} = f^{n+1} , \tag{5c}$$

mit den Operatoren Λ_1, Λ_2 , die die Operatoren $u^1\frac{\partial}{\partial x^1}, u^2\frac{\partial}{\partial x^2}$ entsprechend approximieren. Um das System (5) vollständig zu machen, muß man f^{n+1} bestimmen. Dazu kombinieren wir die Gleichung (5c) mit den Differenzengleichungen für (1d/e)

$$\sum_{k=1}^{3} \frac{\Delta_k + \Delta_{-k}}{2h_k} (u^k)^{n+1} = 0 .$$

$$T^{n+1} = -k_2 p \frac{\Delta_3 + \Delta_{-3}}{2h_3} H^{n+1} , \quad h_1 = \Delta x_1 , \; h_2 = \Delta x_2 , \; h_3 = \Delta p . \tag{6}$$

Die Gleichungen (5c) zusammen mit (6) stellen - unter Berücksichtigung der Randbedingungen - ein vollständiges System bezüglich u^{n+1} und H^{n+1} dar. Eliminiert man u^{n+1} aus (5c) und (6), so kann man eine Gleichung für H^{n+1} ableiten, die iterativ gelöst wird.

§9. Allgemeine Aussagen

In den vorangegangenen Paragraphen wurden eine Reihe von Aufgaben der mathematischen Physik und Differenzenschemata für ihre Lösungen betrachtet, die auf der Zwischenschrittmethode beruhen. Im vorliegenden Paragraphen machen wir den Versuch, die allgemeinsten Gesichtspunkte und Methoden zur Konstruktion von Schemata mit Zwischenschritten darzulegen und auch eine Begründung für die Zwischenschrittmethode für eine große Klasse von Schemata zu geben.

9.1 Allgemeine Aussagen zur Aufspaltungsmethode, Begründung im kommutativen Fall durch das Eliminationsverfahren

Für partielle Differentialgleichungssysteme wurde die Aufspaltungsmethode (Zwischenschrittmethode) in allgemeiner Form in der Veröffentlichung des Verfassers [79] als eine

Methode zur Konstruktion effektiver, impliziter Schemata dargestellt. In der Arbeit [79] wurden nur zweischichtige Schemata mit Zwischenschritten betrachtet. In dem Beitrag von G. I. Martschuk und dem Verfasser [51] zur All-Unions-Konferenz über Fragen der numerischen Mathematik (Moskau, 1965) und auf dem IFIP-Kongreß (New York, 1965) wurde diese Methode für ein System von Integrodifferentialgleichungen und für mehrschichtige Schemata mit Zwischenschritten formuliert. Wir betrachten lineare Systeme von Integrodifferentialgleichungen für eine gesuchte Vektorfunktion

$$\frac{\partial u}{\partial t} = \Omega u + f \,, \tag{1}$$

für die das Cauchysche Anfangswertproblem in einem Banachraum

$$u(x,0) = u_0(x) \tag{2}$$

korrekt formuliert ist.

Es sei

$$\Omega = \Omega_1 + \cdots + \Omega_p \tag{3}$$

eine Darstellung des Integrodifferentialoperators Ω als Summe von p Operatoren Ω_1, Ω_2, ... , Ω_p, und die Operatoren Ω_1, ... , Ω_p werden durch die Operatoren Λ_{ij} derart approximiert, daß die Approximationsrelationen*

$$\begin{aligned} \Lambda_{10} + \Lambda_{11} &\sim \Omega_1 \,; \\ \Lambda_{20} + \Lambda_{21} + \Lambda_{22} &\sim \Omega_2 \,; \\ &\vdots \\ \Lambda_{p0} + \Lambda_{p1} + \cdots + \Lambda_{pp} &\sim \Omega_p \end{aligned} \tag{4}$$

gelten. Das Aufspaltungsschema hat die Form:

$$\begin{aligned} \frac{u^{n+\frac{1}{p}} - u^n}{\tau} &= \Lambda_{10} u^n + \Lambda_{11} u^{n+\frac{1}{p}} + F_1 \,; \\ \frac{u^{n+\frac{2}{p}} - u^{n+\frac{1}{p}}}{\tau} &= \Lambda_{20} u^n + \Lambda_{21} u^{n+\frac{1}{p}} + \Lambda_{22} u^{n+\frac{2}{p}} + F_2 \,; \\ \frac{u^{n+1} - u^{n+\frac{p-1}{p}}}{\tau} &= \Lambda_{p0} u^n + \Lambda_{p1} u^{n+\frac{1}{p}} + \cdots + \Lambda_{pp} u^{n+1} + F_p \,, \end{aligned} \tag{5}$$

---

* Wir bemerken, daß die Operatoren Λ_{ij} beliebige Struktur haben können, einschließlich Differenzen- und Integrodifferentialoperatoren.

mit

$$F_s = \Lambda_s f \; ; \quad \sum_{s=1}^{p} \Lambda_s \sim E \; . \tag{6}$$

Wenn

$$\Lambda_{sr} = 0 \, , \quad r < s-1 \, , \tag{7}$$

so ist jedes Schema (5) zweischichtig. Man kann leicht die Konvergenzbedingungen des Differenzenschemas (5) für die Gleichung (1) formulieren, wenn alle betrachteten Differenzenoperatoren Λ_{ij} und Λ_i kommutativ sind.

Wir betrachten der Einfachheit wegen den Fall homogener, zweischichtiger Schemata

$$(f = 0 \, , \quad F_s = 0 \, , \quad \Lambda_{sr} = 0 \, , \quad r < s-1)$$

$$\frac{u^{n+\frac{k}{p}} - u^{n+\frac{k-1}{p}}}{\tau} = \Lambda_{kk-1} u^{n+\frac{k-1}{p}} + \Lambda_{kk} u^{n+\frac{k}{p}} \, , \quad (k = 1, \dots, p) . \tag{8}$$

Wir konstruieren ein entsprechendes Schema mit ganzen Schrittweiten. Die Gleichungen (8) können in die Form

$$A_k u^{n+\frac{k}{p}} = B_k u^{n+\frac{k-1}{p}} \tag{9}$$

umgeschrieben werden mit:

$$A_k = E - \tau \Lambda_{kk} \quad ; \quad B_k = E + \tau \Lambda_{kk-1} \, , \quad (k = 1, \dots, p) \, .$$

Danach benutzen wir das Eliminationsverfahren, wie es in der Arbeit von Douglas [12] vorgeschlagen wurde, verwenden die Kommutativität der Operatoren A_k und B_k und erhalten ein Schema für die ganzen Schrittweiten

$$\begin{gathered} A u^{n+1} = B u^n \; ; \\ A = A_1 \cdots A_p \, , \qquad B = B_1 \cdots B_p \, . \end{gathered} \tag{10}$$

Entwickeln wir die Operatoren A und B nach Potenzen von τ, so erhalten wir:

$$\begin{aligned} A = {} & E - \tau(\Lambda_{11} + \Lambda_{22} + \dots + \Lambda_{pp}) + \tau^2(\Lambda_{11}\Lambda_{22} + \dots + \Lambda_{p-1\,p-1}\Lambda_{pp}) + \cdots \\ & \cdots + (-1)^p \tau^p \Lambda_{11}\Lambda_{22} \cdots \Lambda_{p-1\,p-1}\Lambda_{pp} \; ; \\ B = {} & E + \tau(\Lambda_{10} + \Lambda_{21} + \dots + \Lambda_{pp-1}) + \tau^2(\Lambda_{10}\Lambda_{21} + \dots + \Lambda_{p-1\,p-2}\Lambda_{pp-1} + \cdots \\ & \cdots + \tau^p \Lambda_{10}\Lambda_{21} \cdots \Lambda_{pp-1} \, . \end{aligned} \tag{11}$$

Unter Berücksichtigung von (11) kann man das Schema (10) in die Form

$$\frac{u^{n+1} - u^n}{\tau} = \sum_{k=1}^{p} (\Lambda_{kk-1} u^n + \Lambda_{kk} u^{n+1}) + \tau \Phi , \tag{12}$$

bringen mit:

$$\begin{aligned}\Phi = &\sum_{i<j} (\Lambda_{ii-1} \Lambda_{jj-1} u^n - \Lambda_{ii} \Lambda_{jj} u^{n+1}) + \\ &+ \tau \sum_{i<j<k} (\Lambda_{ii-1} \Lambda_{jj-1} \Lambda_{kk-1} u^n + \Lambda_{ii} \Lambda_{jj} \Lambda_{kk} u^{n+1}) + \ldots + \tau^{p-2} \left[\Lambda_{10} \Lambda_{21} \cdots \Lambda_{pp-1} u^n + (-1)^{p-1} \Lambda_{11} \Lambda_{22} \cdots \Lambda_{pp} u^{n+1}\right].\end{aligned} \tag{13}$$

Die Gleichung (12) beweist die Approximation des zweischichtigen Schemas (9), da mit (4) und (7) die Beziehung

$$\sum_{k=1}^{p} (\Lambda_{kk-1} + \Lambda_{kk}) \sim \sum_{k=1}^{p} \Omega_k = \Omega \tag{14}$$

gilt.

Wir suchen jetzt die Bedingung für die Korrektheit des Schemas (9) oder - was dasselbe ist - des Schemas (10). Die Gleichungen (9) können in die Form

$$u^{n+\frac{k}{p}} = C_k u^{n+\frac{k-1}{p}} , \quad C_k = A_k^{-1} B_k , \quad k = 1, \ldots, p, \tag{15}$$

gebracht werden. Das Schema für die ganzen Schrittweiten hat die Gestalt:

$$u^{n+1} = C u^n , \quad C = C_p C_{p-1} \cdots C_1 = A^{-1} B . \tag{16}$$

Das Schema (9) ist gleichmäßig korrekt, wenn

$$\| C \| = \| C_p C_{p-1} \cdots C_1 \| \leq 1 + \text{const.}\, \tau \tag{17}$$

gilt. Demzufolge ist die Stabilität eines jeden Schemas (9) mit Zwischenschritten nicht notwendig gewährleistet. Nach einem bekannten Satz (siehe §1) liegt Konvergenz vor, wenn

$$\| A^{-1} \| \leq M , \quad \| C \| \leq 1 + N\tau , \tag{18}$$

gilt mit Konstanten M und N, die nicht von n und τ abhängen.

9.2 Begründung der Aufspaltungsmethode im nichtkommutativen Fall

Im allgemeinen Fall nichtkommutativer Operatoren sind die Konvergenzkriterien analog, aber der Beweis verläuft viel komplizierter. Wir werden darlegen, wie das Eliminationsverfahren im Falle nichtkommutativer Operatoren abgeändert wird. Wir führen das am Beispiel des zweischichtigen Schemas (1.9) mit zwei Zwischenschritten (p=2) vor.

Da die Operatoren A_k und B_k nichtkommutativ sind, so ist das gewöhnliche Eliminationsverfahren nicht anwendbar. Wir multiplizieren die erste Gleichung von (1.9) als Operatorgleichung mit $\bar{B}_2$, die zweite Gleichung mit $\bar{A}_1$, wobei die Operatoren $\bar{A}_1$ und $\bar{B}_2$ noch unbekannt sind. Nach Addition erhalten wir:

$$\bar{A}_1 A_2 u^{n+1} - \bar{B}_2 B_1 u^n = (\bar{A}_1 B_2 - \bar{B}_2 A_1) u^{n+\frac{1}{2}} . \tag{1}$$

Wir setzen:

$$\bar{A}_1 = A_1 + \tau^s a_1 \quad ; \qquad \bar{B}_2 = B_2 + \tau^s b_2 \tag{2}$$

mit unbekannten Operatoren a_1 und b_2 und dem Exponenten s. Daraus folgt:

$$\bar{A}_1 B_2 - \bar{B}_2 A_1 = \tau^2(\Lambda_{21}\Lambda_{11} - \Lambda_{11}\Lambda_{21}) + \tau^s (a_1 B_2 - b_2 A_1). \tag{3}$$

Machen wir die Annahme

$$\bar{A}_1 B_2 - \bar{B}_2 A_1 = 0 , \tag{4}$$

so folgt:

$$s = 2 , \tag{5}$$

$$b_2 A_1 - a_1 B_2 = \Lambda_{21}\Lambda_{11} - \Lambda_{11}\Lambda_{21} . \tag{6}$$

Wenn die Operatoren a_1 und b_2 die Bedingung (6) erfüllen, so erhält die Gleichung (1) die Form:

$$\frac{u^{n+1} - u^n}{\tau} = (\Lambda_{11} + \Lambda_{22}) u^{n+1} + (\Lambda_{10} + \Lambda_{21}) u^n + \tau \Phi , \tag{7}$$

$$\Phi = -\Lambda_{11}\Lambda_{22} u^{n+1} + \Lambda_{21}\Lambda_{10} u^n + b_2 B_1 u^n - a_1 A_2 u^{n+1} . \tag{8}$$

Wir setzen a_1=0, um das System bestimmt zu machen. Dann folgt aus (6):

$$b_2 = (\Lambda_{21}\Lambda_{11} - \Lambda_{11}\Lambda_{21}) A_1^{-1}. \tag{9}$$

Danach erhält Φ die Form:

$$\Phi = -\Lambda_{11}\Lambda_{22} u^{n+1} + \Lambda_{21}\Lambda_{10} u^n + (\Lambda_{21}\Lambda_{11} - \Lambda_{11}\Lambda_{21}) A_1^{-1} B_1 u^n. \tag{10}$$

Mit Berücksichtigung der Bedingung (1.14) sehen wir, daß das Schema (7) die Gleichung (1.1) approximiert, wenn die Größe

$$(\Lambda_{21}\Lambda_{11} - \Lambda_{11}\Lambda_{21}) A_1^{-1} B_1 f \tag{11}$$

für beliebige, genügend glatte Funktion f endlich bleibt.

Wir werden beweisen, daß bei gewissen Annahmen für den Operator A die Funktion $A^{-1}F$ dieselbe Glattheit besitzt wie F, d.h. aus der Beschränktheit von F und ihrer Differenzenquotienten der Ordnung q folgt die Beschränktheit von $A^{-1}F$ und ihrer Differenzenquotienten der Ordnung q für beliebige, aber hinreichend kleine h.

Sei A ein Differenzenoperator (nicht notwendig finit) in allgemeiner Form:

$$A: \quad Af = \sum_{\alpha} a_{\alpha_1 \dots \alpha_m} T^{\alpha_1} \dots T^{\alpha_m} f , \tag{12}$$

wobei über $\alpha_1, \dots, \alpha_m$ summiert wird mit

$$\alpha_s = -N_s \quad bis \quad \alpha_s = N_s \quad , \quad s = 1, \dots, m.$$

Es sei $\Delta_s = T_s - E$ der Operator der ersten rechten Differenz. Wir führen weiter die Operatoren $\delta_i A$, $\delta_{ij} A$, ..., $\delta_{i_1 \dots i_q} A$

$$\begin{aligned} \delta_i A &= \sum_{\alpha} (\Delta_i a_{\alpha_1 \dots \alpha_m}) T_1^{\alpha_1} \dots T_m^{\alpha_m} ; \\ \delta_{i_1 i_2} A &= \sum_{\alpha} (\Delta_{i_1} \Delta_{i_2} a_{\alpha_1 \dots \alpha_m}) T_1^{\alpha_1} \dots T_m^{\alpha_m} ; \\ &\vdots \\ \delta_{i_1 \dots i_q} A &= \sum_{\alpha} (\Delta_{i_1} \dots \Delta_{i_q} a_{\alpha_1 \dots \alpha_m}) T_1^{\alpha_1} \dots T_m^{\alpha_m} , \end{aligned} \tag{13}$$

ein.

Evident sind die folgenden Gleichungen:

$$\begin{aligned} \Delta_i (Af) &= (A + \delta_i A) \Delta_i f + (\delta_i A) f ; \\ \Delta_i \Delta_j (Af) &= (A + \delta_i A + \delta_j A + \delta_{ij} A) \Delta_i \Delta_j f + (\delta_i A + \delta_{ij} A) \Delta_i f + (\delta_j A + \delta_{ij} A) \Delta_i f + (\delta_{ij} A) f. \end{aligned} \tag{14}$$

Es ist klar, daß man die analogen Gleichungen für die linken Differenzen und für die Differenzen beliebiger Ordnung erhalten kann.

L e m m a 1 : Setzt man:

$$\delta_i A = h_i A_i \; ; \qquad \delta_{i_1 i_2} A = h_{i_1} h_{i_2} A_{i_1 i_2} \; , \; \dots \; , \; \delta_{i_1 \dots i_q} A = h_{i_1} \dots h_{i_q} A_{i_1 \dots i_q} \; , \tag{15}$$

und erfüllen die Operatoren A, A_i, $A_{i_1 i_2}$, ... , $A_{i_1 \dots i_q}$ die Bedingungen:

$$\|A\| \le M_1 \; ; \; \|A^{-1}\| \le M_1 \; ; \; \|A_i\| \le M_1 \; ; \; \|A_{i_1 i_2}\| \le M_1 \; ; \; \dots \; ; \; \|A_{i_1 \dots i_q}\| \le M_1 , \tag{16}$$

wobei M_1 von h_1, ... ,h_m unabhängig ist, so gilt:

$$\delta_i A^{-1} = h_i B_i \quad , \quad \delta_{i_1 i_2} A^{-1} = h_{i_1} h_{i_2} B_{i_1 i_2} \; ; \quad \dots \quad ; \; \delta_{i_1 \dots i_q} A^{-1} = h_{i_1} \dots h_{i_q} B_{i_1 \dots i_q} \; , \tag{17}$$

wobei die Operatoren B_i, $B_{i_1 i_2}$, ... ,$B_{i_1 \dots i_q}$ den folgenden Abschätzungen genügen:

$$\|B_i\| \le M_2 \; ; \quad \|B_{i_1 i_2}\| \le M_2 \; ; \; \dots \; ; \; \|B_{i_1 \dots i_q}\| \le M_2 \; , \tag{18}$$

und M_2 nicht von h_1, ... ,h_m abhängt.

B e w e i s : Wenden wir auf die Identität $A.A^{-1} = E$ (E=Einheitsmatrix) den Operator δ_i an, so erhalten wir:

$$(A + \delta_i A)\, \delta_i A^{-1} + \delta_i A \cdot A^{-1} = 0 \, . \tag{19}$$

Daraus folgt:

$$\delta_i A^{-1} = -(A + h_i A_i)^{-1} \delta_i A \cdot A^{-1} = -h_i (A + h_i A_i)^{-1} A_i A^{-1} = -h_i B_i \; , \tag{20}$$

und B_i erfüllt die Abschätzung (18).

Entsprechend werden die Abschätzungen (18) für $B_{i_1 i_2}$, ... ,$B_{i_1 \dots i_q}$ bewiesen.

L e m m a 2 : Wenn a) der Operator A die Bedingungen (15) und (16) des Hilfssatzes 1 erfüllt,

b) $\|f\| \le M_3 \; ; \; \|\Delta_i f\| \le h_i M_3 \; ; \dots ; \|\Delta_{i_1} \Delta_{i_2} \cdots \Delta_{i_q} f\| \le h_{i_1 \dots i_q} M_3 ,$

gilt, wobei die Konstante M_3 nicht von h_i abhängt, so sind die Abschätzungen

$$\|A^{-1}f\| \leq M_4 \; ; \; \|\Delta_i(A^{-1}f)\| \leq h_i M_4 \; ; \; \dots \; ; \; \|\Delta_{i_1} \dots \Delta_{i_q}(A^{-1}f)\| \leq h_{i_1} \dots h_{i_q} M_4 \, , \tag{21}$$

gültig, wobei die Konstante M_4 nicht von h_i abhängt.

B e w e i s : Die Abschätzung $\|A^{-1}f\| \leq M_4$ ist evident. Wir schätzen die Größe $\Delta_i(A^{-1}f)$ ab. Mit der Gleichung (14), die auf den Operator A^{-1} angewandt wird, erhalten wir:

$$\Delta_i(A^{-1}f) = (A^{-1} + \delta_i A^{-1}) \Delta_i f + \delta_i A^{-1} f \tag{22}$$

oder mit den Bezeichnungen aus (17):

$$\frac{\Delta_i}{h_i}(A^{-1}f) = (A^{-1} + h_i B_i) \frac{\Delta_i}{h_i} f + B_i f \, . \tag{23}$$

Verwenden wir die Abschätzungen (16) und (18) des Hilfssatzes 1, so ergibt sich:

$$\begin{aligned} \left\| \frac{\Delta_i}{h_i}(A^{-1}f) \right\| &\leq \left[\|A^{-1}\| + h_i \|B_i\| \right] \cdot \left\| \frac{\Delta_i}{h_i} f \right\| + \|B_i\| \cdot \|f\| \leq \\ &\leq (M_1 + h_i M_2) \left\| \frac{\Delta_i}{h_i} f \right\| + M_2 \|f\| \, . \end{aligned} \tag{24}$$

Der Hilfssatz 2 ist damit für $\Delta_i(A^{-1}f)$ bewiesen.

Analog verläuft der Beweis für die Größen $\Delta_{i_1} \dots \Delta_{i_q}(A^{-1}f)$. Wenden wir die Hilfssätze 1 und 2 auf die Abschätzung der Formel (11) an, so sehen wir, daß bei genügend glattem Verhalten der Koeffizienten der Gleichung (1) und ihrer Lösung u(x,t) Approximation vorliegt.

Die dargelegte Beweisidee zur Approximation wurde vom Verfasser in einem Referat auf dem IV. All-Unions-Kongreß für Mathematik (siehe [28]) diskutiert, aber später detaillierter in Veröffentlichungen des Verfassers [80] und von J. J. Bojarinzew [81] untersucht. Zahlreiche Arbeiten befaßten sich mit der Begründung der Zwischenschrittmethode unter Verwendung von apriori-Abschätzungen für große Klassen von Gleichungen mit variablen Koeffizienten. Wir erwähnen an erster Stelle die Arbeit von Lees [82,83] , E. G. Djakonow [21-24,39] und A. A. Samarski [84,85,41,63] .

9.3 Die Methode der genäherten Faktorisierung eines Operators

In der Arbeit von Baker und Oliphant [16] wurde eine Methode zur exakten Faktorisierung des Operators der oberen Schicht beschrieben, die im Falle der Wärmeleitungsgleichung zu einem Schema geführt hat, das dem Aufspaltungsschema analog ist. Aber die Methode der exakten Faktorisierung erwies sich als ungeeignet für Gleichungen mit variablen Koeffizienten. In der Arbeit des Verfassers [18] wurde eine Beweisidee zur genäherten Faktorisierung eines Operators formuliert, die auch für Gleichungen mit variablen Koeffizienten anwendbar ist. In den Arbeiten von E. G. Djakonow [21-24,39] wurde eine Methode zur genäherten Faktorisierung (Methode des aufspaltenden Operators - in der Terminologie von E. G. Djakonow) für eine große Klasse parabolischer und hyperbolischer Gleichungen erarbeitet und begründet.

Wir geben eine allgemeine Formulierung der Methode der genäherten Faktorisierung im Zusammenhang mit der Arbeit von G. I. Martschuk und dem Verfasser [51] .

Es sei

$$\frac{u^{n+1} - u^{n}}{\tau} = \Lambda_1 u^{n+1} + \Lambda_0 u^{n} + F_n \qquad (1)$$

eine homogene Approximation der Gleichung (1.1) in Differenzenform. Die Funktion F_n approximiert f und - im Falle mehrschichtiger Schemata - umfaßt F_n auch das Ergebnis der Anwendung der Differenzenoperatoren auf u^{n-1}, u^{n-2} usw. Wir beschränken uns im Augenblick auf eine zweischichtige Approximation und diskutieren die Methode der genäherten Faktorisierung (siehe [51]).

Es sei

$$\begin{aligned} \Lambda_1 &= \Lambda_{11} + \Lambda_{12} + \dots + \Lambda_{1p} , \\ \Lambda_0 &= \Lambda_{01} + \Lambda_{02} + \dots + \Lambda_{0q} \end{aligned} \qquad (2)$$

eine Darstellung der Operatoren Λ_1 und Λ_0 der oberen und unteren Schichten in Form einer Summe von Operatoren mit einer im allgemeinen einfacheren Struktur. Die korrekten Approximationsrelationen lauten:

$$\begin{aligned} (E-\tau\Lambda_{11})(E-\tau\Lambda_{12})\cdots(E-\tau\Lambda_{1p}) &\sim E - \tau\Lambda_1 , \\ (E+\tau\Lambda_{01})(E+\tau\Lambda_{02})\cdots(E+\tau\Lambda_{0q}) &\sim E + \tau\Lambda_0 . \end{aligned} \qquad (3)$$

In Übereinstimmung mit (3) wird das Schema (1) ersetzt durch ein faktorisiertes Schema:

$$(E-\tau\Lambda_{11})(E-\tau\Lambda_{12})\cdots(E-\tau\Lambda_{1p})\, u^{n+1} = (E+\tau\Lambda_{01})(E+\tau\Lambda_{02})\cdots(E+\tau\Lambda_{0q})u^{n} + \tau F_n . \qquad (4)$$

Man kann leicht zeigen, daß das Schema (4) die Gleichung (1.1) approximiert. Man erhält tatsächlich bei Entwicklung nach τ:

$$\frac{u^{n+1}-u^n}{\tau} = (\Lambda_{11}+\Lambda_{12}+\dots+\Lambda_{1p})u^{n+1} + (\Lambda_{01}+\Lambda_{02}+\dots+\Lambda_{0q})u^n + F_n + \tau\Phi, \tag{5}$$

mit

$$\Phi = \Big[\sum_{i<j}\Lambda_{0i}\Lambda_{0j} + \tau\sum_{i<j<k}\Lambda_{0i}\Lambda_{0j}\Lambda_{0k} + \dots + \tau^{q-2}\Lambda_{01}\Lambda_{02}\dots\Lambda_{0q}\Big]u^n + \Big[-\sum_{i<j}\Lambda_{1i}\Lambda_{1j} + \tau\sum_{i<j<k}\Lambda_{1i}\Lambda_{1j}\Lambda_{1k} + \dots + (-1)^{p-1}\tau^{p-2}\Lambda_{11}\dots\Lambda_{1p}\Big]u^{n+1}. \tag{6}$$

Aus (5) und (6) folgt die Approximation.

Auf diese Weise - im Gegensatz zur Aufspaltungsmethode - wird bei der Methode der genäherten Faktorisierung die Approximation direkt bestimmt. Wir bemerken, daß das homogene Schema (1) und die Darstellung (2) nicht eindeutig das entsprechende Schema bestimmen. Z. B. ist das Schema

$$(E-\tau\Lambda_{1p})(E-\tau\Lambda_{1p-1})\dots(E-\tau\Lambda_{11})u^{n+1} = (E+\tau\Lambda_{0q})(E+\tau\Lambda_{0q-1})\dots(E+\tau\Lambda_{01})u^n + \tau F_n \tag{4a}$$

im allgemeinen Fall nichtkommutativer Operatoren Λ_{1s} und Λ_{0s} dem Schema (4) nicht äquivalent und ist ihm nur im Falle kommutativer Operatoren äquivalent.

Wir kehren nun zur Stabilitätsanalyse zurück, die allerdings zum großen Teil schwieriger ist als bei der Aufspaltungsmethode. Wir setzen der Einfachheit halber f=0. Die Gleichung (4) schreiben wir in der nach u^{n+1} aufgelösten Form

$$u^{n+1} = (E-\tau\Lambda_{1p})^{-1}\dots(E-\tau\Lambda_{11})^{-1}(E+\tau\Lambda_{01})\dots(E+\tau\Lambda_{0q})u^n. \tag{7}$$

Wenn für den Schrittoperator

$$C = (E-\tau\Lambda_{1p})^{-1}\dots(E-\tau\Lambda_{11})^{-1}(E+\tau\Lambda_{01})\dots(E+\tau\Lambda_{0q}) \tag{8}$$

die Abschätzung

$$\|C\| \leq 1 + const.\ \tau \tag{9}$$

gilt, so ist das Schema (7) gleichmäßig korrekt.

Die Abschätzung des Operators C aus (8) ist ziemlich schwierig. Im Falle p=q und für kommutative Operatoren erhalten wir:

$$\begin{aligned} C &= (E-\tau\Lambda_{1p})^{-1}(E+\tau\Lambda_{0p})(E-\tau\Lambda_{1p-1})^{-1}(E+\tau\Lambda_{0p-1})\dots(E-\tau\Lambda_{11})^{-1}(E+\tau\Lambda_{01}) \\ &= C_p\, C_{p-1}\, \dots\, C_1\,, \\ C_s &= (E-\tau\Lambda_{1s})^{-1}(E+\tau\Lambda_{0s})\,. \end{aligned} \tag{10}$$

In diesem Falle ist das Schema der genäherten Faktorisierung (4) dem Aufspaltungsschema

$$\begin{aligned} \frac{u^{n+\frac{1}{p}} - u^n}{\tau} &= \Lambda_{11}\, u^{n+\frac{1}{p}} + \Lambda_{01}\, u^n\,, \\ \frac{u^{n+\frac{2}{p}} - u^{n+\frac{1}{p}}}{\tau} &= \Lambda_{12}\, u^{n+\frac{2}{p}} + \Lambda_{02}\, u^{n+\frac{1}{p}}\,, \\ &\vdots \\ \frac{u^{n+1} - u^{n+\frac{p-1}{p}}}{\tau} &= \Lambda_{1p}\, u^{n+1} + \Lambda_{0p-1}\, u^{n+\frac{p-1}{p}} + H_n\,, \\ H_n &= A_{p-1}^{-1} \dots A_1^{-1} F_n\,, \end{aligned} \tag{11}$$

äquivalent.

Tatsächlich erhält man bei sukzessiver Elimination der Größen $u^{n+\frac{1}{p}}, u^{n+\frac{2}{p}}, \dots, u^{n+\frac{p-1}{p}}$ aus den Gleichungen (11) das Schema

$$u^{n+1} = C_p\, C_{p-1} \dots C_1\, u^n + \tau\, A_p^{-1} \dots A_1^{-1} F_n\,. \tag{12}$$

Im allgemeinen Fall nichtkommutativer Operatoren und für p≠q ist das Schema (4) dem folgenden Schema mit Zwischenschritten äquivalent:

$$\begin{aligned} &(E-\tau\Lambda_{11})\, u^{n+\frac{1}{p}} = (E+\tau\Lambda_{01})(E+\tau\Lambda_{02})\dots(E+\tau\Lambda_{0q})\, u^n + \tau F_n\,, \\ &(E-\tau\Lambda_{12})\, u^{n+\frac{2}{p}} = u^{n+\frac{1}{p}}\,, \quad \dots\,, \quad (E-\tau\Lambda_{1p})\, u^{n+1} = u^{n+\frac{p-1}{p}}\,. \end{aligned} \tag{13}$$

Das letztere ist aber dem Aufspaltungsschema

$$\begin{aligned}
\frac{u^{n+\frac{1}{p}} - u^n}{\tau} &= \Lambda_{11} u^{n+\frac{1}{p}} + \Omega u^n + F_n , \\
\frac{u^{n+\frac{2}{p}} - u^{n+\frac{1}{p}}}{\tau} &= \Lambda_{12} u^{n+\frac{2}{p}} , \\
&\vdots \\
\frac{u^{n+1} - u^{n+\frac{p-1}{p}}}{\tau} &= \Lambda_{1p} u^{n+1} ,
\end{aligned} \tag{14}$$

$$\Omega = \frac{1}{\tau}\left[(E+\tau\Lambda_{01})(E+\tau\Lambda_{02})\dots(E+\tau\Lambda_{0q}) - E\right]$$

äquivalent.

Somit ist die Anwendung von (14) an eine sukzessive Inversion der Operatoren $(E-\tau\Lambda_{11})$, $(E-\tau\Lambda_{12})$, ... , $(E-\tau\Lambda_{1p})$ gebunden, die von einfacherer Struktur sind als der Operator $(E-\tau\Lambda_1)$, wodurch der Algorithmus stark vereinfacht wird. Es ist klar, daß die Anwendung eines faktorisierten Schemas in Form eines Schemas mit Zwischenschritten (Aufspaltungsschema) nicht eindeutig ist. Im allgemeinen kann man das faktorisierte Schema (4) als ein Schema in kanonischer Form ansehen, das verschiedenen zweischichtigen Schemata mit Zwischenschritten äquivalent ist.

Wir wollen nun mit der Untersuchung der Schemata genäherter Faktorisierung fortfahren, die sich aus mehrschichtigen Schemata ableiten:

$$A_1 u^{n+1} + A_0 u^n + A_{-1} u^{n-1} + \dots + A_{-p+1} u^{n-p+1} + f_n = 0. \tag{15}$$

Solche Schemata können bei Anwendung einer homogenen Approximation entstehen, und zwar sowohl für das System (1.1) als auch auf Systeme komplizierterer Struktur

$$B_1 \frac{\partial u}{\partial t} + B_2 \frac{\partial^2 u}{\partial t^2} + \dots + B_p \frac{\partial^p u}{\partial t^p} = \Omega u + f \tag{16}$$

mit $B_1, B_2, \dots, B_p$ als linearen Operatoren.

Die Operatoren A_s seien in der Form

$$A_s = E + \tau^{\alpha_s} \Lambda_s , \quad s = 1, 0, -1, \dots, -p+1 , \tag{17}$$

dargestellt, wobei Λ_s auf die räumlichen Koordinaten wirkende Operatoren sind und

$$\Lambda_s = \Lambda_{s1} + \dots + \Lambda_{sq_s} , \quad s = 1, \dots, -p+1 , \tag{18}$$

Darstellungen der Operatoren Λ_s in Form von Operatorsummen von Operatoren mit einer im allgemeinen einfacheren Struktur sind. Dann hat ein Schema mit genäherter Faktorisierung, das dem Schema (15) und der Darstellung (18) entspricht, die Form

$$\bar{A}_1 u^{n+1} + \bar{A}_0 u^n + \bar{A}_{-1} u^{n-1} + \cdots + \bar{A}_{-p+1} u^{n-p+1} + f_n = 0 \tag{19}$$

mit

$$\bar{A}_s = (E + \tau^{\alpha_s}\Lambda_{s1}) \cdots (E + \tau^{\alpha_s}\Lambda_{sq_s}) = A_s + \tau^{2\alpha_s}\Phi_s ; \tag{20}$$

$$\Phi_s = \sum_{i<j} \Lambda_{si}\Lambda_{sj} + \cdots + (\tau^{\alpha_s})^{q_s-2}\Lambda_{s1} \cdots \Lambda_{sq_s} . \tag{21}$$

Die Approximation von (19) wird wie gewöhnlich - mit Hilfe einer Entwicklung von (19) nach Potenzen von τ untersucht. Die Konvergenzuntersuchung des Schemas bietet auch jetzt Schwierigkeiten grundsätzlicher Art.

Wir bemerken zusammenfassend, daß sich die genäherte Faktorisierung des Operators der oberen Schicht als ein fundamentaler Gesichtspunkt bei der Konstruktion der erwähnten Schemata erweist, da sie eine Vereinfachung der Anwendung der Schemata gestattet. Die Faktorisierung der Operatoren der unteren Schicht ist eine nebensächliche Eigenschaft, durch die die Stabilität und Genauigkeit des Schemas verbessert werden können. Daher kann man die Operatoren, die auf die unteren Schritte wirken, in allgemeiner Form

$$\bar{A}_s = A_s + \tau^{\rho_s}\Phi_s = E + \tau^{\alpha_s}\Lambda_s + \tau^{\rho_s}\Phi_s , \tag{22}$$

aufsuchen, wobei die Operatoren Φ_s beliebige Struktur haben können. Hierbei erhalten die Methoden mit Zwischenschritten den Charakter der Methode mit *unbestimmten Operatoren (Koeffizienten)*. Die Theorie der Schemata mit allgemeinerer Struktur ist noch wenig bearbeitet.

9.4 Die Methode der stabilisierenden Korrektur

Die Methode der stabilisierenden Korrektur - eingeführt von Douglas und Rachford [12] und in allgemeiner Form in der Arbeit von Douglas und Gunn [86] formuliert - ist eine sehr allgemeine und wirksame Methode zur Konstruktion von Schemata mit Zwischenschritten.

Es sei

$$\frac{u^{n+1} - u^n}{\tau} = \Lambda u^{n+1} + F_n , \tag{1}$$

wobei

$$F_n = A_0 u^n + A_{-1} u^{n-1} + \cdots + A_{-q+1} u^{n-q+1} + f_n \tag{2}$$

das ursprüngliche, homogene System darstellt. Wir setzen

$$\Lambda = \Lambda_1 + \cdots + \Lambda_p \,. \tag{3}$$

Für das Schema (1) und (2) und die Darstellung (3) beweisen wir den Zusammenhang mit folgendem Schema mit Zwischenschritten:

$$\begin{aligned} \frac{u^{n+\frac{1}{p}} - u^n}{\tau} &= \Lambda_1 (u^{n+\frac{1}{p}} - u^n) + \Lambda u^n + F_n \,; \\ \frac{u^{n+\frac{2}{p}} - u^{n+\frac{1}{p}}}{\tau} &= \Lambda_2 (u^{n+\frac{2}{p}} - u^n) \,; \\ &\vdots \\ \frac{u^{n+1} - u^{n+\frac{p-1}{p}}}{\tau} &= \Lambda_p (u^{n+1} - u^n) . \end{aligned} \tag{4}$$

Eine sukzessive Elimination von $u^{n+\frac{1}{p}}, u^{n+\frac{2}{p}}, \ldots, u^{n+\frac{p-1}{p}}$ ergibt das äquivalente, faktorisierte Schema mit ganzen Schritten:

$$\begin{aligned} (E - \tau\Lambda_1) \ldots (E - \tau\Lambda_p) u^{n+1} &= \tau\Lambda u^n + \tau F_n + (E - \tau\Lambda_1) u^n - \\ -\tau(E - \tau\Lambda_1)\Lambda_2 u^n - \quad \ldots \quad &- \tau(E - \tau\Lambda_1) \cdots (E - \tau\Lambda_{p-1}) \Lambda_p u^n . \end{aligned} \tag{5}$$

Nach einer algebraischen Umformung erhalten wir:

$$\frac{u^{n+1} - u^n}{\tau} = \Lambda u^{n+1} + F_n - \tau^2 \Phi\left(\frac{u^{n+1} - u^n}{\tau}\right) . \tag{6}$$

$$\Phi = \sum_{i<j} \Lambda_i \Lambda_j - \tau \sum_{i<j<k} \Lambda_i \Lambda_j \Lambda_k + \cdots + (-1)^p \tau^{p-2} \Lambda_1 \Lambda_2 \cdots \Lambda_p \,. \tag{7}$$

Aus der Darstellung (6) und (7) folgt, daß mit einer Genauigkeit der Ordnung $O(\tau^2)$ das Schema der stabilisierenden Korrektur die Approximationseigenschaft des ursprünglichen Schemas (1) und (2) behält.

Wir wenden uns wieder der Stabilitätsanalyse des Schemas mit stabilisierender Korrektur zu. Wir nehmen der Einfachheit halber an, daß u eine skalare Funktion ist und daß die Operatoren Λ_s und A_s kommutativ sind. Wenn wir nun eine Spektralanalyse zur Untersuchung der Stabilität des Schemas (1) durchführen, so erhalten wir:

$$\frac{\rho_1 - 1}{\tau} = \lambda \rho_1 + g(\rho_1) , \tag{8}$$

mit ρ_1 als Anfachungsfaktor des Schemas (1); λ ist ein Eigenwert des Operators Λ ;

$$g(\rho_1) = a_0 + a_{-1}\frac{1}{\rho_1} + \cdots + a_{-q+1}\frac{1}{\rho_1^{q-1}}$$

beschreibt die Anfachung des Fehlers, das dem Operator

$$A_0 u^n + A_{-1} u^{n-1} + \cdots + A_{-q+1} u^{n-q+1}$$

entspricht, $a_0, a_{-1}, \ldots, a_{-q+1}$ sind die Eigenwerte der Operatoren

$$A_0 , A_{-1} , \ldots , A_{-q+1} .$$

Analog erhält man für das Schema (6):

$$\frac{\rho - 1}{\tau} = \lambda \rho + g(\rho) - \tau^2 \varphi\left(\frac{\rho - 1}{\tau}\right) , \tag{9}$$

wobei $\varphi\left(\frac{\rho-1}{\tau}\right)$ die Anfachung des Fehlers angibt, die dem Operator $\Phi\left(\frac{u^{n+1} - u^n}{\tau}\right)$ entspricht. Für $\varphi\left(\frac{\rho-1}{\tau}\right)$ gilt offenbar die Relation:

$$\varphi\left(\frac{\rho - 1}{\tau}\right) = \frac{a}{\tau}(\rho - 1) , \tag{10}$$

mit

$$a = \sum_{i<j} \lambda_i \lambda_j - \tau \sum_{i<j<k} \lambda_i \lambda_j \lambda_k + \cdots + (-1)^p \tau^{p-2} \lambda_1 \ldots \lambda_p ; \tag{11}$$

$\lambda_1 , \ldots , \lambda_p$ sind die Eigenwerte der Operatoren $\Lambda_1 , \ldots , \Lambda_p$. So ergeben sich für die Koeffizienten ρ_1 , ρ , die eine Aussage über die Anfachung machen, die Relationen:

$$\rho_1 = \frac{1 + \tau g(\rho_1)}{1 - \lambda\tau} \quad ; \qquad \rho = \frac{1 + \tau g(\rho) + a\tau^2}{1 - \lambda\tau + a\tau^2} \,. \tag{12}$$

Im Falle eines zweischichtigen Schemas hängt g(x) nicht von x ab, und es gilt die folgende Aussage:

Wenn die λ_i negativ sind (daraus folgt, daß a positiv ist), so folgt aus der Stabilität des Schemas (1) die Stabilität des Schemas (6). Für eine detailliertere Analyse verweisen wir den Leser auf die Arbeit [86] .

9.5 Die Methode der approximierenden Korrektur

Die Methode der approximierenden Korrektur beruht darauf, daß man in Probeschritten ein Maximum der Stabilität ermittelt, aber beim letzten Schritt ein genaues Schema konstruiert wird. Es sei

$$\frac{u^{n+1} - u^n}{\tau} = \Lambda \frac{u^{n+1} + u^n}{2} + f^n \tag{1}$$

ein homogenes, zweischichtiges Schema, das die Gleichung (1.1) approximiert. Wir setzen:

$$\Lambda = \Lambda_1 + \dots + \Lambda_p \,. \tag{2}$$

Das Schema der approximierenden Korrektur, das den Gleichungen (1),(2) entspricht, hat die Form:

$$\begin{aligned} \frac{u^{n+\frac{1}{2p}} - u^n}{\frac{\tau}{2}} &= \Lambda_1 u^{n+\frac{1}{2p}} \quad ; \\ &\vdots \\ \frac{u^{n+\frac{p}{2p}} - u^{n+\frac{p-1}{2p}}}{\frac{\tau}{2}} &= \Lambda_p u^{n+\frac{p}{2p}} = \Lambda_p u^{n+\frac{1}{2}} , \end{aligned} \tag{3}$$

$$\frac{u^{n+1} - u^n}{\tau} = \Lambda u^{n+\frac{1}{2}} + F_n \,, \tag{4}$$

wobei F_n eine Approximation für f_n ist. Durch sukzessive Elimination von $u^{n+\frac{1}{2p}}, \dots, u^{n+\frac{p-1}{2p}}$

erhalten wir:

$$\left(E-\tfrac{\tau}{2}\Lambda_1\right)\left(E-\tfrac{\tau}{2}\Lambda_2\right)\cdots\left(E-\tfrac{\tau}{2}\Lambda_p\right)u^{n+\frac{1}{2}} = u^n . \tag{5}$$

Multiplizieren wir (4) mit $(E-\frac{\tau}{2}\Lambda_1)\ \ldots\ (E-\frac{\tau}{2}\Lambda_p)$, so erhält man:

$$\begin{aligned}&\left(E-\tfrac{\tau}{2}\Lambda_1\right)\left(E-\tfrac{\tau}{2}\Lambda_2\right)\cdots\left(E-\tfrac{\tau}{2}\Lambda_p\right)\frac{u^{n+1}-u^n}{\tau} = \\ &= \left(E-\tfrac{\tau}{2}\Lambda_1\right)\cdots\left(E-\tfrac{\tau}{2}\Lambda_p\right)\Lambda u^{n+\frac{1}{2}} + \left(E-\tfrac{\tau}{2}\Lambda_1\right)\cdots\left(E-\tfrac{\tau}{2}\Lambda_p\right)F_n .\end{aligned} \tag{6}$$

Wenn die Operatoren Λ_i kommutativ sind, so ergibt sich unter Verwendung von (5) das folgende Schema für die vollen Schrittweiten:

$$\left(E-\tfrac{\tau}{2}\Lambda_1\right)\cdots\left(E-\tfrac{\tau}{2}\Lambda_p\right)\frac{u^{n+1}-u^n}{\tau} = \Lambda u^n + \left(E-\tfrac{\tau}{2}\Lambda_1\right)\cdots\left(E-\tfrac{\tau}{2}\Lambda_p\right)F_n . \tag{7}$$

Entwickelt man nach Potenzen von τ, so erhält man:

$$\frac{u^{n+1}-u^n}{\tau} = \Lambda\frac{u^n+u^{n+1}}{2} - \frac{\tau^2}{4}\Phi\left(\frac{u^{n+1}-u^n}{\tau}\right) + \left(E-\tfrac{\tau}{2}\Lambda_1\right)\cdots\left(E-\tfrac{\tau}{2}\Lambda_p\right)F_n , \tag{8}$$

$$\Phi = \sum_{i<j}\Lambda_i\Lambda_j - \frac{\tau}{2}\sum_{i<j<k}\Lambda_i\Lambda_j\Lambda_k + \cdots + (-1)^{p-2}\left(\frac{\tau}{2}\right)^{p-2}\Lambda_1\cdots\Lambda_p . \tag{9}$$

Wenn man

$$F_n = \left(E-\tfrac{\tau}{2}\Lambda_p\right)^{-1}\cdots\left(E-\tfrac{\tau}{2}\Lambda_1\right)^{-1}f_n \tag{10}$$

setzt, erhält man schließlich das Schema:

$$\frac{u^{n+1}-u^n}{\tau} = \Lambda\frac{u^n+u^{n+1}}{2} - \frac{\tau^2}{4}\Phi\left(\frac{u^{n+1}-u^n}{\tau}\right) + f_n , \tag{11}$$

das die Approximation des Schemas (1) von zweiter Ordnung bezüglich t behält.

In dem Falle, daß die Eigenwerte der Operatoren Λ_s negativ sind, wird analog zum Vorangegangenen (siehe 9.4) bewiesen, daß aus der Stabilität von (1) die Stabilität von (3) und (4) folgt.

9.6 Die Relaxationsmethode

Die meisten der von uns betrachteten Iterationsschemata zur Lösung stationärer Randwertaufgaben für die stationäre Gleichung

$$Lu - f = 0 \tag{1}$$

(L ist ein elliptischer Operator) sind Schemata zur Integration der entsprechenden instationären, parabolischen Gleichung

$$\frac{\partial u}{\partial t} = Lu - f . \tag{2}$$

Wie man sieht, reproduziert der Iterationsprozeß den Prozeß zur Bestimmung der instationären Differenzenlösung, die eine Näherungslösung der Gleichung (2) ist. Jedoch ist eine solche Verknüpfung zwischen dem Iterationsprozeß und dem Prozeß der Stabilisation einer Lösung für die Gleichung (2) nicht zwingend. Die Gleichung (1) kann man in eine entsprechende Gleichung von allgemeinerer Struktur

$$P\left(u, \frac{\partial u}{\partial t}\right) = Lu - f \tag{3}$$

bringen, wobei der Operator $P(u, \frac{\partial u}{\partial t})$ die Form einer Matrix hat, die auf den Vektor mit den Komponenten $(u, \frac{\partial u}{\partial t}, \ldots, \frac{\partial^q u}{\partial t^q})$ wirkt. Der Operator $P(u, \frac{\partial u}{\partial t})$ - wir bezeichnen ihn als Relaxationsoperator - kann eine allgemeine Struktur haben, vorausgesetzt, daß die Gleichung (3) sicherstellt, daß alle ihre Lösungen mit fixierten Randwerten gegen eine stationäre Lösung der Gleichung (1) mit entsprechenden Randwerten für wachsende t konvergieren. Schemata dieser Art wurden in der Monographie von W. K. Saulew [27], in der Arbeit von N. N. Wladimirowa, B. G. Kusnezow und dem Verfasser [74] und in den Abschnitten 4.7, § 5 und in 8.3 der vorliegenden Monographie behandelt. Wie bereits in 8.1 bemerkt, kann der Relaxationsoperator $P(u, \frac{\partial u}{\partial t})$ auch von dem Punkt $x_1, \ldots, x_m$ abhängen, wodurch die Konvergenzgeschwindigkeit vergrößert wird. Man kann den Relaxationsoperator unmittelbar für ein Iterationsschema konstruieren. Λ sei eine Approximation des Operators L .

Wir betrachten die allgemein gültige Darstellung eines zweischichtigen Iterationsschemas (siehe [87])

$$B\left(\frac{u^{n+1} - u^n}{\tau}\right) = \Lambda u^n - f \tag{4}$$

mit einem unbekannten Operator B, der auch noch vom Iterationsindex n abhängen kann. Es ist klar, daß das Schema (4) die Bedingung der vollen Approximation erfüllt und unter der Bedingung

$$\| C \| = | E + \tau B^{-1} \Lambda | \leq 1 - \varepsilon , \quad \varepsilon > 0 , \tag{5}$$

stark stabil ist.

Im Augenblick gibt es zwei Methoden zur Konstruktion von Iterationsschemata, die sich auf die Darstellung (4) stützen.

Die Methode des m a j o r i s i e r e n d e n O p e r a t o r s - vorgeschlagen von E. G. Djakonow [46,47] besteht in der Ersetzung des Operators Λ durch einen majorisierenden Operator B, der die Bedingung

$$\delta_0 (Bu, u) \leq (\Lambda u, u) \leq \delta_1 (Bu, u) , \tag{6}$$

erfüllt, wo δ_0 und δ_1 positive Konstanten sind. Dann kann die Gleichung

$$Bu^{n+1} = Bu^n + \tau (\Lambda u^n - f) \tag{7}$$

bei gegebenem u^n iterativ nach u^{n+1} aufgelöst werden.

Um eine einfache Anwendung zu gewährleisten, sollte B eine einfachere Struktur aufweisen als Λ . So würde, wenn (siehe 4.5)

$$\Lambda = \Lambda_{11} + \Lambda_{22} + 2 a_{12} \Lambda_{12}$$

ist, für B die Gleichung

$$B = \Lambda_{11} + \Lambda_{22}$$

gelten.

Bei der Methode des s t a b i l i s i e r e n d e n O p e r a t o r s (siehe [51]) wird aus Gründen der einfachen Anwendbarkeit der Operator B in Form eines Produktes angenommen:

$$B = B_1 \cdots B_p \quad , \tag{8}$$

wo zu den Operatoren $B_1, \ldots, B_p$ auch die inversen existieren müssen, und der Operator C aus (5) wird als stark stabil angesehen. Im Spezialfall können die Operatoren $B_1, \ldots, B_p$ die Form

$$E - \tau \Lambda_s$$

haben, und im Falle nicht positiver Operatoren Λ_s werden auch die inversen Operatoren existieren.

Wir bemerken, daß dabei die Bedingung

$$\sum_{s=1}^{p} \Lambda_s = \Lambda$$

nicht obligatorisch ist.

Die einzige Bedingung ist die der starken Stabilität (5). Man kann mehrschichtige Schemata (Iterationsschemata) der Form

$$B_1\left(\frac{\Delta_0}{\tau}\right)u^n + B_2\left(\frac{\Delta_0}{\tau}\right)^2 u^n + \dots + B_q\left(\frac{\Delta_0}{\tau}\right)^q u^n = \Lambda u^n + f \tag{9}$$

mit unbestimmten Operatoren $B_1, \dots, B_q$ betrachten. Bei beliebigen Operatoren $B_1, \dots$ $\dots, B_q$ hat das Schema (9) die Eigenschaft der vollen Approximation.

Die Methode des stabilisierenden Operators ist zur Gewinnung von Schemata mit größerer Genauigkeit und bei Gleichungen mit variablen Koeffizienten nützlich. Die ersten Schemata vom Typ des stabilisierenden Operators wurden von A. A. Samarski [63,64] und von E. G. Djakonow [90,95] aufgestellt.

§10. Die Methode der schwachen Approximation und die Konstruktion einer Lösung des Cauchyschen Anfangswertproblems im Banachraum

10.1 Beispiele

Bislang haben wir die Zwischenschrittmethode als eine Methode zur Konstruktion effektiver Differenzenschemata angesehen. Wir werden zeigen, daß man die Zwischenschrittmethode auch auf Differentialgleichungen anwenden kann. In dieser Hinsicht kann man sie als Methode der schwachen Approximation in einem speziellen Sinne betrachten. Wir stellen an den Anfang ein paar ganz einfache Beispiele.

1. Für die Lösung des Cauchyschen Anfangswertproblems

$$\frac{dx}{dt} = f(t) = 1 \quad , \quad x(0) = 0 \,, \tag{1}$$

benutzen wir ein Differenzenschema mit Zwischenschritten:

$$\frac{x^{n+\frac{1}{2}} - x^n}{\tau} = 1 \,, \tag{2a}$$

$$\frac{x^{n+1} - x^{n+\frac{1}{2}}}{\tau} = 0 \,, \tag{2b}$$

$$x^0 = 0 \,. \tag{2c}$$

Diesem Schema entspricht ein Schema für die vollen Schrittweiten der Form

$$\frac{x^{n+1} - x^n}{\tau} = 1 , \qquad x^0 = 0 . \tag{3}$$

Daraus folgt, daß das Schema (2) die genaue Lösung der Aufgabe (1) liefert. Zugleich kann man das Schema (2) in folgender Weise interpretieren:

Beim ersten Zwischenschritt (2a) lösen wir die Gleichung

$$\frac{1}{2} \frac{dx}{dt} = 1 . \tag{4a}$$

Beim zweiten Zwischenschritt (2b) lösen wir die Gleichung

$$\frac{1}{2} \frac{dx}{dt} = 0 . \tag{4b}$$

Im ganzen wird die Gleichung

$$\frac{dx}{dt} = f(\tau,t) , \quad x^0 = 0 , \tag{5}$$

gelöst, wobei die Funktion $f(\tau,t)$ in folgender Weise definiert ist:

$$f(\tau,t) = 2 , \qquad n\tau < t \leq (n+\tfrac{1}{2})\tau ,$$

$$f(\tau,t) = 0 , \quad (n+\tfrac{1}{2})\tau < t \leq (n+1)\tau .$$

In der Abb. 15 sind zum Vergleich Darstellungen der Funktionen $f(t) \equiv 1$, $f(\tau,t)$ und der Lösung $x(t)$ von (5) eingezeichnet.

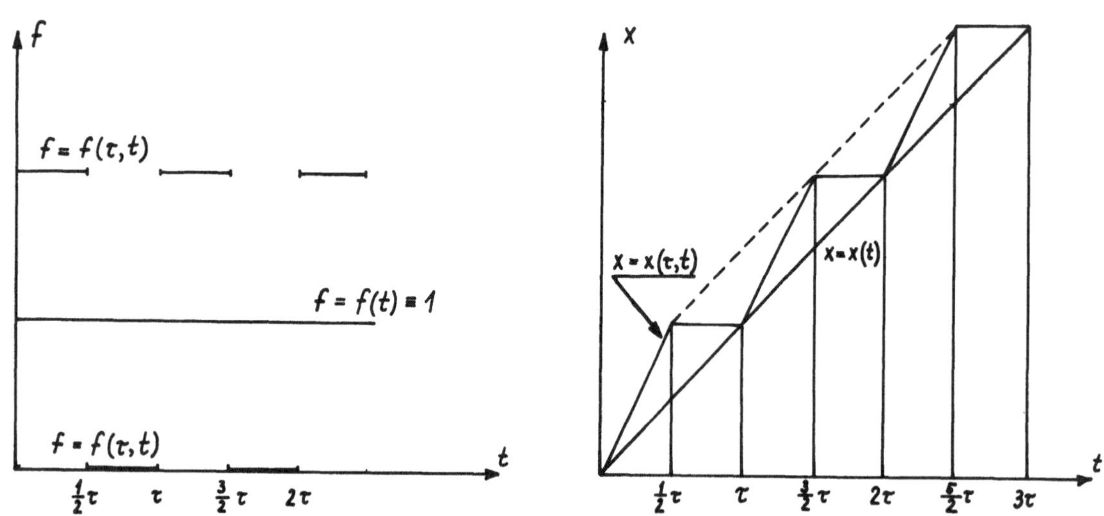

Abb. 15. Vergleich der Funktionen $f(t) \equiv 1$, $f(\tau,t)$ und der entsprechenden Integralkurven $x(t)$ und $x(\tau,t)$

Man kann leicht erkennen, daß die Funktion $f(\tau, t)$ gegen die Funktion $f(t) \equiv 1$ schwach konvergiert, d.h. es gilt für $\tau \to 0$ und beliebige t_1 und t_2:

$$\int_{t_1}^{t_2} \left[f(\tau,s) - f(s) \right] ds \longrightarrow 0 , \tag{6}$$

während die entsprechende Lösung von (5) gegen die Lösung (1) stark konvergiert.

2. Für die Lösung des Cauchyschen Problems

$$\frac{dx}{dt} + ax = 0 , \qquad x(0) = 1 , \quad a > 0 , \tag{7}$$

benutzen wir das folgende Differenzenschema:

$$\frac{x^{n+\frac{1}{2}} - x^n}{\tau} + a x^n = 0 , \tag{8a}$$

$$\frac{x^{n+1} - x^{n+\frac{1}{2}}}{\tau} = 0 , \tag{8b}$$

$$x^0 = 1 . \tag{8c}$$

Wieder kann man das Schema (8) als Lösung der Gleichung

$$\frac{dx}{dt} + a(\tau,t)\, x = 0 , \quad x(0) = 1, \tag{9}$$

mit

$$\begin{aligned} a(\tau,t) &= 2a \quad ; \quad n\tau < t \leq (n+\tfrac{1}{2})\tau \; ; \\ a(\tau,t) &= 0 \quad ; \quad (n+\tfrac{1}{2})\tau < t \leq (n+1)\tau , \end{aligned} \tag{10}$$

interpretieren. $a(\tau, t)$ approximiert $a(t) \equiv a$ schwach im Sinne der Gleichung (6), und die Lösung (9) konvergiert stark gegen die Lösung (7).

3. Wir betrachten das Cauchysche Problem für die Transportgleichung

$$\frac{\partial u}{\partial t} + \frac{\partial u}{\partial x_1} + \frac{\partial u}{\partial x_2} = 0 ; \quad u(x_1, x_2, 0) = u_0(x_1, x_2) . \tag{11}$$

Ihre Lösung hat die Form:

$$u(x_1, x_2, t) = u_0(x_1 - t, x_2 - t) = T_{-1}(t)\, T_{-2}(t)\, u_0(x_1, x_2) , \tag{12}$$

wobei die Verschiebungsoperatoren $T_{-1}(t)$ und $T_{-2}(t)$ folgende Bedeutung haben:

$$T_{-1}(t)\, f(x_1, x_2) = f(x_1 - t, x_2); \qquad T_{-2}(t)\, f(x_1, x_2) = f(x_1, x_2 - t). \tag{13}$$

So hat der Operator der Lösung $S(t)$ von Gleichung (11) die Form

$$S(t) = T_{-2}(t)\, T_{-1}(t). \tag{14}$$

Wenn man die Funktion der Anfangswerte $u(x_1,x_2,0) = u_0(x_1,x_2)$ beibehält, verwenden wir die Gleichung (11) als Gleichung mit „oszillierenden" Koeffizienten

$$\frac{\partial u}{\partial t} + f_1(\tau,t)\frac{\partial u}{\partial x_1} + f_2(\tau,t)\frac{\partial u}{\partial x_2} = 0, \tag{15}$$

mit

$$f_1(\tau,t) = 2; \quad f_2(\tau,t) = 0; \qquad n\tau < t \le (n+\tfrac{1}{2})\tau;$$
$$f_1(\tau,t) = 0; \quad f_2(\tau,t) = 2; \quad (n+\tfrac{1}{2})\tau < t \le (n+1)\tau. \tag{16}$$

Die Lösung der Gleichung (15) im Intervall zwischen $n\tau$ und $(n+1)\tau$ ist der sukzessiven Lösung der Gleichung

$$\frac{\partial u}{\partial t} + 2\frac{\partial u}{\partial x_1} = 0; \qquad n\tau < t \le (n+\tfrac{1}{2})\tau, \tag{17a}$$

bzw.

$$\frac{\partial u}{\partial t} + 2\frac{\partial u}{\partial x_2} = 0; \quad (n+\tfrac{1}{2})\tau < t \le (n+1)\tau, \tag{17b}$$

äquivalent.

Der Transformationsoperator der Gleichung (17a) ist gleich

$$S_1(t+\tfrac{\tau}{2}, t) = S_1(\tfrac{\tau}{2}) = T_{-1}(\tau). \tag{18a}$$

Der Transformationsoperator der Gleichung (17b) ist gleich

$$S_2(t+\tfrac{\tau}{2}, t) = S_2(\tfrac{\tau}{2}) = T_{-2}(\tau). \tag{18b}$$

Folglich ergibt sich für den Transformationsoperator $S_\tau(t+\tau, t) = S_\tau(\tau)$ der Gleichung (15) die Relation:

$$S_\tau(\tau) = S_2\left(\frac{\tau}{2}\right) S_1\left(\frac{\tau}{2}\right) = T_{-2}(\tau)\, T_{-1}(\tau) = S(\tau),$$

mit $S(\tau)$ als Transformationsoperator der Gleichung (11).

Die Gleichung (15) approximiert (11) schwach, aber der Operator $S_\tau(t,0)$ der Lösung (15) approximiert den Operator der Lösung $S(t,0)$ von (11) stark, wobei er mit dem letzteren für $t=n\tau$ übereinstimmt.

4. Für die Wärmeleitungsgleichung

$$\frac{\partial u}{\partial t} = \frac{\partial^2 u}{\partial x_1^2} + \frac{\partial^2 u}{\partial x_2^2} \tag{19}$$

konstruieren wir folgende Gleichung mit oszillierenden Koeffizienten:

$$\frac{\partial u}{\partial t} = a_1(\tau,t)\frac{\partial^2 u}{\partial x_1^2} + a_2(\tau,t)\frac{\partial^2 u}{\partial x_2^2}, \tag{20}$$

mit

$$\begin{aligned} a_1(\tau,t) &= 2, \quad a_2(\tau,t) = 0; \quad n\tau < t \le (n+\tfrac{1}{2})\tau, \\ a_1(\tau,t) &= 0, \quad a_2(\tau,t) = 2; \quad (n+\tfrac{1}{2})\tau < t \le (n+1)\tau. \end{aligned} \tag{21}$$

Dann wird wieder ohne Schwierigkeit die Beziehung

$$S(\tau) = S_2\left(\frac{\tau}{2}\right) S_1\left(\frac{\tau}{2}\right) = S_\tau(\tau) \tag{22}$$

hergeleitet, wobei $S(\tau)$ der Transformationsoperator in der Gleichung (19) ist; $S_i(\tau)$ ist der Transformationsoperator der Gleichung

$$\frac{\partial u}{\partial t} = 2\frac{\partial^2 u}{\partial x_i^2}, \quad i = 1,2; \tag{23}$$

$S_\tau(\tau)$ ist der Transformationsoperator der Gleichung (20)*.

Wir geben jetzt eine Einführung in das Verständnis der schwachen Approximation für Differentialgleichungsoperatoren allgemeiner Struktur.

* Eine analoge Interpretation desAufspaltungsschemas als eine sukzessive, genäherte Integration eindimensionaler Gleichungen wurde in den Arbeiten [36,13,79,84,91] gegeben. In der Arbeit [92] wird eine Verallgemeinerung des Schemas mit Längs- und Querrichtungen für dreidimensionale Differentialoperatoren dargelegt. In diesen Arbeiten ist der Übergang von einem Zwischenschritt zum nächsten diskret, d.h. die Autoren gehen zu einem Differenzenschema über.

10.2 Die schwache Approximation eines Differentialgleichungssystems

Wir beginnen mit der Definition der schwachen Approximation einer Funktion.

D e f i n i t i o n : Die Funktionenfamilie $f_\tau(x,t)$ a p p r o x i m i e r t im Intervall $[0,T]$ die Funktion $f(x,t)$ bezüglich t s c h w a c h , wenn

$$\int_{t_1}^{t_2} \left[f_\tau(x,s) - f(x,s) \right] ds = \delta(x,t_1,t_2,\tau) \tag{1}$$

und $\|\delta\| \to 0$ gilt für $\tau \to 0$ und beliebige $t_1, t_2 \in [0,T]$.

Die Familie der linearen Differentialoperatoren $L_\tau(t)$ approximiert schwach bezüglich t den Operator $L(t)$, wenn für die Koeffizienten die schwache Approximation erfüllt ist. Es ist klar, daß man eine analoge Definition der schwachen Approximation für jede räumliche Variable einführen kann, obwohl wir im Augenblick uns auf die Untersuchung der schwachen Approximation bezüglich t beschränken und obendrein von spezieller Form. Im folgenden werden wir der Kürze halber von Operatoren L_τ sprechen und nicht von Operatorenfamilien.

Es sei:

$$\frac{\partial u}{\partial t} = Lu + f \tag{2}$$

ein solches System, wie wir es im §1.1 betrachtet haben und für das das Cauchysche Anfangswertproblem formuliert ist und das im Sinne von §1.1 korrekt ist

$$u(x,0) = u_0(x) . \tag{2'}$$

Es sei:

$$L = L_1 + \dots + L_p \tag{3}$$

eine Darstellung des Operators L in Form einer Summe von Operatoren $L_1, \dots, L_p$, allgemeiner gesagt, von einfacherer Struktur als der Operator L. Wir betrachten den Operator

$$L_\tau = \alpha_1(\tau,t) L_1 + \alpha_2(\tau,t) L_2 + \dots + \alpha_p(\tau,t) L_p , \tag{4}$$

wobei die Funktionen $\alpha_s(\tau, t)$ auf folgende Weise bestimmt werden :

$$\alpha_s(\tau,t) = p \cdot \delta_{si} , \tag{5}$$

wenn

$$t \in \left(n\tau + \frac{i-1}{p}\tau , n\tau + \frac{i\tau}{p} \right] \tag{6}$$

gilt.

Hierin bedeutet:

$$\delta_{si} = \begin{cases} 1, & i=s, \\ 0, & i \neq s, \end{cases} \qquad i,s = 1,\dots,p. \tag{7}$$

Man kann leicht zeigen, daß der Operator L_τ den Operator L schwach approximiert. Zusammen mit dem System (2) betrachten wir das System:

$$\frac{\partial u}{\partial t} = L_\tau u + f_\tau , \tag{8}$$

wobei die Funktion f_τ die Funktion f sowohl schwach als auch stark approximieren kann (und im Spezialfall mit der letzteren zusammenfallen kann), und der Operator L_τ ist durch die Gleichung (4) definiert.

Was hat man unter einer Lösung $u=u_\tau$ des Cauchyschen Anfangswertproblems

$$u_\tau(x,0) = u_0(x) \tag{8'}$$

für die Gleichung (8) zu verstehen?

$u_\tau(x,t)$ sei eine Lösung des Cauchyschen Anfangswertproblems für die Gleichung

$$\frac{\partial u}{\partial t} = p L_1 u$$

im Intervall $0 < t \leq \frac{\tau}{p}$ mit den Anfangswerten $u(x,0) = u_0(x)$. Wir bestimmen $u_\tau(x,t)$ im Intervall $\frac{\tau}{p} < t \leq \frac{2\tau}{p}$ als Lösung des Cauchyschen Anfangswertproblems für die Gleichung

$$\frac{\partial u}{\partial t} = p L_2 u$$

mit den Anfangswerten $u(x,\frac{\tau}{p}) = u_\tau(x,\frac{\tau}{p})$. Indem wir in analoger Weise fortfahren, bestimmen wir $u_\tau(x,t)$ im Intervall $\frac{p-1}{p}\tau < t \leq \tau$ als Lösung der Cauchyschen Anfangswertaufgabe für die Gleichung

$$\frac{\partial u}{\partial t} = p L_p u$$

mit den Anfangswerten

$$u\left(x,\frac{p-1}{p}\tau\right) = u_\tau\left(x,\frac{p-1}{p}\tau\right).$$

Danach wird der Prozeß zur Bestimmung der Funktion u_τ wiederholt. Die Funktion $u_\tau(x,t)$, die so konstruiert wird, ist per definitionem eine Lösung des Cauchyschen Problems (8) und (8').

Wir führen folgende Bezeichnungen ein:

$S(t_2,t_1)$ ist der Transformationsoperator der Gleichung (2);
$S_\tau(t_2,t_1)$ ist der Transformationsoperator der Gleichung (8);
$S_i(t_2,t_1)$ ist der Transformationsoperator der Gleichung $\frac{1}{p}\frac{\partial u}{\partial t} = L_i u$, $i=1,\dots,p$.

Dann gilt - nach Definition der Lösung u_τ - die Relation:

$$S_\tau(t+\tau,t) = S_p\left(t+\tau,\, t+\frac{p-1}{p}\tau\right) S_{p-1}\left(t+\frac{p-1}{p}\tau,\, t+\frac{p-2}{p}\tau\right) \dots S_1\left(t+\frac{\tau}{p},t\right). \qquad (9)$$

In Übereinstimmung mit der Eigenschaft (9) bezeichnen wir das System (8) als f a k - t o r i s i e r t (a u f g e s p a l t e n). Unsere Aufgabe ist ein Vergleich der Eigenschaften der Operatoren

$$S(t_2,t_1) \quad , \quad S_\tau(t_2,t_1) \quad , \quad S_i(t_2,t_1) \, .$$

Wir führen eine Reihe von Überlegungen durch. Zunächst definieren wir den Begriff des v e r l ä n g e r t e n S y s t e m s . Der Operator L habe die Form:

$$L = \sum_\alpha a_{\alpha_1 \dots \alpha_m} D_1^{\alpha_1} \dots D_m^{\alpha_m} \, . \qquad (10)$$

Wir führen in unsere weiteren Betrachtungen den Vektor $\overset{1}{u}$ ein, dessen Komponenten die folgenden Größen sind:

$$p^\alpha = p^{\alpha_1,\dots,\alpha_m} = D_1^{\alpha_1} \dots D_m^{\alpha_m} u = D^\alpha u \, , \qquad (11)$$

wobei die Elementmenge $\alpha = (\alpha_1,\dots,\alpha_m)$ der Summe (10) entnommen ist und notwendig das Element (0, ... ,0) enthält, dem die Ausgangsvektorfunktion $u = p^{0,\dots,0}$ entspricht. Auf die Gleichung (2) wenden wir den Operator D^α an:

$$D^\alpha \frac{\partial u}{\partial t} = \frac{\partial}{\partial t} D^\alpha u = \frac{\partial}{\partial t} p^\alpha = D^\alpha(Lu) + D^\alpha f . \qquad (11')$$

Benutzen wir die Differentiationsregel

$$D_i\,(ap^\beta) = D_i\,ap^\beta + a\,D_i p^\beta \, ,$$

wobei a ein Matrixkoeffizient und $p^\beta = p^{\beta_1,\dots,\beta_m}$ ist, so transformieren wir (11') in die Form:

$$\frac{\partial p^\alpha}{\partial t} = l^\alpha \overset{1}{u} + D^\alpha f \, , \qquad (12)$$

wobei l^α ein Differentialoperator ist.

Führen wir die Differentiationen in der Gleichung (12) aus, so kommen wir zum System

$$\frac{\partial \overset{1}{u}}{\partial t} = \overset{1}{L}\overset{1}{u} + \overset{1}{f} . \qquad (13)$$

Das System (13) bezeichnen wir als e r s t e s v e r l ä n g e r t e s S y s t e m, das dem System (2) entspricht oder einfach als e r s t e V e r l ä n g e r u n g d e s S y s t e m s (2). Wir zeigen im ersten Beispiel, wie man ein verlängertes System gewinnen kann.

Wir betrachten die Gleichung:

$$\frac{\partial u}{\partial t} + \sum_{\alpha} a_{\alpha} \frac{\partial u}{\partial x^{\alpha}} = 0 , \qquad \alpha = 1,2 , \qquad (14)$$

und setzen $p^{i} = \frac{\partial u}{\partial x^{i}}$, differenzieren (14) nach x^{i} und erhalten:

$$\frac{\partial p^{i}}{\partial t} + \sum_{\alpha} \frac{\partial a_{\alpha}}{\partial x^{i}} \frac{\partial u}{\partial x^{\alpha}} + \sum_{\alpha} a_{\alpha} \frac{\partial p^{i}}{\partial x^{\alpha}} = 0 , \qquad i,\alpha = 1,2 . \qquad (15)$$

Führen wir weiter den Vektor $\overset{1}{u} = (u,p^{1},p^{2})$ in die Betrachtung ein, so kann man die Gleichungen (14) und (15) in der Form

$$\frac{\partial \overset{1}{u}}{\partial t} = \overset{1}{L}\overset{1}{u} , \qquad (16)$$

$$\overset{1}{L} = - \left\| \begin{matrix} \sum_{\alpha} a_{\alpha} \frac{\partial}{\partial x^{\alpha}} & 0 & 0 \\ \sum_{\alpha} \frac{\partial a_{\alpha}}{\partial x^{1}} \frac{\partial}{\partial x^{\alpha}} & \sum_{\alpha} a_{\alpha} \frac{\partial}{\partial x^{\alpha}} & 0 \\ \sum_{\alpha} \frac{\partial a_{\alpha}}{\partial x^{2}} \frac{\partial}{\partial x^{\alpha}} & 0 & \sum_{\alpha} a_{\alpha} \frac{\partial}{\partial x^{\alpha}} \end{matrix} \right\| \qquad (17)$$

schreiben.

Im Spezialfall konstanter Koeffizienten erfüllt eine beliebige Ableitung p^{α} dieselbe Gleichung, die auch u erfüllt, und der Operator $\overset{1}{L}$ hat Diagonalgestalt:

$$\overset{1}{L} = \left\| \begin{matrix} L & 0 & 0 \\ 0 & L & 0 \\ 0 & 0 & L \end{matrix} \right\| , \qquad (18)$$

wobei die Operatorenmatrix (18) auf die räumlichen Komponenten des Vektors $\overset{1}{u}$ wirkt.

Konstruiert man die Vektoren $\overset{2}{u} = \{p^{\alpha+\beta}\}$, $\overset{3}{u} = \{p^{\alpha+\beta+\gamma}\}$, ... , wobei β, γ, ... dieselben Elemente durchlaufen wie α , so erhalten wir analog zum Vorhergehenden für $\overset{2}{u}$, $\overset{3}{u}$, ...

die zweite, dritte, ... Verlängerung des Systems. Wir werden das k-te verlängerte System in der Form

$$\frac{\partial \overset{k}{u}}{\partial t} = \overset{k}{L}\overset{k}{u} + \overset{k}{f} \tag{19}$$

schreiben. Man kann leicht zeigen, daß die Darstellung (3) der Darstellung

$$\overset{k}{L} = \overset{k}{L}_1 + \cdots + \overset{k}{L}_p \tag{20}$$

entspricht und daß dem Operator L_τ der Operator

$$\overset{k}{L}_\tau = \alpha_1 \overset{k}{L}_1 + \cdots + \alpha_p \overset{k}{L}_p \tag{21}$$

entspricht.

So werden wir mit dem System (8) auch das verlängerte System

$$\frac{\partial \overset{k}{u}}{\partial t} = \overset{k}{L}_\tau \overset{k}{u} + \overset{k}{f}_\tau \tag{22}$$

betrachten.

Wir werden folgende Bezeichnungen benutzen:

$\overset{k}{S}(t_2,t_1)$: Transformationsoperator der Gleichung (19);
$\overset{k}{S}_\tau(t_2,t_1)$: Transformationsoperator der Gleichung (22);
$\overset{k}{S}_i(t_2,t_1)$: Transformationsoperator der Gleichung $\frac{1}{p}\frac{\partial \overset{k}{u}}{\partial t} = \overset{k}{L}_i u_k$.

Wieder gilt die Relation:

$$\overset{k}{S}_\tau(t+\tau,t) = \overset{k}{S}_p\left(t+\tau, t+\frac{p-1}{p}\tau\right) \overset{k}{S}_{p-1}\left(t+\frac{p-1}{p}\tau, t+\frac{p-2}{2}\tau\right) \cdots \overset{k}{S}_1\left(t+\frac{\tau}{p}, \tau\right). \tag{23}$$

Die Gleichung (23) kann auf folgende Weise interpretiert werden:

Die Faktorisierung des verlängerten Systems ist eine Verlängerung des faktorisierten Systems. M.a.W.: Die Operationen der Verlängerung und der Faktorisierung sind vertauschbar.

Einem verlängerten System gehorcht auch die Verlängerung des Cauchyschen Anfangswertproblems. Dafür braucht man nur zu setzen:

$$p_0^{\alpha} = D^{\alpha} u_0 \quad , \quad p_0^{\alpha+\beta} = D^{\alpha+\beta} u_0 \tag{24}$$

usw. Wir werden die Cauchyschen Anfangswertprobleme für die Systeme (2) und (8) sowie deren Verlängerungen mit den entsprechenden Buchstaben

$$\mathrm{I}\ ,\ \mathrm{I}_{\tau}\ ,\ \overset{k}{\mathrm{I}}\ ,\ \overset{k}{\mathrm{I}}_{\tau}$$

bezeichnen, und wir werden annehmen, daß die Probleme I und I_τ in ein und demselben Banachraum B, die Aufgaben $\overset{k}{\mathrm{I}}$ und $\overset{k}{\mathrm{I}}_\tau$ in entsprechenden Banachräumen B_k definiert sind. Z.B. kann die Norm in B_k auf folgende Weise definiert werden:

$$\|\overset{k}{u}\|_{B_k}^2 = \sum_{\alpha_1,\dots,\alpha_k} \|p^{\alpha_1+\dots+\alpha_k}\|_B^2 \; .$$

Wir formulieren jetzt eine Reihe von Eigenschaften der Lösungen für gleichmäßig korrekte Systeme. Die Lemmas 1 und 2 sind für die homogenen Systeme (2) $(f \equiv 0)$ gültig.

L e m m a 1 : Wenn das System (2) gleichmäßig korrekt ist, so ist die Lösung u(t) gleichmäßig stetig.

B e w e i s : Aufgrund der Stetigkeit des Operators $S(t+\tau,t)$ ist u(t) bezüglich t für beliebiges t im Intervall $[0,T]$ stetig. Nach dem Cantorschen Satz ist u(t) gleichmäßig stetig.

L e m m a 2 : Wenn a) die Aufgaben I und $\overset{1}{\mathrm{I}}$ gleichmäßig korrekt sind,
b) die Koeffizienten a_α gleichmäßig stetig in t sind,
so haben die Ausdrücke $\frac{\partial u}{\partial t}$ und Lu einen Sinn, sind gleichmäßig stetig in t, und es gilt die Gleichung:

$$\frac{\partial u}{\partial t} = Lu \; .$$

B e w e i s : Der Vektor $\overset{1}{u}(t) = \{p^{\alpha}(t)\}$ ist sinnvoll definiert für beliebiges $t \in [0,T]$; folglich ist der Ausdruck

$$q(t) = Lu = \sum_{\alpha} a_{\alpha}(t)\; p^{\alpha}(t)$$

ebenfalls sinnvoll für $t \in [0,T]$. Nach Hilfssatz 1 sind die $p^{\alpha}(t)$ gleichmäßig stetig als Komponenten der gleichmäßig stetigen Funktion $\overset{1}{u}(t)$. Im Hinblick auf die Bedingung b) des Hilfssatzes 2 sehen wir, daß Lu gleichmäßig stetig ist.

Bei Bestimmung einer verallgemeinerten Lösung ist

$$u(t) = \lim\; u(\varepsilon,t) \quad , \qquad \varepsilon \to 0 \; ,$$

wobei der Grenzübergang gleichmäßig bezüglich t in B_1 erfolgt und $u(\varepsilon,t)$ eine glatte Lösung von I ist, die zu B_1 gehört. Für sie gelten die Relationen:

$$\frac{\partial u(\varepsilon,t)}{\partial t} = L(t)\, u(\varepsilon,t)\; , \tag{25a}$$

$$u(\varepsilon, t+\tau) - u(\varepsilon, t) = \int_t^{t+\tau} L(\vartheta)\, u(\varepsilon, \vartheta)\, d\vartheta . \tag{25b}$$

Gehen wir in der Gleichung (25b) zur Grenze in der Norm $B_0 = B$ über, so erhalten wir:

$$u(t+\tau) - u(t) = \int_t^{t+\tau} L(\vartheta)\, u(\vartheta)\, d\vartheta . \tag{26}$$

Da $L(t)\, u(t)$ gleichmäßig stetig ist, folgt:

$$\frac{u(t+\tau) - u(t)}{\tau} \longrightarrow \frac{\partial u(t)}{\partial t} = L(t)\, u(t) ,$$

und $\frac{\partial u}{\partial t}$ ist gleichmäßig stetig. Der Hilfssatz ist damit bewiesen.

L e m m a 3 : Wenn a) I und $\overset{1}{I}$ gleichmäßig korrekt sind;
b) $u_0 \in B_1$, $f(t) \in B_1$ und gleichmäßig stetig in t ist,
so liefert die Formel

$$u(t) = S(t,0)\, u_0 + \int_0^t S(t,\vartheta)\, f(\vartheta)\, d\vartheta \tag{27}$$

die Lösung der Gleichung

$$\frac{\partial u}{\partial t} = Lu + f \tag{28}$$

mit den Anfangswerten

$$u(0) = u_0 . \tag{29}$$

B e w e i s : Wir untersuchen zu Beginn die Eigenschaften der Funktion

$$F(t,\vartheta) = S(t,\vartheta)\, f(\vartheta) . \tag{30}$$

Bei festgehaltenem ϑ ist $F(t,\vartheta)$ eine Lösung $u(t)$ des Systems I:

$$\frac{\partial u}{\partial t} = Lu$$

mit den Anfangswerten $u(\vartheta) = f(\vartheta)$. Nach dem Hilfssatz 1 ist $F(t,\vartheta)$ in B und B_1 gleichmäßig stetig in t. Wir betrachten entsprechend der Norm von B die Gleichung:

$$\begin{aligned} F(t,\vartheta+h) - F(t,\vartheta) &= S(t,\vartheta+h)\, f(\vartheta+h) - S(t,\vartheta)\, f(\vartheta) = \\ &= S(t,\vartheta+h)\,[f(\vartheta+h) - f(\vartheta)] + [S(t,\vartheta+h) - S(t,\vartheta)]\, f(\vartheta) = \\ &= S(t,\vartheta+h)\,[f(\vartheta+h) - f(\vartheta)] + S(t,\vartheta+h)\,[E - S(\vartheta+h,\vartheta)]\, f(\vartheta) . \end{aligned} \tag{31}$$

Der erste Term in (31) strebt für $h \to 0$ gleichmäßig in ϑ gegen Null wegen der gleichmäßigen Stetigkeit von $f(\vartheta)$. Wir schätzen den zweiten Term ab. Es gilt die folgende Darstellung:

$$\left[E - S(\vartheta + h, \vartheta)\right] f(\vartheta) = \left[F(\vartheta + h, \vartheta) - f(\vartheta)\right].$$

Entsprechend der Eigenschaft von $F(t, \vartheta)$ strebt dieser Term für $h \to 0$ bei beliebigem ϑ gegen Null.

Folglich ist die Funktion $F(t, \vartheta)$ stetig in ϑ, d.h. gleichmäßig stetig im Intervall $[0,t]$, und das Integral

$$F(t) = \int_0^t F(t, \vartheta)\, d\vartheta$$

hat in B einen Sinn. Analog zeigt man, daß es auch in B_1 sinnvoll definiert ist.

Wir schätzen die folgende Differenz ab:

$$\begin{aligned} u(t+\tau) - u(t) &= \left[S(t+\tau, 0) - S(t,0)\right] u_0 + \int_t^{t+\tau} S(t+\tau, \vartheta) f(\vartheta)\, d\vartheta + \\ &\quad + \int_0^t \left[S(t+\tau, \vartheta) - S(t,\vartheta)\right] f(\vartheta)\, d\vartheta = \\ &= \left[S(t+\tau, t) - E\right] S(t,0)\, u_0 + \int_t^{t+\tau} S(t+\tau, \vartheta) f(\vartheta)\, d\vartheta + \\ &\quad + \int_0^t \left[S(t+\tau, t) - E\right] S(t,\vartheta) f(\vartheta)\, d\vartheta. \end{aligned} \tag{32}$$

Mit (27) schreiben wir die Formel (32) in die Form

$$\begin{aligned} u(t+\tau) - u(t) &= \left[S(t+\tau, t) - E\right]\left[u(t) - \int_0^t S(t,\vartheta) f(\vartheta)\, d\vartheta\right] + \\ &\quad + \int_t^{t+\tau} S(t+\tau,\vartheta) f(\vartheta)\, d\vartheta + \int_0^t \left[S(t+\tau, t) - E\right] S(t,\vartheta) f(\vartheta)\, d\vartheta = \\ &= \left[S(t+\tau,t) - E\right] u(t) + \int_t^{t+\tau} S(t+\tau, \vartheta) f(\vartheta)\, d\vartheta + \\ &\quad + \int_0^t \left[S(t+\tau,t) - E\right] S(t,\vartheta) f(\vartheta)\, d\vartheta - \left[S(t+\tau,t) - E\right] \int_0^t S(t,\vartheta) f(\vartheta)\, d\vartheta \end{aligned} \tag{33}$$

um.

Die zwei letzten Glieder in (33) werden zusammengefaßt, und als Ergebnis erhalten wir nach Division durch τ

$$\frac{u(t+\tau)-u(t)}{\tau} = \frac{[S(t+\tau,t)-E]}{\tau} u(t) + \frac{1}{\tau}\int_t^{t+\tau} S(t+\tau,\vartheta)\, f(\vartheta)\, d\vartheta . \qquad (34)$$

Nach den Bedingungen des Hilfssatzes 3 gilt $F(t,\vartheta) \in B_1$; $F(t) \in B_1$, und folglich

$$u(t) = S(t,0)\, u(0) + F(t) \quad \in B_1 ,$$

da

$$u(0) \in B_1$$

gilt.

Dann gilt aber weiter:

$$\frac{[S(t+\tau,t)-E]}{\tau}\, u(t) = \frac{1}{\tau}\int_t^{t+\tau} L(\vartheta)\, U(\vartheta)\, d\vartheta , \qquad (35)$$

wobei $U(\vartheta)$ die Lösung des Cauchyschen Anfangswertproblems

$$\frac{\partial U(\vartheta)}{\partial \vartheta} = L(\vartheta)\, U(\vartheta) , \qquad U(t) = u(t) , \quad t \le \vartheta \le t+\tau ,$$

ist. Da $L(\vartheta)\, U(\vartheta)$ und $S(t+\tau, \vartheta)\, f(\vartheta)$ gleichmäßig stetig sind, so folgt unter Benutzung des Mittelwertsatzes und durch Grenzübergang $\tau \to 0$ in Gleichung (34) die Beziehung:

$$\frac{\partial u(t)}{\partial t} = L(t)\, u(t) + f(t) .$$

Mit der Formel (27) werden die Anfangsbedingungen erfüllt, und der Hilfssatz ist bewiesen.

Die Formel (27) behält ihre Bedeutung, auch wenn $u(0) \in B$ und $f(\vartheta) \in B$ gilt und die Aufgabe I gleichmäßig korrekt ist. In diesem Fall kann die Formel (27) als eine Definition der verallgemeinerten Lösung der Aufgabe (28) und (29) betrachtet werden.

Aus dem Hilfssatz 3 erhalten wir:

F o l g e r u n g : Wenn die Aufgabe I korrekt ist, so hängt die Lösung der Aufgabe (28) und (29) stetig von der rechten Seite f ab (korrekt bezüglich der rechten Seite). Diese Aussage folgt sofort aus der Abschätzung:

$$\| u(t) \| \le \| S(t,0) \| \, \| u_0 \| + \int_0^t \| S(t,\vartheta) \| \, \| f(\vartheta) \| \, d\vartheta \le e^{\alpha t} \| u_0 \| + \int_0^t e^{\alpha(t-\vartheta)} \| f(\vartheta) \| \, d\vartheta .$$

Im folgenden werden wir die Formel (27) zur Bestimmung einer Lösung der Aufgabe (28) und (29) im Sinne des Hilfssatzes 3 benützen. Die Hilfssätze 1,2 und 3 gelten auch für das System I_τ .

10.3 Konvergenzaussagen *

Es gilt der Satz:

S a t z 1 : Wenn a) I_τ , $\overset{1}{I}_\tau$ in B und B_1 gleichmäßig korrekt sind,
b) I_τ aufgrund der rechten Seite korrekt ist,
c) $L_i u$ für eine Lösung u(t) der Aufgabe I gleichmäßig stetig in t ist,
d) $u_0 \in B_1$,

so ist u(t) die eindeutig bestimmte Lösung der Aufgabe I, die den Bedingungen c) und d) genügt, und $u_\tau(t)$ konvergiert für $\tau \to 0$ stark und gleichmäßig gegen die Lösung u(t).

M.a.W.: Wenn die ursprüngliche Aufgabe und die erste Verlängerung des Systems in faktorisierter Form korrekt sind und die Lösung des Ausgangssystems (2.2) genügend glatt ist, so ist sie eindeutig bestimmt, und die Lösung des faktorisierten Systems konvergiert gegen die Lösung des ursprünglichen Systems.

B e w e i s : U(t) sei die Lösung der Aufgabe I mit den Anfangsbedingungen $u_0 \in B_1$, $u_\tau(t)$ sei die Lösung der Aufgabe I_τ mit denselben Anfangsbedingungen u_0. Die Funktion

$$v(t) = u_\tau(t) - u(t) \tag{1}$$

ist eine Lösung der Aufgabe

$$\frac{\partial v}{\partial t} = L_\tau v + (L_\tau - L)u(t) \quad , \quad v(0) = 0 . \tag{2}$$

Mit der Bedingung b) und dem Hilfssatz 3 wird nach der Formel

$$v(t) = \int_0^t S_\tau(t,\vartheta)(L_\tau - L)u(\vartheta)\,d\vartheta = \sum_{i=1}^{p} v_i(t) , \tag{3}$$

v(t) berechnet mit

$$v_i(t) = \int_0^t S_\tau(t,\vartheta)\,\varepsilon_i(\tau,\vartheta)\,\varphi_i(\vartheta)\,d\vartheta ;$$
$$\varepsilon_i(\tau,\vartheta) = \alpha_i(\tau,\vartheta) - 1 ; \qquad \varphi_i(\vartheta) = L_i(\vartheta)u(\vartheta) . \tag{4}$$

Es sei
$$t = n\tau + \frac{i-1}{p}\tau + \eta , \qquad 0 \le \eta \le \frac{\tau}{p} .$$

Dann gilt:
$$\int_0^t = \int_0^{n\tau} + \int_{n\tau}^{n\tau + \frac{i-1}{p}\tau + \eta} .$$

Aufgrund der gleichmäßigen Korrektheit der Aufgabe I_τ ist das zweite Integral gleich-

* Der vorliegende Abschnitt gibt Ergebnisse aus Arbeiten von G. W. Demidow und vom Verfasser [88,89] wieder.

mäßig beschränkt von der Ordnung $O(\tau)$ bezüglich t. Deshalb ist es hinreichend, das Integral für $v_i(t)$ für $t=n\tau$ abzuschätzen. Für v_i erhalten wir den Ausdruck:

$$v_i(t) = \sum_{k=0}^{n-1} \int_{k\tau}^{(k+1)\tau} S_\tau(t,\vartheta)\, \varepsilon_i(\tau,\vartheta)\, \varphi_i(\vartheta)\, d\vartheta = \sum_{k=0}^{n-1} \sum_{j=1}^{p} \int_{(k+\frac{j-1}{p})\tau}^{(k+\frac{j}{p})\tau} S_\tau(t,\vartheta)\, \varepsilon_i(\tau,\vartheta)\, \varphi_i(\vartheta)\, d\vartheta. \tag{5}$$

Unter Berücksichtigung von (2.5) und (4) gilt für ε_i die Beziehung:

$$\varepsilon_i(\tau,\vartheta) = p\delta_{ij} - 1 , \qquad \vartheta \in \left[\left(k+\frac{j-1}{p}\right)\tau ,\ \left(k+\frac{j}{p}\right)\tau\right]. \tag{6}$$

Daraus folgt für $v_i(t)$:

$$v_i(t) = \sum_{k=0}^{n-1} \sum_{j=1}^{p} \int_{(k+\frac{j-1}{p})\tau}^{(k+\frac{j}{p})\tau} \left[S_\tau\left(t,\vartheta+\frac{i-j}{p}\tau\right) \varphi_i\left(\vartheta+\frac{i-j}{p}\tau\right) - S_\tau(t,\vartheta)\, \varphi_i(\vartheta)\right] d\vartheta. \tag{7}$$

Wie man sieht, reduziert sich die Abschätzung von $v_i(t)$ auf die Abschätzung eines Ausdrucks der Form

$$\int_a^{a+h_1} \left[S_\tau(t,\vartheta+h_2)\, \varphi(\vartheta+h_2) - S_\tau(t,\vartheta)\, \varphi(\vartheta)\right] d\vartheta \tag{8}$$

für einen gleichmäßig korrekten Operator $S_\tau(t,\vartheta)$ und eine bezüglich t gleichmäßig stetige Funktion $\varphi(\vartheta)$.

Wir stellen (8) in Summenform dar:

$$\int_a^{a+h_1} \left[S_\tau(t,\vartheta+h_2) - S_\tau(t,\vartheta)\right] \varphi(\vartheta)\, d\vartheta + \int_a^{a+h_1} S_\tau(t,\vartheta+h_2) \left[\varphi(\vartheta+h_2) - \varphi(\vartheta)\right] d\vartheta. \tag{9}$$

Aufgrund der gleichmäßigen Korrektheit von $S_\tau(t,\vartheta)$ und der gleichmäßigen Stetigkeit von $\varphi(\vartheta)$ ist der zweite Term der Summe in (9) genau von der Ordnung $h_1\alpha(h_2)$, wobei $\alpha(h_2)\to 0$ geht für $h_2 \to 0$, und der Ausdruck

$$I_2\varphi_i = \sum_{k=0}^{n-1} \sum_{j=1}^{p} \int_{(k+\frac{j-1}{p})\tau}^{(k+\frac{j}{p})\tau} S_\tau\left(t,\vartheta+\frac{i-j}{p}\tau\right) \left[\varphi_i\left(\vartheta+\frac{i-j}{p}\tau\right) - \varphi_i(\vartheta)\right] d\vartheta$$

im Sinne der Norm die Ordnung $\alpha(\tau)$ hat.

Wir schätzen den ersten Summenterm in (9) ab. Wir setzen der Einfachheit halber voraus, daß h_2 positiv ist; unter Benutzung der Relation

$$S_\tau(t,\vartheta) = S_\tau(t,\vartheta+h_2)\cdot S_\tau(\vartheta+h_2,\vartheta). \tag{10}$$

kann man sie in die Form

$$\int_a^{a+h_1} S_\tau(t,\vartheta+h_2)\left[E - S_\tau(\vartheta+h_2,\vartheta)\right]\varphi(\vartheta)\,d\vartheta \tag{11}$$

umschreiben. Wir betrachten den Ausdruck

$$\left[S_\tau(\vartheta+h_2,\vartheta) - E\right]\varphi(\vartheta). \tag{12}$$

U(t) sei die Lösung des Cauchyschen Problems

$$\frac{\partial U}{\partial t} = L_\tau U, \qquad U(\vartheta) = \varphi(\vartheta).$$

Dann ist (12) nichts anderes als $U(\vartheta+h_2) - U(\vartheta)$. Wenn $\varphi(\vartheta) \in B_1$, so gilt die Gleichung

$$U(\vartheta+h_2) - U(\vartheta) = \int_\vartheta^{\vartheta+h_2} L_\tau U\,dt.$$

Wegen der Korrektheit von $\overset{1}{I}_\tau$ hat $L_\tau U$ einen Sinn, ist beschränkt, und es gilt gleichmäßig in t und

$$\int_\vartheta^{\vartheta+h_2} L_\tau\varphi\,d\vartheta = O(h_2).$$

So hat das Integral

$$\int_a^{a+h_1}\left[S_\tau(t,\vartheta+h_2) - S_\tau(t,\vartheta)\right]\varphi(\vartheta)\,d\vartheta$$

für $\varphi(\vartheta) \in B_1$ die Ordnung $O(h_1,h_2)$, und folglich hat der Ausdruck für $\varphi(\vartheta) \in B_1$

$$I_1\varphi_i = \sum_{k=0}^{n-1}\sum_{j=1}^{p}\int_{(k+\frac{j-1}{p})\tau}^{(k+\frac{j}{p})\tau}\left[S_\tau\left(t,\vartheta+\frac{i-j}{p}\tau\right) - S_\tau(t,\vartheta)\right]\varphi_i(\vartheta)\,d\vartheta \tag{13}$$

im Sinne der Norm auch die Ordnung $O(\tau)$. I_1 kann man als eine Familie von Operatoren $I_1(\tau)$ ansehen, die auf die Funktion u(t) wirken.

Da

$$\| I_1(\tau)\varphi_i \| \le C(T)\max\| L_i u\| \tag{14}$$

gilt, ist für $u \in B_1, \varphi_i \in B_0$ die Familie der $I_1(\tau)$ gleichmäßig beschränkt. Unter Berücksichtigung der Tatsache, daß für $u \in B_2$ $\| I_1(\tau)\varphi \| \longrightarrow 0$ strebt, konvergiert nach dem Satz von Banach-Steinhaus $I_1(\tau)$ gegen den Nulloperator; d.h. für $\varphi_i = L_i u \in B_0$ ist $I_1(\tau)\varphi_i \longrightarrow 0$ für $\tau \to 0$.

Wenn man beachtet, daß $v = \sum_{i=1}^{p} (I_1+I_2)\varphi_i$ ist, so gelangen wir zur endgültigen Abschätzung:

$$\| v(t) \| \longrightarrow 0 \tag{15}$$

für $\tau \to 0$. Damit ist der Satz 1 bewiesen.

Wir bemerken, daß für eine Gleichung mit konstanten Koeffizienten die Korrektheit der Aufgabe I_τ hinreichend ist, und die Bedingungen von Satz 1 reduzieren sich auf einen hinreichend glatten Charakter der Anfangswerte. Das gilt natürlich für alle Gleichungen, bei denen die Korrektheit des verlängerten Systems aus der Korrektheit des ursprünglichen folgt.

Der Satz 1 beweist die starke Konvergenz einer Lösung $u_\tau(t)$ des faktorisierten Systems (2.8) mit oszillierenden Koeffizienten , das das System (2.2) approximiert, gegen die Lösung $u(t)$ des Systems (2.2). Aber man kann noch mehr ableiten: Aus der Existenz einer Lösung des faktorisierten Systems (2.8) kann man auf die Existenz einer Lösung und auf die Korrektheit des Systems (2.2) schließen, und man kann eine konstruktive Darstellung des Transformationsoperators $S(t_2,t_1)$ durch den Operator $S_\tau(t_2,t_1)$ angeben. Diese Aussage ist von großer Bedeutung, da der Operator $S_\tau(t_2,t_1)$ sich in der Form eines Produktes (2.9) von Operatoren mit einfacherer Struktur darstellen läßt.

So reduziert sich die Aufgabe der Integration des Systems (2.2) auf die Integration eines Systems von einfacherer Struktur. Es gelten folgende Sätze:

S a t z 2 : Wenn die Aufgaben I_τ , $\overset{1}{I}_\tau$ und $\overset{2}{I}_\tau$ gleichmäßig korrekt sind, so gilt:

a) $u_\tau(t)$ konvergiert für $\tau \to 0$ gleichmäßig in t gegen die Funktion $u(t) = S(t,0)u_0$;

b) der Operator $S(t_2,t_1)$ ist gleichmäßig korrekt.

B e w e i s : Nach der Voraussetzung des Satzes gelten die Abschätzungen

$$\| \overset{k}{S}_\tau(t_2,t_1) \| \le e^{\alpha(t_2-t_1)} , \quad 0 \le t_1 \le t_2 \le T , \quad k = 0,1,2 , \tag{16}$$

wobei die Konstante α nicht von τ , t_1, t_2 abhängt.

Es seien $u_{\tau_1}(t)$ und $u_{\tau_2}(t)$ Lösungen der Aufgabe I_τ , entsprechend den Werten $\tau = \tau_1$ und $\tau = \tau_2$ bei $u_0 \in B_2$. Die Funktion

$$v(t) = u_{\tau_2}(t) - u_{\tau_1}(t) \tag{17}$$

ist eine Lösung der Aufgabe

$$\frac{\partial v}{\partial t} = L_{\tau_1} v + \left(L_{\tau_2} - L_{\tau_1}\right) u_{\tau_2} \,, \qquad 0 \le t \le T \,, \quad v(0) = 0 . \tag{18}$$

Für v(t) gilt die Darstellung:

$$v(t) = \int_0^t S_{\tau_1}(t,\vartheta) \left(L_{\tau_2} - L_{\tau_1}\right) u_{\tau_2}(\vartheta)\, d\vartheta \,. \tag{19}$$

Wir schreiben v(t) in der Form:

$$\begin{aligned} v(t) &= I_1 + I_2 \,; \\ I_1 &= \int_0^t S_{\tau_1}(t,\vartheta) \left[L - L_{\tau_1}\right] u_{\tau_2}(\vartheta)\, d\vartheta \,; \\ I_2 &= \int_0^t S_{\tau_1}(t,\vartheta) \left[L_{\tau_2} - L\right] u_{\tau_2}(\vartheta)\, d\vartheta \,. \end{aligned} \tag{20}$$

Für die Norm von I_2 (die Norm von I_1 wird ähnlich abgeschätzt) geben wir eine Abschätzung.

$$\begin{aligned} I_2 &= \sum_{i=1}^{p} \int_0^t S_{\tau_1}(t,\vartheta)\, \varepsilon_i\, \varphi_i(\vartheta)\, d\vartheta \,; \\ \varepsilon_i &= \alpha_i(\tau_2, t) - 1 \,; \qquad \varphi_i = L_i u_{\tau_2} \,. \end{aligned} \tag{21}$$

Wieder kann man - wie im Satz 1 - annehmen, daß $t = n\tau_2$ ist, da der vernachlässigte Teil klein von der Ordnung $O(\tau_2)$ ist. Formen wir I_2 analog zum Satz 1 um, so erhalten wir:

$$I_2 = \sum_{i=1}^{p} \sum_{j=1}^{p} \sum_{k=0}^{n-1} \int_{(k+\frac{j-1}{p})\tau_2}^{(k+\frac{j}{p})\tau_2} \left[S_{\tau_1}\left(t, \vartheta + \frac{i-j}{p}\tau_2\right) \varphi_i\left(\vartheta + \frac{i-j}{p}\tau_2\right) - S_{\tau_1}(t,\vartheta)\, \varphi_i(\vartheta)\right] d\vartheta \,. \tag{22}$$

Mit $\varphi_i(\vartheta) \in B_1$ und einer ähnlichen Abschätzung wie in Satz 1 erhalten wir:

$$\| I_1 \| = \alpha(\tau_1) \quad , \quad \| I_2 \| = \alpha(\tau_2) \quad , \quad \| v(t) \| \le \alpha(\tau_1) + \alpha(\tau_2) \,. \tag{23}$$

Das bedeutet auch, daß $u_\tau(t)$ eine Fundamentalfolge ist und für $\tau \to 0$ stark gegen $u(t) \in B$ konvergiert, während die Konvergenz in t gleichmäßig ist. M.a.W.: Die Folge der Funktionen $S_\tau(t,0)\ u(0)$ konvergiert, wenn $u(0) \in B_2$ ist. Da B_2 in B kompakt ist und S_τ gleichmäßig beschränkt sind, sind die Voraussetzungen des Satzes von Banach-Steinhaus erfüllt. Aufgrund dieses Satzes (siehe [72]) folgt die Existenz des Grenzoperators.

$$S(t_2,t_1) = \lim_{\tau \to 0} S_\tau(t_2,t_1) .$$

Aufgrund der gleichmäßigen Korrektheit der Operatoren $S_\tau(t_2,t_1)$ erfüllt der Operator $S(t_2,t_1)$ die Bedingung der gleichmäßigen Korrektheit

$$\| S(t_2,t_1) \| \leq e^{\alpha(t_2-t_1)}$$

mit demselben Exponenten α .

Wir beweisen, daß die folgende Kompositionsregel (Bedingung für Halbgruppen) gilt:

$$S(t_3,t_1) = S(t_3,t_2) \cdot S(t_2,t_1) . \tag{24}$$

Es gilt die Gleichung:

$$\begin{aligned} S(t_3,t_2) \cdot S(t_2,t_1) - S(t_3,t_1) &= \left[S_\tau(t_3,t_1) - S(t_3,t_1)\right] + \\ &+ \left[S(t_3,t_2) - S_\tau(t_3,t_2)\right] \cdot S_\tau(t_2,t_1) + S(t_3,t_2)\left[S(t_2,t_1) - S_\tau(t_2,t_1)\right] . \end{aligned} \tag{25}$$

Geht man in (25) zum Grenzfall $\tau \to 0$ über, so ergibt sich die Gleichung (24), womit der Satz bewiesen ist.

Wir beweisen schließlich, daß die Bedingung der stetigen Abhängigkeit der Lösung von den Anfangswerten erfüllt ist. Es gilt die Abschätzung:

$$\| u(t) - u(0) \| \leq \| u(t) - u_\tau(t) \| + \| u_\tau(t) - u(0) \| . \tag{26}$$

Da $\| u(t) - u_\tau(t) \| \to 0$ für $\tau \to 0$ gleichmäßig in t gilt, wählen wir τ_0 so klein, daß

$$\| u(t) - u_\tau(t) \| < \frac{\varepsilon}{2} \tag{27}$$

erfüllt ist für $\tau \leq \tau_0$ und alle t.

Bei festem τ wählen wir t_0 so klein, daß

$$\| u_\tau(t) - u(0) \| < \frac{\varepsilon}{2} \tag{28}$$

für $t \leq t_0$ gilt. Aus (26),(27) und (28) folgt

$$\| u(t) - u(0) \| < \varepsilon \tag{29}$$

für $t \leq t_0$. Damit ist der Hilfssatz 2 bewiesen.

H i l f s s a t z 3 : Wenn die Aufgabe $\overset{k}{I}_\tau$ (k=0,1,2,3) korrekt ist, so gilt für ein beliebiges $u(0) \in B_1$: $\overset{1}{u}_\tau(t) \to \overset{1}{u}(t)$, und die Grenzfunktion u(t) erfüllt die Gleichung $\frac{\partial u}{\partial t} = Lu$ mit den Anfangsbedingungen.

B e w e i s : Wir betrachten in B_1 als Ausgangspunkt die Aufgabe $\overset{1}{I}$ und zeigen auf dieselbe Art wie beim Beweis des Hilfssatzes 2, daß $\overset{1}{u}_\tau$ gegen $\overset{1}{u}$ konvergiert. Wir beweisen, daß u(t) die Ableitung $\frac{\partial u}{\partial t}$ hat und die Gleichung $\frac{\partial u}{\partial t} = Lu$ erfüllt. Wir betrachten die gemittelte Funktion

$$\bar{u}_\tau(t) = \frac{1}{\tau} \int_t^{t+\tau} u_\tau(\vartheta)\, d\vartheta . \tag{30}$$

Die Funktion $\bar{u}_\tau(t)$ für $\tau \to 0$ konvergiert gleichmäßig in t gegen u(t). Es gilt nun wirklich:

$$u(t) - \bar{u}_\tau(t) = \frac{1}{\tau} \int_t^{t+\tau} \left[u(t) - u_\tau(\vartheta)\right] d\vartheta = \frac{1}{\tau} \int_t^{t+\tau} \left[u(t) - u(\vartheta)\right] d\vartheta + \frac{1}{\tau} \int_t^{t+\tau} \left[u(\vartheta) - u_\tau(\vartheta)\right] d\vartheta . \tag{31}$$

Die Funktion u(t) ist gleichmäßig stetig im Intervall $0 \leq t \leq T$, da sie ein gleichmäßiger Grenzwert von gleichmäßig stetigen Funktionen $u_\tau(t)$ ist. Folglich strebt der erste Term in (31) gleichmäßig in t gegen Null für $\tau \to 0$, der zweite strebt gleichmäßig in t gegen Null wegen der gleichmäßigen Konvergenz von $u_\tau(t)$ gegen u(t). Daraus folgt, daß gleichmäßig in t

$$u(t) - \bar{u}_\tau(t) \longrightarrow 0 \tag{32}$$

für $\tau \to 0$ gilt. Analog wird bewiesen, daß

$$\| \overset{1}{\bar{u}}(t) - \overset{1}{u}(t) \| = \| \overline{\overset{1}{u}} - \overset{1}{u}(t) \| \longrightarrow 0 \tag{33}$$

gleichmäßig in t für $\tau \to 0$ gilt. So strebt $\bar{u}_\tau(t)$ zusammen mit den Ableitungen $D^\alpha \bar{u}_\tau$ gegen u(t). Wenden wir die Operation der Mittelung auf die Gleichung für I_τ an, so erhalten wir

$$\frac{\partial u_\tau}{\partial t} = L \bar{u}_\tau + f_\tau(t) , \tag{34}$$

mit

$$f_\tau(t) = \frac{1}{\tau} \int_t^{t+\tau} \left[L_\tau(\vartheta)\, u_\tau(\vartheta) - L(t)\, \bar{u}_\tau(t)\right] d\vartheta . \tag{35}$$

Wir zeigen, daß für $\tau \to 0$ $f_\tau(t) \to 0$ für $u_0 \in B_2$ gilt. Für $f_\tau(t)$ gilt die Darstellung:

$$f_\tau(t) = \sum_{i=1}^{p} \frac{1}{\tau} \int_t^{t+\tau} \left[\alpha_i(\tau,\vartheta)\, L_i(\vartheta)\, u_\tau(\vartheta) - L_i \bar{u}_\tau(t)\right] d\vartheta = \sum_{i=1}^{p} \frac{p}{\tau} \int_{\sigma_i} \left[L_i(\vartheta)\, u_\tau(\vartheta) - L_i(t)\, \bar{u}_\tau(t)\right] d\vartheta , \tag{36}$$

wobei die Integration im letzten Integral im Teilintervall der Länge $\frac{\tau}{p}$ ausgeführt wird, in dem $\alpha_i \neq 0$ ist. Wir transformieren das Integral in die folgende Form:

$$\int_{\sigma_i} \left[L_i(\vartheta)\, u_\tau(\vartheta) - L_i(t)\, \bar{u}_\tau(t) \right] d\vartheta = \tag{37}$$

$$= \int_{\sigma_i} \left[L_i(\vartheta)\, u_\tau(\vartheta) - L_i(t)\, u_\tau(t) \right] d\vartheta + \int_{\sigma_i} L_i(t) \left[u_\tau(t) - \bar{u}_\tau(t) \right] d\vartheta .$$

$L_i(\vartheta)\, u_\tau(\vartheta)$ ist gleichmäßig stetig, und deshalb ist das erste Integral im Sinne der Norm von der Ordnung $\tau\varepsilon_1(\tau)$, wobei $\varepsilon_1(\tau) \to 0$ für $\tau \to 0$ gilt. Da $L_i(t)\, \bar{u}_\tau(t)$ gleichmäßig in t gegen $L_i(t)\, u_\tau(t)$ konvergiert, wenn $\tau \to 0$ geht, so ist das zweite Integral ebenfalls bezüglich der Norm von der Ordnung $\tau\varepsilon_2(\tau)$, wobei $\varepsilon_2(t) \to 0$ geht für $\tau \to 0$. Im Endergebnis erhalten wir $f_\tau(t) \to 0$ für $\tau \to 0$ für $u_o \in B_2$. Es ist klar, daß $f_\tau(t)$ in der Form

$$f_\tau(t) = M_\tau(t)\, u_o \tag{38}$$

dargestellt werden kann, wo der lineare Operator $M_\tau(t)$ eine bezüglich τ gleichmäßig beschränkte Norm in B_1 hat

$$\| M_\tau(t) \|_{B_1} \leq C(T)\, \| u_o \|_{B_2} . \tag{39}$$

Da $\| M_\tau(t)\, u_o \| \to 0$ für $\tau \to 0$ und für alle $u_o \in B_2$ gilt, so strebt nach dem Satz von Banach- Steinhaus im Raum B_1 $M_\tau(t)$ gegen den Nulloperator und $f_\tau(t) \to o$ für $u_o \in B_1$. Da gezeigt ist, daß $L\bar{u}_\tau \to Lu$ gilt, so folgt aus der Gleichung (34), daß $\frac{\partial u_\tau}{\partial t} \to \frac{\partial u}{\partial t}$ gilt, und die Gleichung $\frac{\partial u}{\partial t} = Lu$ ist gültig. Der Satz ist damit bewiesen.

Wir haben bereits erwähnt, daß bei einer Gleichung mit konstanten Koeffizienten aus der Korrektheit von I die Korrektheit von $\overset{k}{I}$ (k=1,2,3) folgt. Das gilt auch für die Systeme $\overset{k}{I}_\tau$. In diesem Fall unterscheiden sich die Bedingungen der Sätze 1 - 3 nur durch die Forderungen der Glattheit der Anfangswerte.

Schwächere Forderungen für die Korrektheit der Systeme I_τ gewinnt man auch dann, wenn die Betrachtung für konkrete Banachräume oder für konkrete Systeme durchgeführt wird. Es gelten dann zwei Sätze:

S a t z 4 : Wenn die Aufgaben I_τ , $\overset{1}{I}_\tau$ gleichmäßig korrekt sind in $B=L_q(\Omega)$ $(q>1)$ und in B_1, so ist $u_\tau(t)$ für $\tau \to 0$ eine in t gleichmäßige Fundamentalfolge, und jede stetige Grenzfunktion u(t) ist eine Lösung der Aufgabe I. Wenn $u_o \in \overset{1}{L}_q$, so ist u(t) eine stetige und eindeutige Lösung der Aufgabe I.

Wir bemerken, daß wir im Hilfssatz 4 noch annehmen, daß $\overset{1}{u}$ wenigstens erste Ableitungen nach allen räumlichen Variablen besitzt. Wir betrachten weiter das symmetrische System erster Ordnung:

$$\frac{\partial u}{\partial t} = \sum_{i=1}^{m} A_i \frac{\partial u}{\partial x_i} ,$$

mit $A_i(x,t)$ als symmetrischen Matrizen, stetig in Ω zusammen mit den ersten Ableitungen bezüglich der räumlichen Variablen. Wir setzen

$$L_i = A_i \frac{\partial}{\partial x_i} \,.$$

In diesem Falle ist p=m und $B=L_2$. Es gilt dann der folgende Satz:

S a t z 5 : Die Aufgaben I und I_τ sind gleichmäßig korrekt. Die Funktion $u_\tau(t)$ konvergiert bezüglich t gleichmäßig für $\tau \to 0$ gegen die Lösung der Aufgabe I.

Literaturverzeichnis

[1] Ljusternik, L. A. und W. I. Sobolew — Elemente der Funktionalanalysis. Akademie-Verlag, Berlin, 2. Auflage 1960

[2] Hille, E., and R. S. Phillips — Functional analysis and semi-groups. Amer. Math. Soc., 1957

[3] Lax, P. D., and R. D. Richtmyer — Survey of stability of linear finite difference equations. Comm. Pure Appl. Math. 9, 267-293 (1956)

[4] Richtmyer, R. D. — Difference Methods for Initial-Value Problems. Interscience 1957

[5] Rjabenki, W. S. — Über die Anwendung der Differenzenmethode auf die Lösung des Cauchyschen Problems. Dokl. Akad. Nauk SSSR, 1952, Bd. 86, No. 6, 1071-1074 (russisch)

[6] Meiman, N. N. — Zur Theorie der partiellen Differentialgleichungen. Dokl. Akad. Nauk SSSR, 1954, Bd. 97, No.4 , 593-596 (russisch)

[7] Richtmyer, R. D. — Abstrakte Theorie des linearen, inhomogenen Cauchyschen Problems. Sammlung „Fragen der numerischen und angewandten Mathematik", Nowosibirsk, 1966 (russisch)

[8] Lokuziewski, O. W. — Rechenmethoden zur Lösung partieller Differentialgleichungen. „Fortschritte der mathematischen Wissenschaften", 1956, Bd. 11, Heft 3 (russisch)

[9] Martschuk, G. I. — Rechenmethoden für Kernreaktoren. Staatlicher Verlag für Atomenergie, 1961 (russisch)

[10] Peaceman, D. W., and H. H. Rachford, jr. — The numerical solution of parabolic and elliptic differential equations. Jour. Soc. Ind. Appl. Math. 3, 28-41 (1955)

[11] Douglas, J. — On the numerical integration of $U_{xx}+U_{yy}=U_t$ by implicit methods. Jour. Soc. Ind. Appl. Math. 3, 42-65 (1955)

[12] Douglas, J., and H. H. Rachford, jr. — On the numerical solution of the heat conduction problems in two and three variables. Trans. Amer. Math. Soc. 82, 421-439 (1956)

[13] Janenko, N. N. — Ein Differenzenverfahren zur Berechnung der mehrdimensionalen Wärmeleitungsgleichung. Dokl. Akad. Nauk SSSR, 125, No.6, 1207-1210, 1959 (russisch)

[14] Yanenko, N. N., Suchkov, V. A., and Pogodin, N. Ya. — On a difference solution of the equation of thermal conductivity in curvilinear coordinates
Dokl. Akad. Nauk SSSR, 128, 5, 1959

[15] Janenko, N. N. — Einfache, implizite Differenzenschema für mehrdimensionale Probleme
Berichte der All-Unions-Konferenz für numerische Mathematik und Rechentechnik, Moskau, 1959
(russisch)

[16] Baker, G. A. jr., and T. A. Oliphant — An implicit, numerical method for solving the two-dimensional heat equation
Quart. Appl. Math. 17, No. 4, 361-373 (1960)

[17] Baker, G. A.,jr. — An implicit, numerical method for solving the n-dimensional heat equation
Quart. Appl. Math. 17, No. 4, 440-443 (1960)

[18] Janenko, N. N. — Implizite Differenzenverfahren zur numerischen Behandlung der mehrdimensionalen Wärmeleitungsgleichung
„Hochschulnachrichten" Mathematik, 1961, No.4 (23),
(Izv. Vysš. Učebn. Zaved. Matematika,1961,no.4(23),148-157)
(russisch)

[19] Oliphant, T. A. — An implicit, numerical method for solving two-dimensional time-dependent diffusion problems
Quart. Appl. Math. 19, No. 3, 221-229 (1961)

[20] Buleew, N. I. — Rechenverfahren zur Lösung zwei- und dreidimensionaler Diffusionsgleichungen
Math. Sammlung, 1960, Bd. 51 (93), No. 2
(russisch)

[21] Djakonow, E. G. — Differenzenschemata mit einem aufspaltenden Operator für instationäre Gleichungen
Dokl. Akad. Nauk SSSR, 144, 1, 29-32, 1962
(russisch)

[22] D'yakonov, Ye. G. — Some difference schemes for solving boundary problems
U.S.S.R. Comp. Math. and Math. Phys. No. 1, 55-77,1963
(Übers. aus Zh. vych. mat. 2, No. 1, 57-79, 1962)

[23] D'yakonov, Ye. G. — Difference schemes with a „Disintegrating" operator for multidimensional problems
U.S.S.R. Comp. Math. and Math. Phys. No. 4, 581-607, 1963
(Übers. aus Zh. vych. mat. 2, No. 4, 549-568, 1962)

[24] D'yakonov, Ye. G. — Difference schemes with a separable operator for general second order parabolic equations with variable coefficients
U.S.S.R. Comp. Math. and Math. Phys. 4, No. 2, 92-110, 1964
(Übers. aus Zh. vych. mat. 4, No. 2, 278-291, 1964)

[25] Brian, P. L. I. — A finite-difference method of high-order accuracy for the solution of three-dimensional heat conduction problems
A. I. Ch. E. J. 7, 367-370 (1961)

[26] Douglas, J. — Alternating direction methods for three space variables Num. Math. 4, 41-63 (1961)

[27] Saulew, W. K. — Die Integration parabolischer Gleichungen nach der Netzpunktmethode Staatsverlag für physikalisch-mathematische Literatur, Moskau, 1960 (V. K. Saul'yev: Integration of Equations of Parabolic Type by the Method of Nets, The Macmillan Company, New York 1964)

[28] Janenko, N. N. — Fragen zur Konvergenz von Differenzenschemata mit konstanten oder variablen Koeffizienten Arbeiten des IV. Gesamtsowjetischen Mathematikerkongresses, Bd. II „Wissenschaft", 1964 (russisch)

[29] Laasonen, P. — Über eine Methode zur Lösung der Wärmeleitungsgleichung Acta Mathematica, 1949, vol. 81, p. 309-317

[30] Landau, L. D., N. N. Meiman, and I. M. Chalatnikow — Rechenverfahren zur Integration von partiellen Differentialgleichungen mit der Netzpunktmethode Arbeiten des III. Gesamtsowjetischen Mathematikerkongresses, Bd. III, Moskau 1958, S. 92-100 (russisch)

[31] Ladyzhenskaja, O. A. — Die Lösung des Cauchyschen Problems für hyperbolische Systeme mit Hilfe der Differenzenmethode, Wiss. Abh. Univ. Leningrad, Ser. mat. nauk 23, 192-246 (1952) (russisch)

[32] Rouse, C. — A method for the numerical calculation of hydrodynamic flow and radiation diffusion by implicit differencing Jour. Soc. Ind. Appl. Math. 9, No. 1, (1961)

[33] Janenko, N. N., and V. E. Neuvažaev — A method of computing gas-dynamic motions with non-linear heat conduction Proc. Steklov Inst. Math., No. 74 (1966) (russisch) (Engl. Übers in : Difference methods for solutions of problems of mathematical physics I, edited by N. N. Janenko, Am. Math. Soc., Providence, Rhode Island 1967)

[34] Godunow, S. K. — Differenzenverfahren zur Lösung der gasdynamischen Gleichungen Vorlesung für Studenten der Staatlichen Universität in Nowosibirsk, Nowosibirsk 1962 (russisch)

[35] Janenko, N. N., and I. K. Jaušev — On an absolutely stable schema for integration of the equations of hydrodynamics Proc. Steklov Inst. Math., No. 74 (1966) (russisch) (Engl. Übers. in : Difference methods for solutions of problems of mathematical physics I, edited by N. N. Janenko, Am. Math. Soc., Providence, Rhode Island 1967)

[36] Bagrinowski, K. A. und S. K. Godunow — Differenzenverfahren für mehrdimensionale Probleme Dokl. Akad. Nauk SSSR, 115, 3, 1957, S. 431-433 (russisch)

[37] Anutschina, N. N. und N. N. Janenko — Implizite Aufspaltungsschemata für hyperbolische Gleichungen und Systeme
Dokl. Akad. Nauk SSSR, 1959, Bd. 128, No. 6, 1103-1105 (russisch)

[38] Godunov, S. K., and A. V. Zabrodin — On difference schemes of the second order of accuracy for multidimensional problems
U.S.S.R. Comp. Math. and Math. Phys. 4, 790-792, 1963 (Übers. aus Zh. vych. mat. 2, No. 4, 706-708, 1962)

[39] Habetler, G. I., and E. L. Wachspress — Symmetric successive overrelaxation in solving diffusion difference equations
Math. of Comp., vol. 15, 356-362, 1961

[40] Konovalov, A. N. — The method of fractional steps for solving the Cauchy problem for the multidimensional wave equation
Dokl. Akad. Nauk SSSR, 147, 25-27 (1962) (russisch), Engl. Übers. in: Soviet Math. Dokl. 3, 1962, 1536-1538

[41] Samarskii, A. A. — Locally one-dimensional difference schemes for multidimensional hyperbolic equations in an arbitrary region
U.S.S.R. Comp. Math. and Math. Phys. 4, No. 4, 21-35, 1964 (Übers. aus Zh. vych. mat. 4, No. 4, 638-648, 1964)

[42] Friedrichs, K. O. — Symmetric hyperbolic linear differential equations
Comm. Pure Appl. Math. 7, 345-392, 1954

[43] Anučina, N. N. — Some difference schemas for hyperbolic systems
Proc. Steklov Inst. Math., No. 74 (1966) (russisch) (Engl. Übers. in : Difference methods for solutions of problems of mathematical physics I, edited by N. N. Janenko, Am. Math. Soc., Providence, Rhode Island 1967)

[44] Frankel, S. — Convergence rates of iterative treatments of partial differential equations
Math. tabl. Aid Comp., 1950, vol. 4, 65-75

[45] Young, D. — Iterative methods for solving partial difference equations of elliptic type
Trans. Amer. Math. Soc., 1954, vol. 76, 92-111

[46] Djakonow, E. G. — Ein Iterationsverfahren zur Lösung von Systemen von Differenzengleichungen
Dokl. Akad. Nauk SSSR, 138, 3, 1961 (russisch)

[47] Djakonow, E. G. — Die Methode des majorisierenden Operators zur Lösung von Differenzenanalogien einiger stark elliptischer Systeme
„Fortschritte der Mathematischen Wissenschaften", 1964 Bd. 19, Heft 5 (Uspekhi mat. nauk, 1964, 19, 5) (russisch)

[48] Ilin, W. P. — Die Anwendung der Methode der alternierenden Richtungen auf die Lösung quasilinearer, parabolischer und elliptischer Gleichungen
Sammlung „Fragen der Angewandten und Numerischen Mathematik", Nowosibirsk, 1966

[49] Enal'skii, V. A. — On the motion of a particle in an electromagnetic field
Proc. Steklov Inst. Math., No. 74 (1966) (russisch)
(Engl. Übers. in : Difference methods for solutions of problems of mathematical physics I, edited by N. N. Janenko, Am. Math. Soc., Providence, Rhode Island 1967)

[50] Samarskii, A. A. — An economical algorithm for the numerical solution of systems of differential and algebraic equations
U.S.S.R. Comp. Math. and Math. Phys. 4, No. 3, 1964
(Übers. aus Zh. vych. mat. 4, No. 3, 580-585, 1964)

[51] Martschuk, G. I. und N. N. Janenko — Anwendung der Aufspaltungsmethode (Zwischenschrittmethode) zur Lösung von Problemen der mathematischen Physik
Berichte der All-Unions-Konferenz für numerische Mathematik (Moskau, Februar 1965)
Berichte des IFIP-Kongresses (New York, Mai 1965)
siehe auch: Sammlung „Fragen der Angewandten und Numerischen Mathematik", Nowosibirsk 1966
(russisch)

[52] Richardson, L. F. — The Approximate Arithmetical Solution by Finite Differences of Physical Problems involving Differential Equations, with an Application to the Stresses in a Masonry Dam
Phil. Trans. Roy. Soc., London 1910, ser. A 210, 307-357

[53] Forsythe, G. E., and W. R. Wasow — Finite-Difference Methods for Partial Differential Equations
John Wiley and Sons, Second Printing, New York - London 1964

[54] Markow, W. — Über Funktionen, die sich in einem gegebenen Intervall fast nicht von Null unterscheiden
SPb. 1892
(russisch)

[55] Birkhoff, G., R. S. Varga, and D. Young — Alternating direction implicit method
Adv. in Comp., 1962, vol.3, 189-273
Acad. Press, New York - London

[56] Birkhoff, G., and R. S. Varga — Implicit alternating direction methods
Trans. Amer. Math. Soc. 92, 13-24 (1959)

[57] Kellog, R. B. — Another alternating direction implicit method
Jour. Soc. Ind. Appl. Math. 11, No. 4, 1963, pp. 976

[58] Timoschenko S. P. und S. Woinowski-Krüger — Platten und Schalen
Staatsverlag für physikalisch-mathematische Literatur 3
siehe auch : S. P. Timoschenko : Stabilität elastischer Systeme, Staatsverlag für technisch-theoretische Literatur, 1946
(russisch)

[59] Konovalov, A. N. — Application of the splitting method to the numerical solution of dynamic problems in elasticity theory
U.S.S.R. Comp. Math. and Math. Phys. 4,No.4,192-198,1964
(Übers. aus Zh. vych. mat. 4, No. 4, 760-764, 1964)

[60] Conte, S. D., and R. T. Dames — An alternating direction method for solving the biharmonic equation
Math. Table and other Aids to Comp., 1958, vol. XII, No. 63, pp. 198-205

[61] Konovalov, A. N. — Iterative system for solving static problems in the theory of elasticity
U.S.S.R. Comp. Math. and Math. Phys. 4, No.5,217-222,1964
(Übers. aus Zh. vych. mat. 4, No. 5, 1964)

[62] Douglas, J. jr., and J. E. Gunn — Two high-order correct difference analogues for the equation of multidimensional heat flow
Math. of Comp. 17, 71-80 (1963)

[63] Samarskii, A. A. — Schemes of high-order accuracy for the multi-dimensional heat conduction equation
U.S.S.R. Comp. Math. and Math. Phys. 3, No. 5, 1107-1146, 1963
(Übers. aus Zh. vych. mat. 3, No. 5, 812-840, 1963)

[64] Samarskii, A. A., and V. B. Andreyev — On a high-accuracy difference scheme for an elliptic equation with several space variables
U.S.S.R. Comp. Math. and Math. Phys. 3, No. 6, 1373-1382, 1963
(Übers. aus Zh. vych. mat. 3, No. 6, 1006-1013, 1963)

[65] Sofronow, I. D. — Ein Differenzenschema mit diagonalen,alternierenden Richtungen zur Lösung der Wärmeleitungsgleichung
(Zh. vych. mat. 5, No. 2, 1965)
(russisch)

[66] Sofronov, J. D. — A contribution to the difference solution of the heat conduction equation in curvilinear coordinates
U.S.S.R. Comp. Math. and Math. Phys. 3, No. 4, 1069-1072, 1963
(Übers. aus Zh. vych. mat. 3, No. 4, 786-788, 1963)

[67] Enal'skii, V. A. — On two schemas for raising the accuracy of the solution of the Dirichlet problem
Proc. Steklov Inst. Math., No. 74 (1966) (russisch)
(Engl. Übers. in : Difference methods for solutions of problems of mathematical physics I, edited by N. N. Janenko, Am. Math. Soc., Providence, Rhode Island 1967)

[68] Jenalski, W. A. — Ein Iterationsverfahren mit erhöhter Genauigkeit
Berichte der 3. Sibirischen Konferenz für Mathematik und Mechanik, Tomsk, 1964
(russisch)

[69] Martschuk, G. I. und N. N. Janenko — Die Lösung mehrdimensionaler Gleichungen der Kinetik mit Hilfe der Aufspaltungsmethode
Dokl. Akad. Nauk SSSR, 1964, Bd. 157, No. 6
(russisch)

[70] Martschuk, G. I. und U. M. Sultangasin — Zur Konvergenz der Aufspaltungsmethode für den Strahlungstransport
Dokl. Akad. Nauk SSSR, 1965, Bd. 161, No. 1
(russisch)

[71] Martschuk, G. I. und U. M. Sultangasin — Zur Frage der Lösung der Transportgleichung der kinetischen Gastheorie mit Hilfe der Aufspaltungsmethode
Dokl. Akad. Nauk SSSR, 1965, Bd. 163, No. 4
(russisch)

[72] Kantorowitsch, L. V. und G. P. Akilow — Funktionalanalysis in normierten Räumen
Akademie-Verlag Berlin, 1964

[73] Antonzew, S. N., O. F. Wasilew, B. G. Kusnezow und N. N. Janenko — Numerische Behandlung der Strömung über ein Wehr
Sammlung „Fragen der angewandten und numerischen Mathematik", Nowosibirsk, 1966
(russisch)

[74] Wladimirowa, N. N., B. G. Kusnezow und N. N. Janenko — Berechnung der zweidimensionalen, symmetrischen Umströmung einer Platte in einer zähen, inkompressiblen Flüssigkeit
Sammlung „Fragen der angewandten und numerischen Mathematik", Nowosibirsk, 1966
(russisch)

[75] Douglas, J., jr. — The application of stability analysis in the numerical solution of quasi-linear parabolic differential equations
Trans. Amer. Math. Soc., 1958, vol. 89, 484-518

[76] Godunov, S. K., and K. A. Semendyayev — Difference methods for the numerical solution of problems in gas dynamics
U.S.S.R. Comp. Math. and Math. Phys. 1, 1-12, 1963
(Übers. aus Zh. vych. mat. 2, No.1, 3-14, 1962)

[77] Martschuk, G. I. — Numerischer Algorithmus zur Lösung der Gleichungen der Wettervorhersage
Dokl. Akad. Nauk SSSR, 1964, Bd. 156, No. 2
(russisch)

[78] Martschuk, G. I. — Eine neue Behandlung der numerischen Lösung der Gleichungen der Wettervorhersage
Symposium über Methoden der langfristigen Wettervorhersage, USA, Boulder, Juli 1964

[79] Yanenko, N. N. — On economical implicit schemes (the method of fractional steps)
Dokl. Akad. Nauk SSSR, 134, No. 5, 1034-1036 (1960)
(russisch)
Übers. in Soviet Math. Dokl. 1, 1184-1186, 1961

[80] Yanenko, N. N. — On the convergence of the splitting method for the heat conductivity equation with variable coefficients
U.S.S.R. Comp. Math. and Math. Phys. 5, 1094-1100, 1963
(Übers. aus Zh. vych. mat. 2, No. 5, 933-937, 1962)

[81] Bojarinzew, J. J. — Die Konvergenz der Aufspaltungsmethode und lokale Kriterien für Korrektheit bei Differenzengleichungen mit variablen Koeffizienten
Sammlung „Fragen der angewandten und numerischen Mathematik", Nowosibirsk, 1966
(russisch)

[82] Lees, M. — Alternating direction methods for hyperbolic differential equations
J. Soc. Indust. Appl. Math. 10, 610-616, 1962

[83] Lees, M. — Alternating direction and semi-explicit difference methods for parabolic differential equations
Numer. Math. 3, 398-412 (1961)

[84] Samarskii, A. A. — On an economical difference method for the solution of a multidimensional parabolic equation in an arbitrary region
U.S.S.R. Comp. Math. and Math. Phys., 5, 894-926, 1963
(Übers. aus Zh. vych. mat. 2, No. 5, 787-811, 1962)

[85] Samarskii, A. A. — On the convergence of the fractional step method for heat conductivity equations
U.S.S.R. Comp. Math. and Math. Phys., 6, 1347-1354, 1963
(Übers. aus Zh. vych. mat. 2, No. 6, 1117-1121, 1962)

[86] Douglas, J. and J. E. Gunn — A general formulation of alternating direction methods Part I. Parabolic and hyperbolic problems.
Numer. Math., vol. 6, 1964, 428-453

[87] Fadeew, D. K. und W. N. Fadeewa — Numerische Methoden der linearen Algebra
R. Oldenbourg-Verlag, München-Wien, 1964

[88] Janenko, N. N. — Schwache Approximation eines Differentialgleichungssystems
Sibirisches Mathematisches Journal, Bd. V, No. 6, 1964
(russisch)

[89] Demidow, G. W. und N. N. Janenko — Die Methode der schwachen Approximation als konstruktives Verfahren zur Gewinnung von Lösungen für das Cauchysche Problem
Sammlung „Fragen der angewandten und numerischen Mathematik", Nowosibirsk, 1966
(russisch)

[90] Djakonow, E. G. — Einige Iterationsverfahren zur Lösung von Differenzengleichungssystemen, die sich bei der Behandlung von partiellen, elliptischen Differentialgleichungen mit der Gitterpunktmethode ergeben
Sammlung „Numerische Methoden und Programmierung", III, Verlag: Moskauer staatliche M.-W.-Lomonossow-Universität 1965
(russisch)

[91] Samarski, A. A. — Differenzenschemata für mehrdimensionale Differentialgleichungen der mathematischen Physik
Aplikace matematiky, svazen 10, čislo 2, 146-163, Praha

[92] Kellog, R. B. — An alternating direction method for operator equations
J. Soc. Indust. Appl. Math., 1964, vol. 12, No. 4, 848-854

[93] Tikhonov, A. N., and A. A. Samarskii — Homogeneous Difference Schemes
U.S.S.R. Comp. Math. and Math. Phys., 1, 5-67, 1962
(Übers. aus Zh. vych. mat. 1, No. 1, 5-63, 1961)

[94] Samarski, A. A. Prinzip der Additivität für die Konstruktion effektiver Differenzenschemata
Dokl. Akad. Nauk SSSR, 1965, Bd. 165, No. 6, 1253-1256
(russisch)

[95] Djakonow, E. G. Die Lösung einiger mehrdimensionaler Probleme der mathematischen Physik mit Hilfe von Gitterpunktmethoden
Diss., Moskauer stattliche M.-W.-Lomonossow-Universität 1962
(russisch)

[96] Samarskii, A. A. Economic difference schemes for a hyperbolic system of equations with compound derivatives and their application to equations in the theory of elasticity
U.S.S.R. Comp. Math. and Math. Phys., 1, 44-57, 1965
(Übers. aus Zh. vych. mat. 5, No. 1, 34-43, 1965)

[97] Martschuk, G. I. Rechenverfahren zur Lösung von Aufgaben der Wettervorhersage und der Klimakunde, 1965

[98] Goldin, W. J. Ein charakteristisches Differenzenschema für die instationäre Gleichung der Gaskinetik
Dokl. Akad. Nauk SSSR, 1960, Bd. 133, No. 4, 748-751
(russisch)

[99] Yosida, K. Functional Analysis
Springer-Verlag, 1965

[100] Ilin, W. P. Die Aufspaltung von Differenzengleichungen von parabolischem und elliptischem Typ
Sibirisches Journal für Mathematik, No. 6, 1965
(russisch)

[101] Djakonow, E. G. Differenzenschemata mit aufspaltendem Operator und ihre Anwendung auf hyperbolische Gleichungen mit variablen Koeffizienten
Dokl. Akad. Nauk SSSR, 1963, Bd. 151, No. 4
(russisch)

A u t o r e n v e r z e i c h n i s

Lecture Notes in Mathematics

Bisher erschienen/Already published

Vol. 1: J. Wermer, Seminar über Funktionen-Algebren. IV, 30 Seiten. 1964. DM 3,80 / 0.95

Vol. 2: A. Borel, Cohomologie des espaces localement compacts d'après J. Leray. IV, 93 pages. 1964. DM 9,– / $ 2.25

Vol. 3: J. F. Adams, Stable Homotopy Theory. 2nd. revised edition. IV, 78 pages. 1966. DM 7,80 / $ 1.95

Vol. 4: M. Arkowitz and C. R. Curjel, Groups of Homotopy Classes. 2nd. revised edition. IV, 36 pages. 1967. DM 4,80 / $ 1.20

Vol. 5: J.-P. Serre, Cohomologie Galoisienne. Troisième édition. VIII, 214 pages. 1965. DM 18,– / $ 4.50

Vol. 6: H. Hermes, Eine Termlogik mit Auswahloperator. IV, 42 Seiten. 1965. DM 5,80 / $ 1.45

Vol. 7: Ph. Tondeur, Introduction to Lie Groups and Transformation Groups. VIII, 176 pages. 1965. DM 13,50 / $ 3.40

Vol. 8: G. Fichera, Linear Elliptic Differential Systems and Eigenvalue Problems. IV, 176 pages. 1965. DM 13,50 / $ 3.40

Vol. 9: P. L. Ivănescu, Pseudo-Boolean Programming and Applications. IV, 50 pages. 1965. DM 4,80 / $ 1.20

Vol. 10: H. Lüneburg, Die Suzukigruppen und ihre Geometrien. VI, 111 Seiten. 1965. DM 8,– / $ 2.00

Vol. 11: J.-P. Serre, Algèbre Locale. Multiplicités. Rédigé par P. Gabriel. Seconde édition. VIII, 192 pages. 1965. DM 12,– / $ 3.00

Vol. 12: A. Dold, Halbexakte Homotopiefunktoren. II, 157 Seiten. 1966. DM 12,– / $ 3.00

Vol. 13: E. Thomas, Seminar on Fiber Spaces. IV, 45 pages. 1966. DM 4,80 / $ 1.20

Vol. 14: H. Werner, Vorlesung über Approximationstheorie. IV, 184 Seiten und 12 Seiten Anhang. 1966. DM 14,– / $ 3.50

Vol. 15: F. Oort, Commutative Group Schemes. VI, 133 pages. 1966. DM 9,80 / $ 2.45

Vol. 16: J. Pfanzagl and W. Pierlo, Compact Systems of Sets. IV, 48 pages. 1966. DM 5,80 / $ 1.45

Vol. 17: C. Müller, Spherical Harmonics. IV, 46 pages. 1966. DM 5,– / $ 1.25

Vol 18: H.-B. Brinkmann und D. Puppe, Kategorien und Funktoren. XII, 107 Seiten, 1966. DM 8,– / $ 2.00

Vol. 19: G. Stolzenberg, Volumes, Limits and Extensions of Analytic Varieties. IV, 45 pages. 1966. DM 5,40 / $ 1.35

Vol. 20: R. Hartshorne, Residues and Duality. VIII, 423 pages. 1966. DM 20,– / $ 5.00

Vol. 21: Seminar on Complex Multiplication. By A. Borel, S. Chowla, C. S. Herz, K. Iwasawa, J.-P. Serre. IV, 102 pages. 1966. DM 8,– / $ 2.00

Vol. 22: H. Bauer, Harmonische Räume und ihre Potentialtheorie. IV, 175 Seiten. 1966. DM 14,– / $ 3.50

Vol. 23: P. L. Ivănescu and S. Rudeanu, Pseudo-Boolean Methods for Bivalent Programming. 120 pages. 1966. DM 10,– / $ 2.50

Vol. 24: J. Lambek, Completions of Categories. IV, 69 pages. 1966. DM 6,80 / $ 1.70

Vol. 25: R. Narasimhan, Introduction to the Theory of Analytic Spaces. IV, 143 pages. 1966. DM 10,– / $ 2.50

Vol. 26: P.-A. Meyer, Processus de Markov. IV, 190 pages. 1967. DM 15,– / $ 3.75

Vol. 27: H. P. Künzi und S. T. Tan, Lineare Optimierung großer Systeme. VI, 121 Seiten. 1966. DM 12,– / $ 3.00

Vol. 28: P. E. Conner and E. E. Floyd, The Relation of Cobordism to K-Theories. VIII, 112 pages. 1966. DM 9,80 / $ 2.45

Vol. 29: K. Chandrasekharan, Einführung in die Analytische Zahlentheorie. VI, 199 Seiten. 1966. DM 16,80 / $ 4.20

Vol. 30: A. Frölicher and W. Bucher, Calculus in Vector Spaces without Norm. X, 146 pages. 1966. DM 12,– / $ 3.00

Vol. 31: Symposium on Probability Methods in Analysis. Chairman. D. A. Kappos. IV, 329 pages. 1967. DM 20,– / $ 5.00

Vol. 32: M. André, Méthode Simpliciale en Algèbre Homologique et Algèbre Commutative. IV, 122 pages. 1967. DM 12,– / $ 3.00

Vol. 33: G. I. Targonski, Seminar on Functional Operators and Equations. IV, 110 pages. 1967. DM 10,– / $ 2.50

Vol. 34: G. E. Bredon, Equivariant Cohomology Theories. VI, 64 pages. 1967. DM 6,80 / $ 1.70

Vol. 35: N. P. Bhatia and G. P. Szegö, Dynamical Systems. Stability Theory and Applications. VI, 416 pages. 1967. DM 24,– / $ 6.00

Vol. 36: A. Borel, Topics in the Homology Theory of Fibre Bundles. VI, 95 pages. 1967. DM 9,– / $ 2.25

Vol. 37: R. B. Jensen, Modelle der Mengenlehre. X, 176 Seiten. 1967. DM 14,– / $ 3.50

Vol. 38: R. Berger, R. Kiehl, E. Kunz und H.-J. Nastold, Differentialrechnung in der analytischen Geometrie IV, 134 Seiten. 1967. DM 12,– / $ 3.00

Vol. 39: Séminaire de Probabilités I. II, 189 pages. 1967. DM 14,– / $ 3.50

Vol. 40: J. Tits, Tabellen zu den einfachen Lie Gruppen und ihren Darstellungen. VI, 53 Seiten. 1967. DM 6.80 / $ 1.70

Vol. 41: A. Grothendieck, Local Cohomology. VI, 106 pages. 1967. DM 10.– / $ 2.50

Vol. 42: J. F. Berglund and K. H. Hofmann, Compact Semitopological Semigroups and Weakly Almost Periodic Functions. VI, 160 pages. 1967. DM 12,– / $ 3.00

Vol. 43: D. G. Quillen, Homotopical Algebra VI, 157 pages. 1967. DM 14,– / $ 3.50

Vol. 44: K. Urbanik, Lectures on Prediction Theory IV, 50 pages. 1967. DM 5,80 / $ 1.45

Vol. 45: A. Wilansky, Topics in Functional Analysis VI, 102 pages. 1967. DM 9,60 / $ 2.40

Vol. 46: P. E. Conner, Seminar on Periodic Maps IV, 116 pages. 1967. DM 10,60 / $ 2.65

Vol. 47: Reports of the Midwest Category Seminar I. IV, 181 pages. 1967. DM 14,80 / $ 3.70

Vol. 48: G. de Rham, S. Maumary et M. A. Kervaire, Torsion et Type Simple d'Homotopie. IV, 101 pages. 1967. DM 9,60 / $ 2.40

Vol. 49: C. Faith, Lectures on Injective Modules and Quotient Rings. XVI, 140 pages. 1967. DM 12,80 / $ 3.20

Vol. 50: L. Zalcman, Analytic Capacity and Rational Approximation, VI, 155 pages. 1968. DM 13.20 / $ 3.40

Vol. 51: Séminaire de Probabilités II. IV, 199 pages. 1968. DM 14,– / $ 3.50

Vol. 52: D. J. Simms, Lie Groups and Quantum Mechanics. IV, 90 pages. 1968. DM 8,– / $ 2.00

Vol. 53: J. Cerf, Sur les difféomorphismes de la sphère de dimension trois ($\Gamma_4 = O$). XII, 133 pages. 1968. DM 12,– / $ 3.00

Vol. 54: G. Shimura, Automorphic Functions and Number Theory. VI, 69 pages. 1968. DM 8,– / $ 2.00

Vol. 55: D. Gromoll, W. Klingenberg und W. Meyer Riemannsche Geometrie im Großen VI, 287 Seiten. 1968. DM 20,– / $ 5.00

Bitte wenden / Continued

Beschaffenheit der Manuskripte

Die Manuskripte werden photomechanisch vervielfältigt; sie müssen daher in sauberer Schreibmaschinenschrift geschrieben sein. Handschriftliche Formeln bitte nur mit schwarzer Tusche oder roter Tinte eintragen. Korrekturwünsche werden in der gleichen Maschinenschrift auf einem besonderen Blatt erbeten (Zuordnung der Korrekturen im Text und auf dem Blatt sind durch Bleistiftziffern zu kennzeichnen). Der Verlag sorgt dann für das ordnungsgemäße Tektieren der Korrekturen. Falls das Manuskript oder Teile desselben neu geschrieben werden müssen, ist der Verlag bereit, dem Autor bei Erscheinen seines Bandes einen angemessenen Betrag zu zahlen. Die Autoren erhalten 25 Freiexemplare.

Manuskripte, in englischer, deutscher oder französischer Sprache abgefaßt, nimmt Prof. Dr. A. Dold, Mathematisches Institut der Universität Heidelberg, Tiergartenstraße oder Prof. Dr. B. Eckmann, Eidgenössische Technische Hochschule, Zürich, entgegen.

Cette série a pour but de donner des informations rapides, de niveau élevé, sur des développements récents en mathématiques, aussi bien dans la recherche que dans l'enseignement supérieur. On prévoit de publier

1. des versions préliminaires de travaux originaux et de monographies
2. des cours spéciaux portant sur un domaine nouveau ou sur des aspects nouveaux de domaines classiques
3. des rapports de séminaires
4. des conférences faites à des congrès ou des colloquiums

En outre il est prévu de publier dans cette série, si la demande le justifie, des rapports de séminaires et des cours multicopiés ailleurs et qui sont épuisés.

Dans l'intérêt d'une diffusion rapide, les contributions auront souvent un caractère provisoire; le cas échéant, les démonstrations ne seront données que dans les grandes lignes, et les résultats et méthodes pourront également paraître ailleurs. Par cette série de »prépublications« les éditeurs Springer espèrent rendre d'appréciables services aux instituts de mathématiques par le fait qu'une réserve suffisante d'exemplaires sera toujours disponible et que les personnes intéressées pourront plus facilement être atteintes. Les annonces dans les revues spécialisées, les inscriptions aux catalogues et les copyrights faciliteront pour les bibliothèques mathématiques la tâche de réunir une documentation complète.

Présentation des manuscrits

Les manuscrits, étant reproduits par procédé photomécanique, doivent être soigneusement dactylographiés. Il est demandé d'écrire à l'encre de Chine ou à l'encre rouge les formules non dactylographiées. Des corrections peuvent également être dactylographiées sur une feuille séparée (prière d'indiquer au crayon leur ordre de classement dans le texte et sur la feuille), la maison d'édition se chargeant ensuite de les insérer à leur place dans le texte. S'il s'avère nécessaire d'écrire de nouveau le manuscrit, soit complètement, soit en partie, la maison d'édition se déclare prête à se charger des frais à la parution du volume. Les auteurs recoivent 25 exemplaires gratuits.

Les manuscrits en anglais, allemand ou français peuvent être adressés au Prof. Dr. A. Dold, Mathematisches Institut der Universität Heidelberg, Tiergartenstraße ou au Prof. Dr. B. Eckmann, Eidgenössische Technische Hochschule, Zürich.